U0806129

海河流域病险水库治理方法研究与应用

王振光　韩凤霞　李明娟
高立业　郑永清　夏艳慧　著

黄河水利出版社
·郑州·

内容提要

海河流域病险水库大部分修建于20世纪50年代末至70年代中期，且80%～90%为修建在土基上的土石坝，因此其病险情况主要表现为防洪标准偏低、渗漏问题突出、坝体及泄洪建筑物破损严重、金属结构及机电设备老化失修，不能正常使用。海河流域病险水库治理始于20世纪80年代初，1998年以后对病险水库进行了大规模集中治理，截至2009年年底，大、中型病险水库治理基本完成，2010年基本完成全部大、中、小型病险水库除险加固工程。本书共分4章，从病险水库工程概况、存在的主要问题、加固工程以及对今后工作的启示等几方面进行了详细阐述。

本书可供水行政主管部门、水利建管、水利勘测设计等相关行业有关人员阅读参考。

图书在版编目（CIP）数据

海河流域病险水库治理方法研究与应用/王振光等著．—郑州：黄河水利出版社，2014．11

ISBN 978-7-5509-0991-5

Ⅰ．①海…　Ⅱ．①王…　Ⅲ．①海河-流域-水库治理-研究　Ⅳ．①TV697．3

中国版本图书馆CIP数据核字（2014）第292127号

组稿编辑：王路平　电话：0371-66022212　E-mail：hhslwlp@126.com

出 版 社：黄河水利出版社

地址：河南省郑州市顺河路黄委会综合楼14层　邮政编码：450003

发行单位：黄河水利出版社

发行部电话：0371-66026940、66020550、66028024、66022620（传真）

E-mail：hhslcbs@126.com

承印单位：河南省瑞光印务股份有限公司

开本：787 mm×1 092 mm　1/16

印张：15

字数：350千字　印数：1—1 000

版次：2014年11月第1版　印次：2014年11月第1次印刷

定价：45.00元

前 言

新中国成立后,党和政府高度重视水利建设,领导全国人民进行了大规模的水利建设,水利事业成就辉煌。在20世纪50年代末至70年代中期,集中兴建了大量的大、中、小型各类水库,据统计,截至1999年年底,全国水库总数为84 083座,其中大型水库420座,中型水库2 744座,小型水库80 919座。但由于历史的原因,在已经建成的水库中有30 413座为病险水库,约占水库总数的36.2%。这些病险水库不能正常运行和发挥效益,甚至威胁到了下游人民生命财产的安全。

1997年10月,国务院发布《水利产业政策》(国发〔1997〕35号)确定"本政策实施期内的水利建设重点是:……现有水利设施的更新改造,特别是病险水库和堤防的除险加固"。1998年10月14日,中国共产党第十五届中央委员会第三次会议做出《中共中央关于农业和农村工作若干重大问题的决定》,明确指出"抓紧现有病险水库除险加固,使其充分发挥效益"。1998年10月,《中共中央 国务院关于灾后重建、整治江湖、兴修水利的若干意见》(中发〔1998〕15号)要求,"进一步做好主要来水干、支流控制工程的规划,逐步组织实施,并搞好病险水库的除险加固工作"。

为贯彻落实中共中央的指示精神,1999年水利部发出了《关于认真贯彻落实党中央国务院关于灾后重建、整治江湖、兴修水利的意见的通知》(水规计〔1999〕259号)。据此,下达了编制《全国病险水库、水闸除险加固专项规划》的任务,并于1999年7月和10月先后印发了《关于组织好病险水库、水闸除险加固专项规划有关问题的函》(建管管字〔1999〕5号)和《关于大型及重要中型水库大坝安全鉴定工作有关问题的通知》(建管管字〔1999〕12号)。

我国病险水库除险加固工作在20世纪70年代末即已开始,1986年和1992年水利部先后确定了第一批43座、第二批38座全国重点病险水库,到2000年年底这81座病险水库大部分完成了除险加固工程。海河流域病险水库共256座,其中大型病险水库22座,中型病险水库80座,小型病险水库154座。海河流域病险水库治理始于20世纪80年代初,1998年以后对病险水库进行了大规模集中治理,截至2009年年底,大、中型病险水库治理基本完成,至2010年大、中、小型病险水库除险加固全部完成。通过对海河流域病险水库治理情况进行分类、汇总,探讨研究病险水库存在的共性问题,编制了该册小著,以使从业者在今后的工作中得以借鉴使用。

本书编制过程中,水利部海河水利委员会提供了相关资料,张金顺、李启业、李培基、于浚、牛世豫等知名专家对本书的编写提供了大力支持,在此一并表示感谢!

由于时间和作者水平所限,本书难免有不妥和错误之处,敬请专家和读者不吝赐教、指正。

作 者

2014年9月

前言

目 录

前 言
第一章 病险水库工程概况 …… (1)
第一节 水库建设简要回顾 …… (1)
第二节 病险水库安全鉴定 …… (2)
第三节 病险水库的基本情况 …… (96)
第四节 病险水库治理资金筹措 …… (97)
第五节 病险水库除险加固工程初步设计及审批 …… (97)
第六节 病险水库治理工程建设 …… (98)
第二章 病险水库存在的主要问题 …… (100)
第一节 防洪标准低 …… (100)
第二节 拦河坝存在严重渗漏或渗透稳定问题 …… (117)
第三节 拦河坝抗滑稳定不满足规范要求 …… (132)
第四节 土石坝、混凝土坝坝体结构破损严重 …… (141)
第五节 泄水及输水建筑物存在安全隐患 …… (145)
第六节 土石坝震害严重 …… (158)
第七节 金属结构及电气设备老化、年久失修不能正常使用 …… (160)
第三章 病险水库加固工程 …… (169)
第一节 提高防洪标准工程 …… (169)
第二节 拦河坝防渗加固工程 …… (179)
第三节 拦河坝抗滑稳定加固工程 …… (191)
第四节 拦河坝坝体结构加固工程 …… (195)
第五节 泄水及输水建筑物加固工程 …… (198)
第六节 地震液化地基加固工程 …… (214)
第七节 金属结构及电气设备更新改造工程 …… (217)
第四章 思考与启示 …… (227)
第一节 病险水库应建立降等使用与报废机制 …… (227)
第二节 下垫面变化对径流洪水的影响 …… (228)
第三节 除险加固后应大力加强水库的工程管理 …… (233)
第四节 新建水库应遵循的几条原则 …… (233)

第一章 病险水库工程概况

第一节 水库建设简要回顾

新中国成立后,党和政府高度重视水利,领导全国人民进行了大规模的水利建设,水利事业取得了辉煌的成就。水库作为重要的水利基础设施,伴随着水利事业的发展,也得到了长足的发展。据统计,截至1999年年底,已经建成水库84 083座。其中,大型水库420座,中型水库2 744座,小型水库80 919座。海河流域已经建成各类水库1 821座。其中,大型水库34座,中型水库115座,小型水库1 672座。

海河流域降水与河川径流时空分布很不均匀。年降水量为400~600 mm,大部分地区汛期7~9月降水量占全年降水量的70%~80%,尤其是7月下旬至8月上旬更是集中降水和洪水多发期。新中国成立前,海河流域几乎没有像样的水利工程。大清河、子牙河、漳卫河、潮白河、永定河等河系曾经每3~5年即发生一次洪水灾害。修建相关水库后,结合下游河道整治,洼淀滞蓄,目前已可防御30~50年一遇的洪水。这说明水库的修建对提高流域的防洪能力、减轻洪灾发挥了至关重要的作用。

我国现有水库绝大多数修建于“大跃进”“文革”和“农业学大寨”期间。据统计,大型水库的75%、中型水库的67%、小型水库的90%是在1958~1976年间修建的。在那个时期,受“极左思潮”影响,急于求成,不按科学规律办事较为普遍。有的水库是边勘测、边设计、边施工的“三边工程”,有的甚至根本没有进行设计。水库工程多为普通群众参与,采用“人海战术”完成的,工程质量难以保证。部分水库修建时,江河实测水文系列短,实测大洪水、大暴雨记录少。

现阶段,将水文系列延长并按现行规范重新复核后,部分水库的设计洪水标准低于水利部颁布的近期非常运用(校核)洪水标准。

随着国民经济的发展与科学技术水平的提高,与水库建设相关的技术标准不断制定、修订、完善。《中国地震烈度区划图》《中国地震动参数区划图》颁布执行后,许多水库按新的技术标准复核,水库的安全标准偏低,亟待提高。此外,在改革开放前,水库建设过程中停建、缓建现象时有发生。受此影响,许多水库未能按设计要求完成,形成一些“半拉子”工程。这些水库的安全标准也亟待提高。

海河流域部分地区长年干旱少雨,生态环境脆弱,地区植被稀少,水土流失严重,导致河流含沙量高,造成部分水库淤积严重,抗御洪水能力降低。

我国现有水库中大多数水库使用期已达三四十多年,工程本身进入老化期,结构物、设备、设施等老化严重。加之长期以来,我国水库存在重建设、轻管理的情况,管理体制不顺,资金不足,加重了水库结构物、设备、设施的损坏速度与程度。

由于上述因素的影响,我国现有水库的总体安全状态不容乐观。据不完全统计,我国病险水库达 30 413 座,占水库总量的 36.29%。海河流域病险水库 256 座,占水库总量的 14.06%。病险水库不能保证工程安全运行,严重影响水库效益的发挥,且威胁下游地区人民生命财产安全。

第二节　病险水库安全鉴定

水利部 1995 年根据《水库大坝安全管理条例》制定并以水管〔1995〕86 号文颁布了《水库大坝安全鉴定办法》(简称《办法》),2003 年为加强水库大坝安全管理,规范大坝安全鉴定工作、保障大坝安全运行,根据《中华人民共和国水法》《中华人民共和国防洪法》和《水库大坝安全管理条例》的有关规定,对《办法》进行了修订,并于当年 8 月 1 日实施。

《办法》所称大坝包括永久性挡水建筑物,以及与其配合运用的泄洪、输水和过船等建筑物。

国务院水行政主管部门对全国的大坝安全鉴定工作进行技术指导。大坝安全鉴定实行分级负责制。《办法》对安全鉴定基本程序及组织作了具体规定。

《办法》中大坝安全状况分为三类:一类、二类坝属于能按设计正常运行或者基本正常运行的大坝;规定的三类坝标准是:"实际抗御洪水标准低于部颁水利枢纽工程除险加固近期非常运用洪水标准,或者工程存在较严重安全隐患,不能按设计正常运行的大坝。"

近期非常运用洪水标准,是指水利部于 1989 年发布的《水利枢纽工程除险加固近期非常运用洪水标准意见》(水规〔1989〕21 号)中规定的近期非常运用洪水标准。表 1-1 列出了《防洪标准》(GB 50201—94)及水利部近期标准中非常运用洪水标准。

表 1-1　山区、丘陵区水利水电枢纽工程非常运用(校核)洪水标准

标准	坝型	建筑物级别				
		1	2	3	4	5
防洪标准(GB 50201—94)	土石坝	PMF 或 10 000 ~ 5 000	5 000 ~ 2 000	2 000 ~ 1 000	1 000 ~ 300	300 ~ 200
	混凝土坝	5 000 ~ 2 000	2 000 ~ 1 000	1 000 ~ 500	500 ~ 200	200 ~ 100
水利部近期标准(水规〔1989〕21 号)	土石坝	2 000	1 000	500		
	混凝土坝	1 000	500	300		

根据各级水行政主管部门审定,水利部大坝安全管理中心复核认定的安全鉴定结果,海河流域共有三类坝 256 座,占水库总数的 14.06%。其中,大型病险水库 22 座,占大型水库的 64.7%(详见表 1-2);中型病险水库 80 座,占中型水库的 69.6%(详见表 1-2);小型病险水库 154 座,占小型水库的 9.2%(详见表 1-3)。

表 1-2　海河流域大、中型水库情况一览

序号	省别	水库名称	水库类别	地理位置（县名/河流名）	建设时间	工程任务	库容（万 m^3）					坝型	建筑物组成
							总库容	兴利库容	防洪库容	调洪库容	死库容		
		合计 102 座											
		大型 22 座											
1	直属	岳城水库	山区	磁县/漳河	1959 年	防洪、灌溉、供水及发电	130 000					碾压式均质土坝	主坝、副坝、泄洪洞、溢洪道、电站、渠首建筑物
2	部属	大黑汀水库	丘陵	迁西县/滦河	1973～1986 年	调节滦河水量，供水、发电兼顾防洪	33 700					低宽缝混凝土重力坝	西头重力坝、渠首电站、放水洞、西重力坝、河床电站、底孔、溢流坝和东重力坝
3	天津市	于桥水库	平原	蓟县城东蓟运河左支州河	1959～1960 年	供水、防洪	155 900	38 500	81 800	126 200	3 600	均质土坝	大坝、溢洪道、放水洞、电站

表 1-2 海河流域大、中型水库情况一览

序号	坝高（m）	坝长（m）	工程等别/主要建筑物级别	洪水标准(治理前/治理后)	存在问题项目																
					防洪标准低	洪水结果发生变化	坝顶高程不足	泄水建筑物规模及损坏	输水建筑物损坏	坝体稳定	坝基渗漏	坝体渗漏	坝肩绕渗	抗震差	地基液化	坝顶结构	坝体损坏	坝坡护坡	机电设备	新增机电设备	金属结构
1	55.5	3 600（副坝 2 690）	Ⅰ等/1 级	设计 100 年，校核 1 000 年/设计 1 000 年，校核 2 000 年	√	复核接近，采用原值		√			√					√		√	√		√
2	52.8	1 354.5（副坝 115.4）	Ⅱ等/2 级	设计 100 年，校核 1 000 年		采用原值		√		√	√	√				√		√	√		√
3	24	2 222	Ⅰ等/1 级	设计 100 年，校核 1 000 年/设计 1 000 年，可能最大洪水校核				√	√	√	√	√	√								

表 1-2　海河流域大、中型水库情况一览

序号	安全鉴定结论意见	除险加固工程项目	工程投资（万元）
1	大坝校核防洪标准不足和存在诸多工程质量隐患，同意该坝为三类坝	对主坝右岸坝段进行帷幕灌浆防渗处理，增设主坝下游坡排水暗沟，改造主坝下游排水暗管，处理下游护坡及排水沟塌陷，主副坝坝顶防浪墙加固，改造变形、渗流和地震强震等观测设施；加高溢洪道泄槽段及消力池边墙，对海漫及尾渠左堤进行加固，延长尾水渠柔性混凝土板的衬砌范围；进水塔 132 m 高程以上进行碳化处理，进水塔 1 号、9 号启闭机房拆除重建；更换部分金属结构和启闭设备；新建设计等级为 4 级的坝下公路等	20 000
2	海河水利委员会大坝安全鉴定报告：(1)大坝的基础开挖处理基本符合设计要求；固结灌浆和帷幕灌浆存在着质量、可靠性和耐久性较差问题；主坝坝体混凝土均匀性较差，溢流堰面混凝土强度低，施工质量较差。(2)主坝因坝基帷幕、排水部分失效，部分坝段抗滑稳定安全系数不满足现行规范要求；坝体应力尚能满足现行规范的要求。(3)主坝有抗冻和抗冲耐磨要求部位的混凝土标号与现行规范及《水工混凝土抗冲耐磨防空蚀技术规范》(报批稿)相比明显偏低。(4)坝基混凝土与基岩面接触不良，排水孔和观测孔部分淤堵，坝基抗剪强度指标降低。(5)溢流堰面冻融剥蚀和消力塘磨蚀破坏严重，一旦遇到大洪水泄洪，将造成工程的严重破坏。(6)大坝下游的弃渣严重阻挡水流顺畅下泄，迫使水流横冲左右两侧的建筑物，并造成破坏；弃渣的存在也相应抬高了下游水位，降低了河床电站的防洪标准及效益的发挥。大坝监测设备陈旧老化、损坏较严重。对外交通不便，设施不配套。亟待更新改造通信设备。应定为三类坝	(1)大坝加固工程：1 号～10 号孔溢流面及消力塘破坏处理；大坝、闸墩裂缝处理；引滦渠栏杆更新及坝头护坡修补。(2)闸门更新、加固及控制系统改造：底孔平板闸门更新；溢流坝弧形闸门加固；启闭机中间轴加固	6 664.93
3	该水库围堤现状堤顶高程不满足水库防洪和分洪要求，同时不满足蓄水要求；局部堤基有地震液化问题；堤身存在裂缝隐患；主要穿堤建筑物存在抗滑不稳定问题。为三类坝	围堤加高；防浪林台迎水坡和东南围堤的一级坡护砌；围堤基础液化处理；围堤裂缝处理；10 号口门过船调节闸加固；姚塘子涵闸重建；马圈进水闸加固；完善观测设施	16 015

续表 1-2

序号	省别	水库名称	水库类别	地理位置（县名/河流名）	建设时间	工程任务	库容(万 m^3)					坝型	建筑物组成
							总库容	兴利库容	防洪库容	调洪库容	死库容		
4	天津市	北大港水库	平原	天津大港/独流减河	1977～1978 年	蓄供水为主，兼防洪、灌溉、养殖	50 300	44 100			6 200	复式均质土堤	围堤、穿堤建筑物（姚塘子扬水站出水闸、马圈进水闸、10 号口门过船调节闸、排咸闸、9 处农用供水口门）及蓄水建筑物（姚塘子扬水站、洋闸、马厂减河尾闸
5	天津市	团泊洼水库	平原	静海县/		以蓄代排，灌溉、养殖等多种功能	18 000	14 100			3 900	碾压式均质土坝	围堤、穿堤涵闸
6	河北省	岗南水库	丘陵	平山县/滹沱河支流	1958 年	防洪、供水、灌溉为主，结合发电	170 400	78 000	91 700	94 000	34 100	黏土斜墙坝	主坝、副坝、两座溢洪道、泄洪洞、输水洞、电站及调节池

续表 1-2

序号	坝高（m）	坝长（m）	工程等别/主要建筑物级别	洪水标准（治理前/治理后）	存在问题项目																
					防洪标准低	洪水结果发生变化	坝顶高程不足	泄水建筑物规模及损坏	输水建筑物损坏	坝体稳定	坝基渗漏	坝体渗漏	坝肩绕渗	抗震差	地基液化	坝顶结构	坝体损坏	坝坡护坡	机电设备	新增机电设备	金属结构
4	5.8	54 511	Ⅱ等/2 级				√			√		√			√	√		√	√		√
5	7.0	33 221	Ⅱ等/2 级				√				√	√				√			√		√
6	64.5	1 701	Ⅰ等/1 级	5 000/10 000	√	成果一致，采用原值		√	√	√	√								√		√

续表 1-2

序号	安全鉴定结论意见	除险加固工程项目	工程投资（万元）
4	溢洪道闸墩、机架柱不满足新抗震规范要求；0 +800 ~1 +250 和 1 +750 ~1 +870 未作垂直防渗处理，不满足坝基渗透要求；溢洪道下游陡槽至鼻坎段的混凝土表面出现多处裂缝，不满足安全泄洪要求；泄洪洞消能能力不足，进口渐变段处有较大面积的局部冲刷，不满足安全要求。结论为三类坝	（1）坝基加固工程：①0 +050 ~0 +250 段，进行接触灌浆；②0 +830 ~1 +250 段，采用混凝土防渗墙；③1 +250 ~1 +400 段，采用帷幕灌浆；④1 +400 ~1 +500 段，采用高压喷射水泥浆进行补喷；⑤1 +750 ~1 +870 段，采用高压喷射水泥浆加固。大坝加固工程：①0 -282 ~1 +940 共 2 222 m，上游采用预制混凝土板护砌；坝顶上下游挡墙和混凝土路面拆除重建；②1 +500 ~1 +900 坝段下游侧护坡补修；③0 +800 ~0 +930 坝段进行坝后压重；④0 +930 ~1 +280 坝段进行减压沟回填。 （2）泄洪洞加固工程：进口闸加固；消能工补充加固工程；裂缝处理工程。 （3）溢洪道加固工程：引水渠护坡工程；闸墩及排架柱补强加固工程；尾水渠护坡工程；裂缝麻面处理。 （4）电气更新改造工程：主要工程项目为泄洪洞闸及大坝照明专用变配电系统、泄洪洞闸配电及控制设备、大坝照明系统、防雷接地装置等。 （5）大坝安全监测系统工程：主要包括大坝安全监测数据采集系统、工程图纸管理系统、大坝安全监测资料整编分析系统和大坝安全信息发布系统	9 957
5	围堤堤顶高程不满足规范要求；围堤沉降、不均匀沉降严重，堤身出现裂缝；部分堤基存在地震液化及震陷隐患问题；部分围堤段堤身和堤基渗透比降不满足要求，浸润线出逸点高，存在渗透破坏现象；涵闸结构老化破损。同意三类坝鉴定结论	（1）对围堤进行加固；（2）对上游护坡进行维修加固；（3）对原四座涵闸拆除重建，胡连庄闸拆除复堤；（4）完善水库安全检测设施	7 382
6	加固前存在：坝基抗冲能力差；主坝、副坝、正常溢洪道、非常溢洪道、新增溢洪道、泄洪洞、输水洞等存在影响工程自身安全的缺陷；部分工程及管理设施老化等。经大坝安全签定为三类坝	主副坝培厚加高、机电设备金属结构及相关土建工程更新改造、完善观测设施	19 927

续表 1-2

序号	省别	水库名称	水库类别	地理位置（县名/河流名）	建设时间	工程任务	库容（万 m^3）					坝型	建筑物组成
							总库容	兴利库容	防洪库容	调洪库容	死库容		
7	河北省	王快水库		曲阳县/大清河系南支沙河上游	1958 年	以防洪为主，兼灌溉、发电	138 900	58 100	69 200	100 700	10 881	黏土斜墙坝	拦河坝、溢洪道、泄洪洞、发电洞
8	河北省	西大洋水库		唐县/大清河系唐河	1958 年	以防洪为主，兼顾城市供水、工业、灌溉、发电综合利用	125 800	51 500	31 300	87 900	7 990	均质土坝	一座主坝、四座副坝、泄洪洞、输水洞、正常溢洪道、非常溢洪道、电站
9	河北省	黄壁庄水库	山区	鹿泉市/滹沱河	1958 年	以防洪为主，兼顾城市供水、灌溉、发电、养殖等	121 000	37 730	73 663	96 512	6 968	水中填土均质坝	主坝、副坝、正常溢洪道、非常溢洪道、新增非常溢洪道、电站重力坝等建筑物
10	河北省	朱庄水库	山区丘陵	邢台市沙河县/子牙河系沙河	1971～1978 年	防洪、灌溉、供水、发电	41 620	22 850		23 320	3 430	混凝土浆砌石重力坝	溢流坝、非溢流坝、泄洪底孔、放水洞、发电洞、高低电站及南、北干渠渠首建筑物
11	河北省	安各庄水库		易县/中易水河	1958 年	防洪、灌溉	30 900	14 000	8 782	18 470	4 080	土石坝	主坝、溢洪道、泄洪洞水电站、八里沟副坝、跨流域紫荆关引水工程等六部分

续表 1-2

序号	坝高（m）	坝长（m）	工程等别/主要建筑物级别	洪水标准（治理前/治理后）	存在问题项目																
					防洪标准低	洪水结果发生变化	坝顶高程不足	泄水建筑物规模及损坏	输水建筑物损坏	坝体稳定	坝基渗漏	坝体渗漏	坝肩绕渗	抗震差	地基液化	坝顶结构	坝体损坏	坝坡护坡	机电设备	新增机电设备	金属结构
7	62.5	1 281	Ⅰ等/1 级	100 年一遇设计，1 000 年校核/500 年一遇设计，10 000 年校核	√	√	√	√	√	√	√		√	√		√		√	√		√
8	56.15（主坝），25.95（副坝）	总坝长 4 795（主坝 1 820，副坝 2 975）	Ⅰ等/1 级	设计 500 年，校核 2 000 年/设计 500 年，校核 10 000 年	√		√	√	√	√							√	√			√
9	主坝 30.7，副坝 19.2	总坝长 8 664.93（副坝 6 907.3）	Ⅰ等/1 级	设计 100 年，校核 1 000 年/设计 500 年，校核 10 000 年						√		√	√				√		√		
10	95	544	Ⅱ等/2 级	设计 100 年，校核 1 000 年		复核接近，采用原值		√		√	√	√	√	√		√			√		√
11	49.4（主坝）；6.9（副坝）	602.0（主坝）；25.0（副坝）	Ⅱ等/2 级	1 000 年/2 000 年	√		√	√				√						√	√		√

续表 1-2

序号	安全鉴定结论意见	除险加固工程项目	工程投资（万元）
7	水库现状防洪标准不满足规范要求，但对提高汛限水位问题建议另行加以论证；大坝存在坝坡稳定和渗流稳定不安全问题，同意“三类坝”鉴定结论意见	溢洪道扩宽、坝后坡加固、机电设备更新、坝前短铺盖防渗处理等	19 900
8	该水库大坝现有防洪能力达不到《防洪标准》（GB 50201—94）规定的要求，大坝主坝下游坝坡稳定安全系数不能满足规范要求，输水洞、泄洪洞洞身强度不满足规范要求，闸门、启闭设施老化破坏严重，同意三类坝鉴定结论意见	改建正常溢洪道；主副坝加高、加宽、培厚放缓坝坡；主坝两端坝基防渗灌浆；泄洪洞、输水洞洞身处理、进出口闸门启闭机更新；完善大坝观测设施；提高通往坡上一副坝及山庄副坝防汛路的标准	19 798
9	加固前存在以下问题：现状防洪标准偏低，达不到规范要求；现有建筑物副坝、正常溢洪道和重力坝等存在一些不安全因素；管理设施落后等，经大坝安全鉴定为三类坝。2006 年 6 月 30 日，河北省水利厅组织安全鉴定专家对加固后水库大坝进行了安全鉴定并评定了大坝安全类别，主要结论如下：黄壁庄水库实际抗御洪水标准达《防洪标准》（GB 50201—94）规定，大坝工作状态正常；工程无重大质量问题，能按设计正常运行。黄壁庄水库大坝为一类坝	副坝垂直防渗墙工程、重力坝和溢洪道加固、机电及金属结构设备更新改造、新增非常溢洪道、环境治理等	99 402
10	该水库大坝溢流坝段抗滑稳定及抗震稳定安全系数均不满足规范要求；左坝肩有绕渗现象，灌浆廊道漏水，严重影响坝体安全；溢流面混凝土剥蚀，纵向垂直缝渗水，机架梁、闸墩裂缝，下游消能设施不完善，消力池下游冲刷破坏；闸门启闭设备老化锈蚀，不能正常运用。同意三类坝的鉴定结论	大坝加固工程，包括左坝肩灌浆、坝基排水孔修复、溢流坝面处理、坝体裂缝处理、机架桥和交通桥改建及消能设施等；防汛路工程；机电设施改造工程；观测及管理设施；水文设施改造等	6 916
11	该水库大坝现有防洪能力虽然已满足水利部颁近期标准，但低于国标下限 2 000年一遇校核洪水，大坝也存在严重安全问题。同意三类坝鉴定结论意见	大坝加高、北坝段防渗、泄洪洞加固、溢洪道加固、八里沟副坝、安格庄村西防洪墙、电气改造及大坝观测设施修复、进库路改建和管理处办公楼建设等	1 693

续表 1-2

序号	省别	水库名称	水库类别	地理位置（县名/河流名）	建设时间	工程任务	库容（万 m^3）					坝型	建筑物组成
							总库容	兴利库容	防洪库容	调洪库容	死库容		
12	河北省	横山岭水库	丘陵	灵寿县/大清河系磁河	1958～1960 年	防洪为主，结合灌溉、发电、养殖	24 300	8 630		14 380	1 110	黏土斜墙土沙混合坝	主坝、副坝、正常溢洪道、非常溢洪道、泄洪洞、发电支洞、输水洞和水电站
13	河北省	庙宫水库		围场县/伊逊河	1959～1978 年	防洪为主，兼顾灌溉、发电	18 300	2 400		4 300	40	均质土坝	主坝、副坝、正常溢洪道、非常溢洪道、泄洪洞、输水洞及电站
14	河北省	临城水库	丘陵	邢台市临城县/子牙河系滏阳河支流	1958～1960 年	防洪为主，结合灌溉、发电、水产养殖	17 125	7 997		12 257	1 186	黏土斜墙坝	大坝、三座溢洪道和尾渠、泄洪洞、输水洞、电站
15	河北省	龙门水库		满城/漕河	1958 年	防洪、灌溉	12 670	4 390		9 350	808	均质土坝	主坝、副坝、输水洞、溢洪道、泄洪闸等

续表 1-2

序号	坝高（m）	坝长（m）	工程等别/主要建筑物级别	洪水标准（治理前/治理后）	存在问题项目																
					防洪标准低	洪水结果发生变化	坝顶高程不足	泄水建筑物规模及损坏	输水建筑物损坏	坝体稳定	坝基渗漏	坝体渗漏	坝肩绕渗	抗震差	地基液化	坝顶结构	坝体损坏	坝坡护坡	机电设备	新增机电设备	金属结构
12	41	1 096	Ⅱ等/2 级	设计 100 年，校核 2 000 年		复核偏小，采用原值		√	√		√							√	√	√	√
13	44.2	540	Ⅱ等/2 级	设计 100 年，校核 2 000 年		成果一致，采用原值		√	√	√					√			√	√		√
14	33	1 428	Ⅱ等/2 级	设计 100 年，校核 1 500 年/设计 100 年，校核 2 000 年	√	复核偏小，采用原值		√	√	√	√	√	√	√	√			√	√		√
15	40.5（主坝）；20（副坝）	总坝长 2 596（其中副坝 2 057）	Ⅱ等/2 级	不足 100 年一遇/100 年一遇设计，2 000 年校核	√			√	√		√		√					√	√		√

续表 1-2

序号	安全鉴定结论意见	除险加固工程项目	工程投资（万元）
12	该水库现有防洪能力已满足《防洪标准》（GB 50201—94）要求；但1、2号副坝存在岩基渗漏问题；溢洪道存在裂缝和冲蚀，泄槽右边墙高度不够，泄洪时，洪水回流冲刷坝脚，危及大坝安全；泄洪洞和输水洞洞身裂缝、渗漏，闸门、启闭设备老化；大坝安全监测与管理设施不完善等。同意三类坝鉴定结论意见	主坝上游坝坡压坡固脚抗滑；主、副坝上下游护坡翻修；新建泄洪洞进口竖井闸室，改建出口闸室及消力池，发电支洞灌浆，重建磁右渠灌溉闸及泄洪闸；输水洞防渗灌浆，进、出口闸室改建；溢洪道底板裂缝处理，重建跨溢洪道交通桥及机架桥；增加溢洪道尾水渠导流工程；加固2号防汛道路；新建和更换泄洪洞进出口、输水洞进口、磁右渠灌溉闸及泄洪闸的闸门及启闭设备；改造更新全部电气设备，增加自动监控设备、水库供配电系统；修复、完善大坝观测设施	4 030
13	该水库大坝现有防洪能力已满足《防洪标准》（GB 50201—94）要求，但大坝下游坡浸润面高，抗滑稳定最小安全系数不满足规范要求；泄洪、引水等设施，或因强度低于规范要求，或因老化严重，不能安全运行；闸门、启闭设施老化、失修；大坝安全监测设施破坏严重。同意三类坝鉴定结论意见	加固下游坝坡，增设排沙洞，更换部分泄水建筑物的闸门和启闭机破损部位	9 234
14	该水库大坝现有防洪能力不满足《防洪标准》（GB 50201—94）要求；大坝两坝肩绕坝渗流严重；斜墙坝段下游坡122 m高程以上及均质坝段上、下游坡抗滑稳定安全系数（静力与抗震）均不满足规范要求；在7度地震烈度下，坝脚平台地基局部存在液化的可能；输水洞进水塔排架横梁配筋不满足要求；第一溢洪道尾水出口断面狭窄，不能满足安全泄洪要求；泄洪洞、输水洞闸门、启闭设备老化；大坝安全监测与管理设施不完善等。同意三类坝鉴定结论意见。建议在除险加固设计中，对坝体裂缝、坝基液化问题作进一步分析论证，以便确切了解大坝裂缝分布情况及抗震稳定性，合理采取加固措施	大坝（0+000～1+023.6）上游坝坡调整、下游坝坡贴坡加固；两岸均质坝坝段（0+000～0+320、0+900～1+300）垂直防渗、完善下游排水设施；一、二、三溢洪道局部处理加固；输水洞进出口改建、洞身防渗处理；更新改造金属结构及电气设备；恢复和完善通信、水情监测；水库管理用屋更新改造和维修	7 065
15	该坝存在的主要问题是防洪标准不满足规范要求；溢流坝抗滑稳定不满足规范要求。同意三类坝鉴定结论意见	（1）拆除溢流坝、新建泄洪闸；（2）加固李庄副坝、输水洞、增建工作桥；（3）坝坡整治	4 560

续表 1-2

序号	省别	水库名称	水库类别	地理位置（县名/河流名）	建设时间	工程任务	库容（万 m^3）					坝型	建筑物组成
							总库容	兴利库容	防洪库容	调洪库容	死库容		
16	河北省	友谊水库		尚义县/东洋河	1962 年	防洪、灌溉为主	11 600	5 293	5 418	3 920	540	均质土坝	拦河坝、输水洞、溢洪道
17	河北省	口头水库	丘陵	行唐县/大清河系部河	1958～1964 年	防洪、灌溉为主，养鱼、发电为辅	10 560	4 258		4 943	1 548	黏土心墙坝	主坝、两座副坝、正常溢洪道、非常溢洪道、输水泄洪洞和水电站
18	河北省	云州水库	山区	张家口市赤城县/潮白河系白河	1958～1972 年	防洪为主，结合灌溉、发电	10 200	1 281	2 831	5 408	4 828	均质土坝	主坝、副坝、泄洪洞、发电输水洞和坝后式电站
19	山西省	册田水库	山区丘陵	大同县/桑干河	1958～1960 年	城市供水、灌溉和防洪	58 000	7 200	770	12 535	1 500	均质土坝坝后堆石渣坝	大坝、正常溢洪道、非常溢洪道、浆砌石重力坝、左侧副坝

续表 1-2

序号	坝高(m)	坝长(m)	工程等别/主要建筑物级别	洪水标准(治理前/治理后)	存在问题项目																
					防洪标准低	洪水结果发生变化	坝顶高程不足	泄水建筑物规模及损坏	输水建筑物损坏	坝体稳定	坝基渗漏	坝体渗漏	坝肩绕渗	抗震差	地基液化	坝顶结构	坝体损坏	坝坡护坡	机电设备	新增机电设备	金属结构
16	40	287	Ⅱ等/2级	设计100年,校核2 000年	√						√	√						√	√		√
17	30	1 398.94	Ⅱ等/2级	设计100年,校核2 000年		复核偏小,采用原值		√	√	√	√	√						√	√		√
18	43.15	223.4	Ⅱ等/2级	设计100年,校核2 000年		成果接近,采用原值	√	√	√	√	√	√	√	√		√		√	√		√
19	41.5	930	Ⅱ等/2级	设计50年,校核2 000年/设计100年,校核2 000年	√	复核偏小,采用原值		√		√	√			√	√	√		√	√		√

续表 1-2

序号	安全鉴定结论意见	除险加固工程项目	工程投资（万元）
16	加固前，安全鉴定为三类坝，主要存在防洪标准低，达不到水利部颁标准；坝体质量不均，存在局部软弱夹层，坝体集中渗流和坝体局部浸润线偏高及绕坝渗流；水库逐年淤积，兴利库容锐减等问题	溢洪道改建增设闸门，拦河坝加固、灌浆	6 978
17	该水库大坝上游坡滑动稳定安全系数不满足规范要求；上游坡不平整，护坡块石尺寸不符合要求，间隙大，下游排水棱体被矿灰覆盖；溢洪道进口段两岸坍塌严重，进出口断面尺寸不足，影响泄洪，下游消能设施不利于坝体安全，非常溢洪道破损，输水洞与电站间的支洞常年漏水；闸门启闭设备老化破损严重。同意三类坝的鉴定结论	主坝防渗、护坡加固；主副坝上下游护坡翻修；正常溢洪道增建防冲设施；改造非常溢洪道；输水洞灌溉、进口段衬砌；加固泄洪闸、改建灌溉闸；翻修防汛道路；更换机电设备；完善管理设施等	5 265
18	该水库大坝现有防洪能力虽然满足《防洪标准》(GB 50201—94)要求，但主坝下游坡抗震稳定安全系数不满足规范要求；静力条件下，主坝上、下游坡抗滑稳定安全系数均不满足规范要求；副坝下游河床漏水严重，副坝存在渗流稳定安全问题；泄洪洞、发电输水洞闸门、启闭设备老化；大坝安全监测与管理设施不完善。同意三类坝鉴定结论意见。建议在除险加固设计中，对副坝的下游河床漏水问题作进一步深入分析论证，以便确切了解其安全性，合理采取加固措施	(1)主坝上、下游坝坡加固，主坝防渗墙墙顶以上的坝体防渗处理，上游两岸护坡加固，对观测设施进行完善与更新。(2)副坝坝顶裂缝处理、坝顶加高及副坝区古河道库岸渗漏处理。(3)泄洪洞进口、洞内淤积清除及洞身段补充衬砌；挑坎段冻融破坏部位加固处理；泄洪洞出口尾渠整修及左岸坡滑坡体处理；对泄洪洞工作闸门与检修闸门全面进行检修、完善、更换部分零件和检修闸门的启闭机；水塔上游侧的 6 m×3.1 m 两个安装孔将采用钢筋混凝土封堵同时设两扇 0.8 m×1.7 m 检修钢门。(4)更换发电输水洞工作闸门、事故闸门及启闭机设备，改建进出口启闭机室。(5)增设闸门自动化测控系统，完善水情自动测报系统，并完善备用电源设施。(6)提高上坝公路路面标准，改造原有的交通公路。(7)电站移址新建	10 800
19	该水库现有防洪能力低于水利部颁近期标准；主坝段坝坡的抗震稳定安全系数不满足规范要求；南副坝坝基粉细砂层存在液化隐患；主坝及北副坝存在坝基界面接触冲刷隐患；正常溢洪道检修门槽变形严重；部分机电设备、金属结构设备老化、锈蚀破损等。同意三类坝鉴定结论意见	(1)大坝加固工程：大坝上游坡加固，坝体坝基防渗处理，南副坝坝基液化处理；(2)溢洪道加固工程、溢洪道金属结构及配电设备改造工程；(3)大坝观测设计及安全监测补充	5 789

续表 1-2

序号	省别	水库名称	水库类别	地理位置（县名/河流名）	建设时间	工程任务	库容（万 m^3）					坝型	建筑物组成
							总库容	兴利库容	防洪库容	调洪库容	死库容		
20	山西省	关河水库	山区	武乡县/浊漳河北源		防洪、灌溉、发电、养鱼	14 100	2 210		2 830	2 210	水中倒土均质坝	拦河大坝、溢洪道、排沙泄洪洞、引水发电洞、发电站
21	山西省	后湾水库	山区	襄垣县/浊漳河西源		防洪为主，兼顾灌溉、养殖	13 033	2 700		8 900	1 652	均质碾压土坝	大坝、溢洪道、输水洞及坝后发电站
22	河南省	小南海水库	山区	安阳县/卫河支流安阳河	1959 年	防洪、城市工业供水、灌溉、兼顾发电和水产养殖等	10 751	4 380	2 411	5 911	460	黏土斜墙堆石坝	大坝、溢洪道、输水洞

续表 1-2

序号	坝高（m）	坝长（m）	工程等别/主要建筑物级别	洪水标准（治理前/治理后）	存在问题项目																
					防洪标准低	洪水结果发生变化	坝顶高程不足	泄水建筑物规模及损坏	输水建筑物损坏	坝体稳定	坝基渗漏	坝体渗漏	坝肩绕渗	抗震差	地基液化	坝顶结构	坝体损坏	坝坡护坡	机电设备	新增机电设备	金属结构
20	33.6	687	Ⅱ等/2 级	设计 100 年，校核 500 年/设计 100 年，校核 2 000年	√	复核偏小，计算合理		√					√		√			√	√	√	√
21	26	300	Ⅱ等/2 级	设计 50 年，校核 2 000 年/设计 100 年，校核 2 000 年	√	复核偏小，计算合理		√	√	√	√	√	√			√		√	√		√
22	54	394.5	Ⅱ等/2 级	设计 100 年，校核 1 000 年		复核偏小，采用原值		√	√	√	√	√	√			√	√	√	√		√

续表 1-2

序号	安全鉴定结论意见	除险加固工程项目	工程投资（万元）
20	该水库枢纽各建筑物不同程度地存在安全隐患。大坝现有防洪能力不能满足现行国家防洪标准，大坝下游坝脚地基砂土层存在地震液化问题。左坝肩高水位时存在绕坝渗流，排沙泄洪洞、引水发电洞闸门、启闭设备老化等。大坝鉴定为三类坝。建议在加固设计中，按照《碾压式土石坝设计规范》（SL 274—2001）对大坝抗滑稳定作进一步分析，做好加固设计，并结合除险加固，完善大坝安全监测与管理设施	（1）大坝下游坡脚液化处理和坝坡整治；（2）大坝左坝肩防渗处理；（3）溢洪道改造；（4）新建抢险道路长 1 177 m；（5）排沙泄洪洞明槽加固、进口闸门和启闭机设备更新；（6）引水发电洞进水塔加固；（7）设置大坝和溢洪道观测系统	4 300
21	该水库溢洪道泄槽及挑流段未完建，不能正常泄洪；大坝下游坡抗滑稳定安全系数（静力与抗震）均不满足规范要求；输水洞出现裂缝，洞身结构配筋不满足规范要求；闸门老化，漏水严重，不能正常运用；大坝坝址左岸黄土台地没有进行处理，坝后主河槽处渗漏；大坝安全监测设施已全部失效等。同意三类坝鉴定结论意见。建议在除险加固时，按现行规范要求进行大坝加固设计，并结合除险加固，完善大坝安全监测与管理设施	新修坝顶路面，坝体下部定喷灌浆防渗，坝基帷幕灌浆；大坝下游坝坡培厚，预制混凝土块护坡，坡脚新建排水棱体；完建溢洪道 0 + 212 以后部分，增设溢洪道检修闸门；输水洞进水塔拆除重修，洞身钢衬，新建出口阀室及消力池；完善大坝的观测设施	2 644
22	大坝上游坝坡抗滑稳定安全系数不满足规范要求；坝体填筑质量差，反滤料级配不合理；大坝坝肩基岩节理发育，存在小溶洞及溶槽，透水性强，虽经帷幕灌浆处理，但依然渗漏；坝基砂卵石层透水性强，防渗措施不完善，存在基础渗漏；大坝黏土斜墙填筑质量差，原设计的大坝防渗墙未能实施，大坝渗流性态不安全；溢洪道闸室出口右岸挡土墙局部变形严重，左岸山体局部风化；输水洞洞身衬砌混凝土及进口竖井混凝土存在裂缝，漏水；输水洞无检修闸门，门体、埋件锈蚀，止水破坏；大坝安全监测设施不完善，管理设施落后等。同意三类坝鉴定结论	采用混凝土防渗墙对坝基、两坝肩以及正常蓄水位以下坝体进行防渗加固，大坝上游坝坡补坡加固；重建输水洞竖井，并增设事故检修闸门，输水洞洞身加固处理及出口建工作闸，溢洪道左岸山体加固和防汛公路改造	5 489

续表 1-2

序号	省别	水库名称	水库类别	地理位置（县名/河流名）	建设时间	工程任务	库容（万 m^3）					坝型	建筑物组成
							总库容	兴利库容	防洪库容	调洪库容	死库容		
		中型 80 座											
1	北京市	十三陵水库		昌平区/温榆河北支东沙河上	1958 年	防洪为主，兼顾确保蓄能电厂发电水位、旅游	7 310	2 220		4 300	777.8	黏土斜墙坝	大坝、溢洪道、输水洞
2	北京市	斋堂水库	山区丘陵	门头沟区/永定河支流清水河	1959～1961 年	防洪为主结合供水	5 420	4 018	4 020	2 442	58.2	黏土斜墙土石坝	主坝、岸边开敞式溢洪道、输水管、泄洪洞
3	天津市	黄港第二水库	平原	塘沽/永定新河	1976 年	以排代蓄、以蓄代灌，兼有蓄、排灌多种功能	6 312	4 936			580	碾压式均质土堤	围堤、穿堤建筑物
4	天津市	尔王庄水库	平原	宝坻县/引滦明渠中段右侧	1959～1960 年	引滦工程重要组成部分，重要调蓄	4 530	3 868			662	碾压式均质土坝	围堤，穿堤涵闸及上、下游泵站

续表 1-2

序号	坝高(m)	坝长(m)	工程等别/主要建筑物级别	洪水标准(治理前/治理后)	存在问题项目																
					防洪标准低	洪水结果发生变化	坝顶高程不足	泄水建筑物规模及损坏	输水建筑物损坏	坝体稳定	坝基渗漏	坝体渗漏	坝肩绕渗	抗震差	地基液化	坝顶结构	坝体损坏	坝坡护坡	机电设备	新增机电设备	金属结构
1	29	627	Ⅱ等/2 级	设计 100 年,校核 2 000 年				√	√			√		√			√				√
2	58.5	380	Ⅲ等/3 级	设计 100 年,校核 1 000 年		原值偏小,采用复核		√	√		√		√			√		√	√		√
3	5.3	16 896	Ⅲ等/3 级				√				√	√			√	√			√		√
4	5.44	14 297	Ⅲ等/3 级				√			√	√	√			√	√	√	√	√		√

续表 1-2

序号	安全鉴定结论意见	除险加固工程项目	工程投资（万元）
1	水库大坝存在较严重的抗震稳定及渗流稳定问题，已影响大坝安全正常运行，属三类坝	(1)主体建筑物工程：拦河大坝加固、溢洪道拆建及金属结构设备安装和输水系统加固；(2)自动化系统工程；(3)变配电工程；(4)防汛供水指挥调度管理用房工程	8 623
2	(1)《斋堂水库安全评价报告》内容及工作深度符合水利部《水库大坝安全鉴定办法》及《水库大坝安全评价导则》的要求。(2)坝基混凝土防渗墙施工质量差，造成上游坝坡沿防渗墙顶部多次出现塌陷，引起斜墙黏土的流失，危及大坝安全。上游块石护坡下的过渡层局部缺失，对坝坡稳定不利。(3)右坝肩泄洪洞进口附近库岸体风化破碎严重，泄洪洞出口水流状态不利于坝脚稳定。溢洪道、泄洪洞及输水管出口闸牛腿混凝土结构不满足抗震安全要求。(4)泄洪道闸门材质及结构强度、稳定不满足规范要求。闸门启闭能力基本满足要求。但启闭机电机及制动系统设备老化，应进行更换。输水管进口闸门及启闭设备不能满足在紧急情况下闭门，应更新为事故闸门。(5)大坝运行管理、安全监测系统，不满足水利工程现代化管理要求。定为三类坝	(1)坝体除险加固：上游坝坡黏土斜墙以上部分全部拆除，对黏土斜墙进行质量检查，并对黏土斜墙表面凹陷部分用黏土找平压实，然后按原设计恢复坝坡；下游坝坡整修；坝顶防浪墙、坝顶路面拆除重建。(2)新建塑性混凝土防渗墙。(3)溢洪道加固改建。(4)输水管洞身及其进、出口改造。(5)泄洪洞进、出口改建加固。(6)建筑管理设施。(7)机电设备更新。(8)完善工程安全监测设施。(9)增加自动化设施。(10)增设水库护网	8 809
3	围堤堤顶高程不满足规范要求；围堤沉降、不均匀沉降严重，堤身出现裂缝；部分堤基存在地震液化及震陷隐患问题；部分围堤段堤身和堤基渗透比降不满足要求，浸润线出逸点高，存在渗透破坏现象；涵闸结构老化破损。同意三类坝鉴定结论	(1)对围堤进行加固；(2)进行综合治理，减少渗漏量、降低浸润线、防止渗透破坏；(3)对上游护坡进行维修加固；(4)对原进水闸、出水闸拆除重建；(5)完善水库安全检测设施	7 976
4	该水库大坝坝顶现有高程不满足规范要求；坝体沉降不稳定，变形、裂缝严重，部分坝段坝体、坝基渗漏严重，并存在地震液化的可能；大坝上游坡砌石护坡及防浪墙破损严重；输水涵闸闸门、启闭设备陈旧、老化，不能正常运用；无必要的大坝安全监测设施等。建议按“三类坝”上报，但应对大坝坝基的地震液化、渗流稳定做进一步深入分析论证，以便全面了解大坝安全性，做好加固设计	(1)防浪墙加高；(2)迎水面护坡整修；(3)围堤防渗加固；(4)围堤基础液化处理；(5)围堤裂缝处理；(6)截渗沟清淤及护砌；(7)1 号、2 号涵闸机电设备改造；(8)观测设施完善	8 137

续表 1-2

序号	省别	水库名称	水库类别	地理位置（县名/河流名）	建设时间	工程任务	库容（万 m^3）					坝型	建筑物组成
							总库容	兴利库容	防洪库容	调洪库容	死库容		
5	天津市	鸭淀水库	平原	西青区/	1954～1980 年	调蓄沥水和再生水资源进行灌溉为主，兼顾水产养殖和排水除涝	3 150					均质土坝	
6	天津市	新地河水库	平原	东丽区/	1982～1983 年	以蓄代排，灌溉、养殖及旅游等多种功能	1 577	1 427			150	碾压式均质土堤	围堤、穿堤建筑物
7	河北省	黄盖淖水库	中型	张北/黑水河	1958 年	防洪为主，结合灌溉、养殖及林业生态等综合利用	9 900	4 775	8 787	8 787	110	均质土坝	拦河坝、输水洞、溢洪道
8	河北省	瀑河水库	丘陵与山前倾斜平原过度	保定市徐水县/大清河水系瀑河	1958 年	防洪为主，兼顾灌溉	9 750	2 386		7 024	113	均质土坝	主坝、副坝、输水洞及溢洪道
9	河北省	壶流河水库	中型	蔚县/壶流河	1973 年	灌溉、防洪为主，兼养殖	8 700	3 348	3 620	5 630	2 039	均质土坝	拦河坝、输水洞、溢洪道

续表 1-2

序号	坝高(m)	坝长(m)	工程等别/主要建筑物级别	洪水标准(治理前/治理后)	存在问题项目																
					防洪标准低	洪水结果发生变化	坝顶高程不足	泄水建筑物规模及损坏	输水建筑物损坏	坝体稳定	坝基渗漏	坝体渗漏	坝肩绕渗	抗震差	地基液化	坝顶结构	坝体损坏	坝坡护坡	机电设备	新增机电设备	金属结构
5	4.5																				√
6	5	11 540	Ⅲ等/3 级				√				√					√		√	√		√
7	主坝 9，副坝 2.6	主坝 450；副坝 97	Ⅲ等/3 级	设计 50 年，校核 1 000 年	√			√	√			√							√		√
8	21	200	Ⅲ等/3 级	设计 100 年，校核 2 000 年		复核偏小，采用复核		√	√		√					√			√		√
9	16.7	2 724	Ⅲ等/3 级	设计 100 年，校核 1 000 年	√					√	√	√						√	√		√

续表 1-2

序号	安全鉴定结论意见	除险加固工程项目	工程投资（万元）
5		围堤加固，迎水坡护砌 9.123 km，护砌底高程 4.0 m（大沽，下同）、顶高程 6.2 m，迎水坡在高程 4.2～4.5 m 设置植苇平台，围堤及穿堤建筑物原护砌拆除，堤顶沥青混凝土防汛路面 13.37 km，三座穿堤涵闸更新闸门及启闭机	3 020.58
6	围堤堤顶高程不满足规范要求；围堤沉降、不均匀沉降严重，堤身出现裂缝；部分围堤段堤身和堤基渗透比降不满足要求，浸润线出逸点高，存在渗透破坏现象；涵闸结构老化破损。同意三类坝鉴定结论	（1）对围堤进行加固；（2）对上游护坡进行维修加固；（3）对原进水闸、输水闸、安全闸拆除重建，五场闸拆除复堤；（4）完善水库安全检测设施	4 630.85
7	加固前存在：防洪标准低；坝体渗流稳定；溢洪道为土渠，无防护工程；金属结构、电气设施老化，不能正常运用等。经大坝安全签定为三类坝	拦河坝加固工程；溢洪道防护工程；泄洪洞、输水洞加固工程；新建东大淖、韭菜沟两座副坝工程；金属结构、电气设备及管理设施更新改造工程	2 456
8	该水库大坝现有防洪能力已满足《防洪标准》（GB 50201—94）要求，但大坝坝基渗漏严重；溢洪道无闸门、启闭机及相关配套工程；输水洞闸门及启闭设备老化，检修门锈蚀严重；坝顶存在人为缺口，影响防洪安全，大坝安全监测设施缺乏等。同意三类坝鉴定结论意见。建议加固设计中深化对大坝存在问题的认识，以利全面、有效地解决水库大坝存在的安全问题：（1）大坝填筑质量不佳，运行中出现过几次裂缝问题，而坝坡稳定计算参数采用 1958 年资料，加固设计中应补充取样试验，进一步复核坝坡稳定安全；（2）输水洞运行中出现过出口渗漏和上游坡及坝顶的塌坑，对输水洞接触渗流安全隐患应进一步检查论证	库区和坝基防渗，大坝加固，溢洪道加固改造，输水洞加固改造，机电设备、安全监测和运行管理设施更新改造等	5 542
9	加固前存在：防洪标准偏低（大致为 100 年）；部分坝段渗流不稳定、上下游坝坡抗滑稳定安全不满足规范要求、启闭设备老化严重等，经大坝安全签定为三类坝	拦河坝加固工程、泄洪洞加固工程、输水洞加固工程、金属结构和电气设备更新改造、水库管理设施完善	2 298

续表 1-2

序号	省别	水库名称	水库类别	地理位置（县名/河流名）	建设时间	工程任务	库容（万 m^3）					坝型	建筑物组成
							总库容	兴利库容	防洪库容	调洪库容	死库容		
10	河北省	八一水库	中型	元氏县/潴龙河	1958 年	防洪、灌溉	7 387	3 365		5 177	571	均质土坝	大坝、溢洪道、输水洞、电站
11	河北省	东石岭水库	中型	沙河市南澧河	1969 年	防洪为主，兼顾灌溉、发电、养殖、旅游	6 840	2 541	1 842	3 570	78	浆砌石单曲重力拱坝	主坝、溢流坝、泄洪洞、输水洞、水电站
12	河北省	响水铺水库	中型	怀来县/洋河	1972 年	防洪为主，兼顾灌溉、发电等综合利用	5 750	2 840	5 000		572	混凝土坝	拦河坝、输水洞、电站
13	河北省	般若院水库	山区	遵化市/蓟运河水系沙河	1969 ~ 1972 年	防洪、灌溉为主，兼顾水产养殖	5 457	2 685				黏土斜墙砂砾坝	土坝、溢洪道、放水洞和两座副坝
14	河北省	野沟门水库	山区	邢台县/子牙河系南澧河	1966 ~ 1986 年	防洪为主，兼顾灌溉、发电、养殖、旅游	5 040	2 625		3 170	255	支墩连拱坝、浆砌石重力坝	浆砌石坝（溢流连拱坝、溢流重力坝、非溢流重力坝）、泄洪洞和灌溉发电洞

续表 1-2

序号	坝高（m）	坝长（m）	工程等别/主要建筑物级别	洪水标准（治理前/治理后）	存在问题项目																
					防洪标准低	洪水结果发生变化	坝顶高程不足	泄水建筑物规模及损坏	输水建筑物损坏	坝体稳定	坝基渗漏	坝体渗漏	坝肩绕渗	抗震差	地基液化	坝顶结构	坝体损坏	坝坡护坡	机电设备	新增机电设备	金属结构
10	28.4	645	Ⅲ等/3 级	设计 100 年，校核 1 000 年					√						√		√		√		
11	82.2	256	Ⅲ等/3 级	设计 100 年，校核 500 年	√		√	√	√			√	√						√	√	√
12	25.5	273	Ⅲ等/3 级	设计 100 年，校核 1 000 年	√			√										√	√		√
13	26	1 157（副坝 270）	Ⅲ等/3 级	设计 100 年，校核 1 000 年		复核偏小，采用原值		√	√	√			√			√		√	√		√
14	41.6	273	Ⅲ等/3 级	设计 100 年，校核 500 年		成果接近，采用复核		√	√	√	√	√	√					√	√		√

续表 1-2

序号	安全鉴定结论意见	除险加固工程项目	工程投资（万元）
10	水利部大坝安全管理中心：该水库大坝现有防洪能力虽已满足《防洪标准》（GB 50201—94）要求，但溢洪道存在工程质量问题，影响安全泄洪；大坝下游坝脚外围存在可液化地基以及溢洪道及输水洞闸门的启闭设备严重锈蚀老化，水库大坝不能按设计正常运行。同意三类坝的鉴定结论	大坝、溢洪道及输水洞加固，闸门及启闭机更新改造、完善管理设施等	1 056
11	防洪标准偏低；大坝坝身渗漏及两岸坝肩部绕渗，泄洪洞等建筑物存在不同程度的安全隐患，管理设施老化。经大坝安全鉴定为三类坝	拦河坝加固，泄洪洞、输水洞加固，水电站改造等	2 848
12	加固前存在：防洪标准偏低；主坝坝体表面裂缝、副坝坝基渗漏、金属结构及电气设备老化等。经大坝安全鉴定为三类坝	主、副坝上下游坝面加固，输水洞、泄洪底孔加固改建；副坝坝基防渗处理；金属结构、电气设施更新等	3 168
13	该水库现有防洪能力虽已满足《防洪标准》（GB 50201—94）要求，但主坝右坝头与山体岩石接合部渗漏严重；右坝头下游坝坡抗滑稳定安全系数不满足规范要求；主坝护坡破坏严重；溢流道侧墙欠高，尾水渠过流能力差，泄水时发生淘刷崩岸现象，不能安全泄洪；闸门、启闭设备老化；大坝安全监测、管理设施不完善等。同意三类坝鉴定结论意见。建议加固设计中，按现行规范《碾压式土石坝设计规范》（SL 274—2001）对大坝结构稳定作进一步分析论证	大坝：（1）主坝右坝头岩石帷幕灌浆；（2）右坝头均质坝段背水坡坝坡放缓；（3）主坝坝顶加宽；（4）主坝护坡及反滤层翻修；（5）观测设施及设备更新；（6）副坝护坡翻修。溢洪道：（1）进口岩石边坡加固；（2）溢流堰迎水面及进口底板加固；（3）溢洪道挑坎下游部位加固；（4）泄洪渠拓宽整治。放水洞：（1）放水洞进口清淤；（2）进水塔加固；（3）尾水渠护坡维修；（4）放水洞渗漏封堵。新建防汛抢险路；管理系统改造；金属结构及机电设备改造	2 930
14	该水库现有防洪能力虽已满足《防洪标准》（GB 50201—94）要求，但大坝坝体抗滑稳定安全系数不满足规范要求；大坝上游面防渗材料老化、剥落现象严重，溢流坝面存在裂缝，局部混凝土剥离；非溢流坝段和溢流坝段坝体渗漏，左、右坝肩绕渗；泄洪洞及灌溉发电洞的混凝土抗渗性能差，渗漏严重；金属结构老化严重；大坝安全监测、管理设施不完善等。同意三类坝鉴定结论意见	（1）大坝迎水面增设混凝土防渗面板、溢流坝凿除重新浇筑混凝土堰面；（2）坝基采用帷幕灌浆措施减小渗压力满足坝体稳定；（3）对泄洪、灌溉发电两洞渗漏问题进行灌浆处理，补设通气孔及闸门槽等处理加固；（4）水库管理处至邢和公路 3.2 km 进库防汛路和灌溉洞出口进行维修加固；（5）改建更换泄洪、灌溉发电两洞进口检修闸门和出口工作闸门及其相应启闭设备；（6）改造水库至西河口变电站 10 kV 线路、左坝头设置箱式变电站、增设柴油发电机组、大坝及道路照明设施、闸门自动监控和水情雨情自动测报设备，完善通信、防雷、消防设施等	2 824

续表 1-2

序号	省别	水库名称	水库类别	地理位置（县名/河流名）	建设时间	工程任务	库容（万 m^3）					坝型	建筑物组成
							总库容	兴利库容	防洪库容	调洪库容	死库容		
15	河北省	白草坪水库	山区	赞皇县/槐河干流	1958～1973 年	防洪、灌溉为主，结合发电、养殖	4 492	2 387		1 641	120	黏土为主土石混合坝	主坝、副坝、正常溢洪道、非常溢洪道、输水洞（兼泄洪洞）和水电站
16	河北省	闪电河水库	丘陵	沽源县/滦河水系闪电河	1958～1960 年	防洪、灌溉兼水产养殖	4 260	1 470	3 100		300	均质土坝	大坝、溢洪道、输放水洞
17	河北省	水胡同水库	中型	青龙县/青龙河支流都源河	1969 年	防洪为主，结合灌溉、发电等综合利用	4 308	2 475	1 883	1 883	591	浆砌石单拱坝	主坝、泄洪洞、溢洪道、输水洞、电站

续表 1-2

序号	坝高（m）	坝长（m）	工程等别/主要建筑物级别	洪水标准（治理前/治理后）	存在问题项目																
					防洪标准低	洪水结果发生变化	坝顶高程不足	泄水建筑物规模及损坏	输水建筑物损坏	坝体稳定	坝基渗漏	坝体渗漏	坝肩绕渗	抗震差	地基液化	坝顶结构	坝体损坏	坝坡护坡	机电设备	新增机电设备	金属结构
15	42	550（副坝140）	Ⅲ等/3 级	设计 100 年，校核 1 000 年		采用复核		√	√	√	√	√				√			√		√
16	12.6	2 836	Ⅲ等/3 级	设计 100 年，校核 500 年/设计 100 年，校核 1 000年	√	采用复核	√	√			√					√		√	√		√
17	46.67	129.3	Ⅲ等/3 级	设计 100 年，校核 500 年					√	√	√	√	√						√	√	√

续表 1-2

序号	安全鉴定结论意见	除险加固工程项目	工程投资（万元）
15	该水库大坝现有防洪能力已满足《防洪标准》(GB 50201—94)要求，但大坝上、下游坝坡抗滑稳定安全系数不满足规范要求，坝体内有高含水量软弱夹层和浅层裂缝；溢洪道等输泄水建筑物也存在不同程度的安全隐患；闸门、启闭设备老化；大坝安全监测及管理设施不完善。同意三类坝鉴定结论意见。建议加固中，对主坝坝体出现的裂缝作进一步开挖查证，以便正确选择适当处理加固措施	(1)主坝：在上游坡进行压坡处理，填筑石渣和卵石，采取干砌石护坡；布设抽排水井对坝体高饱和度土层进行排水固结；重新布设测压管；对出现渗漏现象的南坝段基岩裂隙进行灌浆处理；对坝顶以下 10 m 范围内进行黏土充填灌浆；改建坝顶路面，翻修上游干砌石护坡。(2)正常溢洪道：对堰面裂缝采取环氧树脂灌浆处理；将单锚充气橡胶坝改为双锚充水橡胶坝；坎下设防冲齿墙，两岸岩体进行锚喷处理；下游河道开卡扩宽。(3)非常溢洪道：采用钢筋混凝土宽顶堰固定口门，堰顶高程 294 m，上下游采用浆砌石防护。(4)输水洞：对进出口闸室、闸门及启闭设备进行改建；洞身漏水段进行灌浆；出口山体进行削坡卸荷，挂网喷射混凝土防护。(5)下游灌区渠首改建。(6)对不能正常运用的输水洞进、出口钢闸门，槐南、槐北灌溉铸铁闸门，槐北泄洪铸铁闸门进行更新，以及更换各闸门的启闭设备；除电站机电设备外，其余机电设备和电线电缆全部更换，重新进行设计	2 418
16	该水库大坝上游护坡冰冻破坏严重，排水棱体大部分沉陷坍陷，坝体、坝基渗漏严重；溢洪道陡坡段边墙抗滑稳定安全系数不满足规范要求，挡土墙立板及内底板的强度安全系数不满足规范要求，溢洪道上、下游翼墙、底板等部位出现裂缝、倾斜、变位；坝下灌溉洞及放水洞漏水；溢洪道、放水洞、灌溉洞的闸门、启闭机老化；大坝安全监测与管理设施不完善等。同意三类坝鉴定结论意见。建议加固设计中，对大坝的抗震稳定作必要的分析论证	大坝加固；溢洪道闸室、进口段、陡槽段加固、重建等；灌溉洞、放水洞进出口整治改造；闸门、启闭机、电气设备更新改造；补修进库道路；完善大坝安全监测设施和管理设施等	4 222
17	加固前存在的主要问题：右岸拱座抗滑稳定不满足规范要求，坝体存在多处裂缝，坝基、坝肩、坝身漏水；泄洪洞洞身强度及进水塔强度不足；金属结构、电气设备、管理设施老化失修等。经大坝安全鉴定为三类	拦河坝坝体加固，拦河坝基础灌浆，输水洞加固，金属结构及电气、通信设施及自动化、工程观测设备更新，上坝路补修	2 448

续表 1-2

序号	省别	水库名称	水库类别	地理位置（县名/河流名）	建设时间	工程任务	库容（万 m^3）					坝型	建筑物组成
							总库容	兴利库容	防洪库容	调洪库容	死库容		
18	河北省	车谷水库	中型	武安南洺河	1969 年	以灌溉为主，兼防洪、发电、人畜饮水等综合利用	3 799	1 320	2 448	2 538	23	浆砌石及堆石混合坝	堆石坝、溢流坝、非常溢流重力坝、泄洪洞灌溉发电洞
19	河北省	南平旺水库	中型	赞皇/滏阳河直流泲河	1976 年	防洪、灌溉为主，兼水产养殖等综合利用	3 796	1 914		1 665	91	均质土坝	主坝、副坝、溢洪道、输水洞等
20	河北省	红领巾水库	山区	行唐县/大清河系沙河支流曲河上游	1957～1959 年	防洪、灌溉	3 731	2 525		1 142	33	均质土坝	主坝、副坝、泄洪洞、正常溢洪道
21	河北省	口上水库	中型	武安北名河	1966 年	以防洪、灌溉为主	3 208	2 800	1 398	1 402	11	浆砌石重力坝	非溢流坝、溢流坝、泄洪洞、灌溉发电洞
22	河北省	黄土梁水库	中型	承德市丰宁县/兴洲河	1975 年	防洪、发电、灌溉、养殖	2 830	1 622		115	7	均质土坝	拦河坝、溢洪道、放水洞（兼发电洞）、水电站

续表 1-2

序号	坝高（m）	坝长（m）	工程等别/主要建筑物级别	洪水标准（治理前/治理后）	存在问题项目																
					防洪标准低	洪水结果发生变化	坝顶高程不足	泄水建筑物规模及损坏	输水建筑物损坏	坝体稳定	坝基渗漏	坝体渗漏	坝肩绕渗	抗震差	地基液化	坝顶结构	坝体损坏	坝坡护坡	机电设备	新增机电设备	金属结构
18	75.5	360	Ⅲ等/3 级	100 年/100 年				√	√	√											
19	主坝 23.5；副坝 3	主坝 783；副坝 230	Ⅲ等/3 级	设计 100 年，校核 1 000 年				√		√						√		√			
20	26.23	502.5	Ⅲ等/3 级	设计 100 年，校核 1 000 年		原值偏大，采用复核		√	√	√	√		√			√		√			√
21	81.7	185	Ⅲ等/3 级	100 年一遇/100 年一遇						√			√						√	√	√
22	39.3	340	Ⅲ等/3 级	设计 100 年，校核 1 000 年/设计 100 年，校核 1 000 年				√	√				√					√	√	√	√

续表 1-2

序号	安全鉴定结论意见	除险加固工程项目	工程投资（万元）
18	加固前大坝存在坝顶裂缝、塌陷；溢流坝段深层不稳定；溢流坝浮体闸损坏，不能正常运行；又发生坝肩绕渗；机电设备老化；管理设施陈旧等。2001年11月26日经大坝安全鉴定为三类坝	溢流坝坝体预应力锚索加固，溢流坝顶闸门及机架桥改造，溢流坝顶交通桥改造，泄洪洞检修闸门改造，坝顶道路整治，右坝肩上坝公路整治，右坝肩帷幕灌浆，堆石坝段背水坝坡整治，大坝观测系统更新改造，灌溉发电洞整修，坝下尾水河槽治理，左岸上坝公路整修，左岸护砌堰整修，新建办公楼，启闭机房改造，金属结构及机电设备更新	1 367
19	水库溢洪道、右坝肩、上下游坝坡均不同程度存在问题，金属结构、电气设备老化，管理设施落后。大坝安全鉴定为三类坝	右坝头防渗墙处理、坝坡翻修、溢洪道导墙重建、输水洞闸门及启闭机更新改造、增设观测设施、管理设施等	946
20	该水库现有防洪能力虽然满足《防洪标准》（GB 50201—94）要求，但大坝坝基渗漏，左坝头坝体存在贯穿性裂缝；正常溢洪道未做衬护，堰顶高程及泄流能力达不到设计要求，出口部位堆积大量弃渣，两岸边坡稳定性差，交通桥已成危桥；输水洞无压设计成有压运行，洞身衬砌不满足强度要求，出口山体稳定性差，闸门、启闭设备老化；大坝安全监测与管理设施差等。同意三类坝鉴定结论意见。建议加固设计中，对大坝渗流稳定作进一步分析论证，加深对工程存在问题的认识，做好除险加固工作	上游坝坡进行翻修，重新做反滤层；坝体左端进行接触灌浆，并在上游左坝头铺土工膜，上设保护层、砌石护坡，坝脚处上游采用混凝土板墙截至基岩；坝顶路面进行重新平整硬化，设排水沟；下游棱体进行维修；下游坡面用草皮护坡；更新测压管及沉降观测点	1 939
21	加固前存在水库大坝抗滑稳定安全系数偏低、两坝肩绕渗严重、坝体渗漏、机电设备老化等问题。2001年11月17日经大坝安全鉴定为三类坝	大坝防渗，溢流坝闸门、启闭机更新等	1 582
22	加固前存在大坝下游坝坡稳定系数偏低，坝肩漏水；溢洪道泄洪危及坝脚和电站安全等问题。2002年5月经大坝安全鉴定为三类坝	整修大坝下游坝坡、翻修上游坝坡及坡顶路硬化，溢洪道闸室及进口拆除重建、陡槽及挑坎混凝土衬砌加固，增开尾水渠，放水洞、发电洞洞身衬砌及进出口改造，闸门、启闭机及电气设备更新改造，修建防汛路，大坝安全检测、管理设施完善等	2 662

续表 1-2

序号	省别	水库名称	水库类别	地理位置（县名/河流名）	建设时间	工程任务	库容（万 m^3）					坝型	建筑物组成
							总库容	兴利库容	防洪库容	调洪库容	死库容		
23	河北省	马河水库	山区	内邱县/子牙河系小马河	1958～1959 年	防洪为主，结合蓄水灌溉	2 609	658		1 145	68	黏土斜墙坝	拦河坝、溢洪道和放水洞
24	河北省	宋各庄水库	山区	保定市涞水县/大清河水系拒马河支流	1975～1986 年	防洪为主，兼顾灌溉和水产养殖	2 270	1 100		820	100	黏性土斜墙坝	拦河坝、溢流堰、泄洪洞
25	河北省	下观水库	中型	平山县/滹沱河支流南甸河	1963 年	防洪、灌溉、养殖、发电等综合利用	1 846	947		433	40	均质土坝	主坝、副坝、溢洪道、输水洞

续表 1-2

序号	坝高(m)	坝长(m)	工程等别/主要建筑物级别	洪水标准(治理前/治理后)	存在问题项目																
					防洪标准低	洪水结果发生变化	坝顶高程不足	泄水建筑物规模及损坏	输水建筑物损坏	坝体稳定	坝基渗漏	坝体渗漏	坝肩绕渗	抗震差	地基液化	坝顶结构	坝体损坏	坝坡护坡	机电设备	新增机电设备	金属结构
23	20.1	1 550	Ⅲ等/3 级	设计 100 年，校核 1 000 年		成果接近，采用复核		√		√	√	√				√		√	√	√	√
24	40.4	423	Ⅲ等/3 级	设计 50 年，校核 500 年/设计 100 年，校核 1 000年		成果接近，采用复核		√	√		√	√				√	√	√	√		√
25	28	主坝 360；副坝 430	Ⅲ等/3 级	设计 100 年，校核 1 000 年				√		√	√	√									

续表 1-2

序号	安全鉴定结论意见	除险加固工程项目	工程投资（万元）
23	该水库副坝抗滑稳定安全系数不满足规范要求；西副坝填筑质量差，坝基渗漏严重，坝脚出逸坡降大于规范允许值；溢洪道末端未设消能工，下游冲刷破坏，泄洪时不利于坝体安全，放水洞洞身漏水，危及坝体，出口冲刷破坏严重。同意三类坝鉴定结论	加固处理西副坝部分坝段；坝体防渗采用沿上游坝坡铺设土工膜方案。放水洞除险加固，包括扩建检修闸门进水塔、洞身加固和出口改建。溢洪道底板除险加固包括以下4项：(1)桩号0－080～0－030，溢洪道进口段加长衬砌工程；(2)桩号0－030～0＋100，溢洪道浆砌石护底加固工程；(3)桩号0－030～0＋100，溢洪道侧墙加固工程；(4)桩号0＋240断面以后溢洪道下游出口段左岸岸坡调整工程；新建坝顶路面全长1.55 km；对下游坝坡重建排水沟总长度2 209 m，采用浆砌石结构水泥砂浆抹面	2 390
24	该水库大坝填筑质量较差，坝体观测点累计沉陷量达100 cm，且不均匀，曾多次发生深陷裂缝；溢洪道山体两侧岩石风化破碎，稳定性差，下游挑流段基础未建在岩基上，影响坝体泄洪安全；输水洞出口冲刷破坏严重，闸门启闭机锈蚀老化。同意三类坝鉴定结论	(1)大坝加固：坝基防渗处理；上游干砌石护坡翻修、下游护坡维修和坝顶路面硬化；增设防浪墙和照明设施。(2)溢洪道：左岸进口防护；右岸衬砌防护；陡槽段拆除；溢洪道出口锁口；出口左岸设置混凝土防冲墙。(3)输水洞：输水洞涵洞段增加覆土厚度，洞壁修补，消能设施维修。(4)闸门、电气设备维修或更新。(5)进库路整修，铺设混凝土路面。(6)新建库区对外交通路。(7)完善大坝安全监测和管理设施等	2 468
25	河北省水利厅：副坝填筑质量不均匀，坝后无排水设施，高水位时坝坡散浸、软化、塌陷、坝顶多次发生裂缝，坝体渗流及坝坡抗滑稳定不满足要求，坝基地质条件复杂，有强透水层，坝前防渗铺盖土质不均，擀量不匀，渗流梯度大，不满足规范要求，坝后有集中明流发生，坝基渗流有严重的安全问题，正常溢洪道岩石风化严重，未进行衬砌，抗冲刷能力差，输水洞运行不方便。同意三类坝结论	副坝坝体加固、副坝原高喷防渗板墙补喷、副坝上游基础防渗、输水洞进口改建及管理设施等	250

续表 1-2

序号	省别	水库名称	水库类别	地理位置（县名/河流名）	建设时间	工程任务	库容（万 m^3）					坝型	建筑物组成
							总库容	兴利库容	防洪库容	调洪库容	死库容		
26	河北省	石板水库	山区	平山县/子牙河水系滹沱河支流文都河	1970～1972年	防洪、灌溉、发电、养殖	1 750	1 075		456	89	土石混合坝	大坝、溢洪道、泄洪洞、电站
27	河北省	石头城水库	平原	张家口市沽源县/内陆河水系葫芦河	1976年	防洪为主，兼顾灌溉、养殖等	1 449	484		1 195	38	黏土心墙和斜墙坝	主坝、副坝、溢洪道和输水洞
28	河北省	窟窿山水库	中型	承德市滦平县/兴洲河支流牤牛河	1958年	防洪、城市供水、灌溉、发电、养殖	1 430	526		679	5	黏土心墙坝	拦河坝、溢洪道、放水洞、水电站，渠首分水闸

续表 1-2

序号	坝高（m）	坝长（m）	工程等别/主要建筑物级别	洪水标准（治理前/治理后）	存在问题项目																
					防洪标准低	洪水结果发生变化	坝顶高程不足	泄水建筑物规模及损坏	输水建筑物损坏	坝体稳定	坝基渗漏	坝体渗漏	坝肩绕渗	抗震差	地基液化	坝顶结构	坝体损坏	坝坡护坡	机电设备	新增机电设备	金属结构
26	38	245	Ⅲ等/3 级	—/设计 100 年，校核 1 000 年	√	采用复核	√	√	√		√					√	√	√	√		√
27	10	1 950	Ⅲ等/3 级	设计 50 年，校核 1 000 年		采用复核		√	√		√					√		√	√		√
28	24.08	314	Ⅲ等/3 级	设计 100 年，校核 1 000 年/设计 100 年，校核 1 000 年		√		√	√				√					√	√	√	√

续表 1-2

序号	安全鉴定结论意见	除险加固工程项目	工程投资（万元）
26	该水库大坝现有防洪能力低于100年一遇洪水标准，不满足水利部颁近期标准；大坝上游护坡不满足要求；溢洪道尾水不畅，岩体冲刷严重，危及上坝公路及交通桥的安全；泄洪洞未衬砌段岩体坍塌，闸门和启闭设施老化，不能安全泄洪；大坝安全监测与管理设施不完善等。同意三类坝鉴定结论意见。建议在除险加固设计前，对裂缝宜补充探测，以便确切了解大坝裂缝分布情况，合理采取加固措施	（1）大坝加固措施为：增设坝顶防浪墙、左坝段0+000~0+030段进行劈裂灌浆、0+000~0+120坝前坡铺设土工膜、翻修上游坝坡干砌石及反滤层、坝顶路面硬化等。（2）输水洞加固措施为：对输水洞洞身进行回填灌浆、在现状闸室下游修建竖井进口闸室、翻修出口启闭机室。（3）金属结构加固包括：更换输水洞进口钢闸门一扇，更换出口钢闸门一扇，进口闸门新配一台QPQ-63卷扬式启闭机。（4）电气包括：新建变配电及柴油发电机组室，更换主变，10/0.4 kV降压配电系统，更换输水洞等闸门启闭设备。照明系统和完善各闸室和变电站的防雷接地及过电压保护系统、闸门自动控制及大坝渗压监测，并增设水情雨情自动测报系统，完善水库通信设施	898
27	该水库现有防洪能力已满足《防洪标准》（GB 50201—94）要求，但主坝高水位下浸润线从下游坡出逸，出口渗透坡降大于允许渗透坡降，坝后形成大面积沼泽地，存在渗流安全隐患；溢洪道左右边墙局部墙段已发生坍塌；溢洪道底板及东、西输水洞的混凝土冻融破坏；东侧输水洞闸门被碎石掩埋；两输水洞无检修闸门，闸门及启闭机损坏、锈蚀严重；大坝安全监测与管理设施陈旧等。同意三类坝鉴定结论。建议加固设计中，对大坝的抗震稳定作必要的论证分析	大坝加固；溢洪道拆除重建；输水洞整治改造；闸门、启闭机、电气设备更新改造；完善大坝安全监测设施和管理设施等	2 306
28	加固前存在：大坝上游坝坡稳定安全系数偏低，左右坝头渗漏；溢洪道无控制，质量差且老化严重；放水洞泄量小、流态不稳定，出口消能破坏严重；金属结构、电气设备等老化严重。2002年5月经大坝安全鉴定为三类坝	重新校核计算水库运行控制水位，大坝上下游坝坡翻修及右坝头帷幕灌浆防渗处理，增设溢洪道泄洪闸及闸下陡坡跌坎钢筋混凝土护面、闸室上游翻建钢筋混凝土交通桥兼闸门检修工作桥，放水洞、发电洞进出口改造，闸门、启闭机及电气设备更新改造，更新金属结构及大坝安全检测设施，更新完善管理和办公设施	2 518

续表 1-2

序号	省别	水库名称	水库类别	地理位置（县名/河流名）	建设时间	工程任务	库容（万 m^3）					坝型	建筑物组成
							总库容	兴利库容	防洪库容	调洪库容	死库容		
29	河北省	乱木水库	丘陵	临城县/子牙河系泜河	1959 年	防洪、灌溉为主，兼顾养殖及林业生态	1 410	540	745	860	120	均质土坝	主坝、副坝、溢洪道、灌溉放水洞
30	河北省	大青沟水库	中型	尚义县/大青沟河	1958 年	灌溉、防洪为主，兼顾养殖	1 392	950	1 120	1 120	68	均质土坝	拦河坝、输水洞、溢洪道
31	河北省	老虎沟水库	山区	兴隆县/滦河水系洒西河支流横河	1970 年	防洪为主，兼顾灌溉、发电	1 328	518	873		117	浆砌石框格硬壳填渣坝	拦河坝、泄洪洞、输水洞、电站
32	河北省	钓鱼台水库	中型	承德市围场县/伊逊河支流不澄河	1969 年	防洪、发电、灌溉、养殖等	1 289	463		675	220	均质土坝	拦河坝、溢洪道、放水洞、发电洞、电站

续表 1-2

序号	坝高（m）	坝长（m）	工程等别/主要建筑物级别	洪水标准（治理前/治理后）	存在问题项目																
					防洪标准低	洪水结果发生变化	坝顶高程不足	泄水建筑物规模及损坏	输水建筑物损坏	坝体稳定	坝基渗漏	坝体渗漏	坝肩绕渗	抗震差	地基液化	坝顶结构	坝体损坏	坝坡护坡	机电设备	新增机电设备	金属结构
29	21.45	798	Ⅲ等/3 级	设计 50 年，校核 500 年/设计 100 年，校核 1 000年	√	成果接近，采用复核	√	√	√	√	√	√	√			√		√	√		√
30	18	640	Ⅲ等/3 级	设计 100 年，校核 1 000 年	√				√			√							√		
31	31.5	85	Ⅲ等/3 级	—/设计 50 年，校核 1 000 年	√	原值偏小，采用复核		√	√	√	√					√			√		√
32	25.5	295	Ⅲ等/3 级	防洪 100 年，校核 350 年/防洪 100 年，校核 1 000年	√			√	√									√	√	√	√

续表 1-2

序号	安全鉴定结论意见	除险加固工程项目	工程投资(万元)
29	该水库现有防洪能力低于水利部颁近期标准;主、副坝抗滑稳定安全系数不满足规范要求;副坝坝体、坝基渗漏,左坝肩绕坝渗流严重;溢洪道堰面混凝土剥蚀,消力池段没有护砌,出口处冲坑深,不能满足安全泄洪要求;输水洞出口消力池及干砌石海漫部分损坏,闸门、启闭设备老化,不能正常运用;交通桥桥墩混凝土剥蚀、纵梁桥面裂缝、断裂,不能使用;大坝安全监测、水文测报设施落后,管理设施不完善等。同意三类坝鉴定结论意见	(1)大坝加固:坝基防渗处理、副坝左坝肩绕渗处理、主副坝部分坝段上下游护坡翻修、坝顶路面维修、重建防浪墙。(2)溢洪道:拆除现状溢洪道堰体和两岸边墩,重新布置实用堰和混凝土边墩;拆除并重建交通桥及上游导墙;修建消能设施,对两岸边墙进行护砌。(3)放水洞进口改造及出口消力池加固。(4)闸门、启闭机、电气设备更新改造。(5)修建上坝公路。(6)完善大坝安全监测、水情测报系统、管理设施等	2 019
30	加固前存在防洪标准偏低;左右坝肩渗漏、坝体质量差、泄洪洞无压段及消力池段破坏严重、金属结构及电气设备老化等问题。经大坝安全鉴定为三类坝	拦河坝加固;泄洪洞进口改造、无压段重建,更新闸门及启闭机;副坝工程,对外交通,管理房屋改建,水保工程;更新改造变、配电设备	1 408
31	该水库大坝现有防洪能力低于500年一遇洪水标准,大坝非溢流坝段抗滑稳定、应力均不满足规范要求;溢流坝段右岸坝脚渗漏严重;坝体出现上、下游贯穿性裂缝;泄洪洞进水塔结构强度不满足要求。洞身裂缝严重;闸门锈蚀严重、启闭设备老化;大坝安全监测、管理设施不完善等。同意三类坝鉴定结论。但分析论证不够深入,在加固设计中,应合理选取计算参数,对大坝的结构稳定作进一步分析论证,以便合理、正确地采用加固措施,彻底除险加固	拦河坝加固、泄洪洞加固、输水洞进口改建,更换闸门、启闭机设备、电气设备更新改造,修缮防汛道路及改建坝顶交通桥工程等	2 473
32	加固前存在防洪标准低;坝坡、发电洞、放水洞存在安全隐患;进库路因标准低已被洪水冲坏等问题。2001年7月经大坝安全鉴定为三类坝	拆除溢流堰、新建溢洪闸,新建灌溉发电洞及进水塔,改建电站尾水渠防洪闸、完成原放水洞、发电洞封堵工程,整修大坝下游坝坡、局部翻修上游坝坡,恢复防汛路,更新观测设施,新建管理房	1 200

续表 1-2

序号	省别	水库名称	水库类别	地理位置（县名/河流名）	建设时间	工程任务	库容（万 m^3）					坝型	建筑物组成
							总库容	兴利库容	防洪库容	调洪库容	死库容		
33	河北省	龙潭水库	山区	顺平县/大清河水系界河	1971～1974 年	防洪为主，兼顾灌溉	1 278.6	751		505	12.3	黏土心墙坝	大坝、溢洪道、泄洪洞
34	河北省	青塔水库	中型	涉县/南洺河	1970 年	防洪、灌溉及人畜饮水	1 271	1 050	530	530	20	浆砌石单曲拱坝	浆砌石单曲拱坝、泄洪洞、灌溉洞
35	河北省	西洋河水库	中型	怀安县/洋河	1972 年	防洪、灌溉为主	1 190	465	785	785	10	均质土坝	拦河坝、输水洞、溢洪道
36	河北省	三旗杆水库	中型	宽城县/青龙河支流都阴河	1975 年	以防洪、灌溉为主，兼顾发电、养殖等	1 087	490.7		700.6	44	浆砌石堆石坝	主坝、溢洪道、泄洪洞、发电洞、电站

续表 1-2

序号	坝高（m）	坝长（m）	工程等别/主要建筑物级别	洪水标准（治理前/治理后）	存在问题项目																
					防洪标准低	洪水结果发生变化	坝顶高程不足	泄水建筑物规模及损坏	输水建筑物损坏	坝体稳定	坝基渗漏	坝体渗漏	坝肩绕渗	抗震差	地基液化	坝顶结构	坝体损坏	坝坡护坡	机电设备	新增机电设备	金属结构
33	47	303	Ⅲ等/3 级	设计 100 年，校核 1 000 年		复核偏小，采用原值		√								√		√	√		√
34	61.6	157	Ⅲ等/3 级	设计 50 年，校核 500 年				√		√	√	√	√						√		√
35	主坝 18.8；副坝 6.6	主坝 1 583，副坝 360	Ⅲ等/3 级	设计 100 年，校核 1 000 年	√							√							√		√
36	31.1	202.8	Ⅲ等/3 级	设计 100 年，校核 1 000 年						√		√					√		√		

续表 1-2

序号	安全鉴定结论意见	除险加固工程项目	工程投资（万元）
33	上游坝体培厚工程未完建，无护坡，下游坝坡为干砌石护坡，坝坡偏陡，质量差，无纵横排水沟，也无坝体反滤排水设施，初设中应根据新勘探土工试验资料，进一步复核上、下游坝坡稳定。坝基截水槽渗流稳定关系到坝体和坝基整体渗流稳定，初设中需进一步了解截水槽施工质量情况，根据新的地勘和土工试验资料，进一步复核截水槽和两岸与坝体接合部位的渗流稳定。地震基本烈度为7度，初设中需判断坝体和坝基是否为液化土，如是需研究相应措施。溢洪道进口明渠左岸挡土墙以上岸坡为砾岩，边坡陡高度大，且夹有松散砂卵石，稳定性差，可能发生滑坡，堵塞溢洪道，影响溢洪道正常行洪。泄洪洞进口斜拉闸门启闭设备陈旧老化，不能正常运行。同意三类坝鉴定结论	大坝上下游坝坡及坝顶改造加固；溢洪道左岸边墙加固；泄洪洞进口改建；相应金属结构及电气改造；恢复完善水库大坝观测等管理设施	1 310
34	水利部大坝安全管理中心核查意见：大坝左坝肩渗漏严重、拱座稳定不满足要求，泄洪洞洞身强度不足，金属结构不能安全、可靠运行等	大坝上游面混凝土防渗面板、左坝肩基岩固结灌浆、左右坝肩岩体帷幕灌浆、左右坝头接合面灌浆、泄洪洞洞身加固、平房沟交通生产桥、办公楼及防汛公路以及水库的启闭机更新闸门4扇，启闭设备4台	1 445
35	加固前，安全鉴定为三类坝，主要存在防洪标准低；坝体填筑质量差，下游坝坡不稳定；坝基砂层有地震液化可能；闸门及启闭设备老化，不能正常运行等问题	拦河坝、泄洪洞、灌溉输水洞加固；金属结构更新改造、水库管理设施完善等	2 591
36	加固前存在：防渗体可能有裂缝、漏水，坝体变形严重，坝坡局部失稳，且无观测设施监视运行，闸门、启闭设备陈旧、老化等问题	大坝坝体加固并增加防渗体帷幕；溢洪道改建加固；泄洪洞、发电洞加固及电站厂房改建；金属结构及机电设备更新改造；完善对外交通及观测、管理设施等问题	2 280

续表 1-2

序号	省别	水库名称	水库类别	地理位置（县名/河流名）	建设时间	工程任务	库容（万 m^3）					坝型	建筑物组成
							总库容	兴利库容	防洪库容	调洪库容	死库容		
37	河北省	大庆水库	平原	承德市平泉县/瀑布支流石拉哈沟川	1970 年	防洪为主，结合灌溉、养殖	1 070	554.4		302.6	273	黏土心墙坝	拦河坝、溢洪道、防水洞、水电站
38	河北省	累子水库	山区	涞水县/大清河水系北易水河支流	1958 ~ 1960 年	防洪为主，兼顾灌溉	1 007	502		568	27	均质土坝	主坝、副坝、溢洪道、输水洞
39	河北省	马头水库	山区	保定市易县/大清河水系北易水支流马头河	1957 ~ 1960 年	防洪为主，兼顾灌溉和水产养殖	1 000	480		640	41	黏土斜墙砂砾石坝/均质土坝	拦河坝、溢洪道、灌溉洞、输水洞

续表 1-2

序号	坝高（m）	坝长（m）	工程等别/主要建筑物级别	洪水标准（治理前/治理后）	存在问题项目																
					防洪标准低	洪水结果发生变化	坝顶高程不足	泄水建筑物规模及损坏	输水建筑物损坏	坝体稳定	坝基渗漏	坝体渗漏	坝肩绕渗	抗震差	地基液化	坝顶结构	坝体损坏	坝坡护坡	机电设备	新增机电设备	金属结构
37	24	460	Ⅲ等/3 级	—/设计 100 年，校核 1 000 年		复核偏小，采用原值		√	√	√			√					√	√		√
38	22	415	Ⅲ等/3 级	设计 100 年，校核 1 000 年		复核偏小，采用原值		√	√		√						√	√	√		√
39	23	625	Ⅲ等/3 级	设计 100 年，校核 1 000 年/设计 100 年，校核 1 000 年	√	复核偏小，采用原值		√	√		√	√	√					√	√		√

续表 1-2

序号	安全鉴定结论意见	除险加固工程项目	工程投资（万元）
37	该水库大坝现有防洪能力不满足《防洪标准》（GB 50201—94）；大坝上游坡抗滑稳定安全系数不满足规范要求；溢洪道基础岩石破碎，渗漏严重，尾水渠未建，下泄洪水洄流冲刷坝脚，危及大坝安全；输水洞洞身衬砌段混凝土剥蚀严重，未衬砌段裂缝、漏水严重，闸门、启闭机设备老化；交通桥已成危桥，不能使用；大坝安全监测、水文测报设施落后，管理设施不完善等。同意三类坝鉴定结论意见。建议加固设计中，对大坝的抗滑稳定作必要的补充分析论证	包括拦河坝加固、溢洪道加固、放水洞加固三大工程项目。溢洪道加固主要是使其具备行洪能力解决水库现状防洪标准偏低的问题，拦河坝加固、放水洞加固主要是解决其自身存在的各种问题	2 175
38	上游坝坡偏陡，坝脚部位大面积塌陷，坝体下游坡不规则，坝坡有废渣虚土，未经压实，稳定性差，且坝下游坡无纵横排水沟，降雨后易冲刷破坏，影响坝体安全，初设中应根据新的地勘土工试验资料，复核上、下游坝坡稳定。坝基防渗处理不彻底，坝基截水槽和坝脚接合部位存在渗流破坏薄弱环节，坝体填筑质量差，多次发生塌陷和裂缝，坝体和坝基存在安全隐患，初设中应在查清地质的情况下，进一步复核坝基和两岸岸坡与坝体接合部位的渗流稳定，研究相应防渗处理措施。地震基本烈度为 7 度，初设中应判断坝体和坝基是否为液化土，如是则需采取相应措施。已封堵的原溢洪道堵坝，质量差，应作为大坝的一部分进行加固处理。已封堵的坝下输水洞为石灰砌石涵洞质量差，渗水严重，处理不彻底，影响坝体安全。输水洞钢筋混凝土质量差，渗水严重，初设中需复核衬砌强度，研究补强和渗水处理措施，进口闸启闭设备已运行陈旧老化，不能安全运行。同意三类坝鉴定结论	大坝基础防渗、上下游坝坡加固改造；溢洪道加固；输水洞加固；相应金属结构及电气改造；恢复完善水库大坝观测等管理设施	1 036
39	大坝填筑质量差，虽经加固处理，仍未形成完整防渗体系，斜墙、铺盖不足，计算渗透坡降不满足规范要求，可能形成渗透破坏；输水洞漏水，影响坝体安全；溢洪道边坡岩石破碎，抗冲能力差，有泄流冲刷破坏隐患。同意三类坝的鉴定结论	（1）大坝加固：防渗处理；上游干砌石护坡返修、下游增设干砌石框格护坡；坝顶路面硬化；维修防浪墙。（2）溢洪道：防冲护砌。（3）灌溉洞：两个灌溉洞封堵。（4）增设输水洞。用于水库放空、泄洪、灌溉。（5）副坝增设防浪墙。（6）闸门、启闭机、电气设备更新改造。（7）维修进库道路。（8）完善大坝安全检测和管理设施等	2 450

续表 1-2

序号	省别	水库名称	水库类别	地理位置（县名/河流名）	建设时间	工程任务	库容（万 m^3）					坝型	建筑物组成
							总库容	兴利库容	防洪库容	调洪库容	死库容		
40	山西省	赵家窑水库	山区丘陵	大同市赵家窑村/淤泥河	1958～1961 年	防洪为主，兼顾灌溉、供水	9 830	3 000			3 879	均质土坝	大坝、溢洪道、泄洪洞和放水涵洞
41	山西省	云竹水库		榆社县/云竹河	1959 年	防洪、灌溉	8 725.28					土坝	均质土坝、岸边土质溢洪道、输水洞和水电站
42	山西省	东榆林水库		朔城区/桑干河	1970 年	防洪、灌溉	6 500					均质碾压土坝	主坝、副坝、泄水闸
43	山西省	石匣水库		左权县/清漳西源	1959 年	防洪、灌溉	5 400						主坝、副坝、溢洪道、输水洞、导流洞和电站

续表 1-2

序号	坝高（m）	坝长（m）	工程等别/主要建筑物级别	洪水标准（治理前/治理后）	存在问题项目																
					防洪标准低	洪水结果发生变化	坝顶高程不足	泄水建筑物规模及损坏	输水建筑物损坏	坝体稳定	坝基渗漏	坝体渗漏	坝肩绕渗	抗震差	地基液化	坝顶结构	坝体损坏	坝坡护坡	机电设备	新增机电设备	金属结构
40	33	400	Ⅲ等/3 级	设计 300 年，校核 1 000 年/设计 100 年，校核 2 000 年		复核偏小，采用原值		√	√	√	√		√	√				√	√		√
41					√																
42	主坝 15.5；副坝 8.5	主坝 1 135，副坝 8 766	Ⅲ等/3 级								√										
43					√			√			√										

续表 1-2

序号	安全鉴定结论意见	除险加固工程项目	工程投资（万元）
40	在地震烈度7度情况下，坝下游坝坡稳定不满足规范要求。坝基有3 m厚砂卵石透水层，黏土截水槽未截断透水层，防渗处理不彻底，坝后有渗水明流，存在安全隐患，初设中需研究坝基有效防渗措施。坝下输水洞为钢筋混凝土圆管，管径为1.2 m，建在坝体内填土软基上，进口无控制措施，为压力流，不符合抗震要求，在地震烈度7度情况下，输水洞有可能破坏断裂，危及坝体安全；混凝土圆管质量差，混凝土剥蚀露筋，裂缝渗水，存在安全隐患，易发生重大安全事故，初设中需充分论证对坝体安全的危害性，并研究相应措施。泄洪洞闸门启闭设备已运行30余年，陈旧老化，不能正常运行。同意三类坝鉴定结论	大坝加固；溢洪道加固改造；新建放水隧洞；泄洪洞改造；相应金属结构及电气改造；完善水库大坝观测等管理设施	1 447
41	三类坝	（1）加固坝体，处理坝肩和坝基渗漏；（2）改建加固溢洪道和输水洞	1 161
42	三类坝	主坝0+100~1+135段和副坝0+000~6+000段坝基高喷灌浆、上游坝坡复合土工膜及干砌石护坡、下游坝坡和坝基排水、测压管、管理房和闸房维修、库区护岸	6 161
43	三类坝	（1）主坝坝基、坝肩的灌浆处理和上下游坝坡整修；（2）副坝加高和坝体灌浆；（3）溢洪道的改扩建；（4）输水洞阀门更新	1 558

续表 1-2

序号	省别	水库名称	水库类别	地理位置（县名/河流名）	建设时间	工程任务	库容（万 m^3）					坝型	建筑物组成
							总库容	兴利库容	防洪库容	调洪库容	死库容		
44	山西省	镇子梁水库	山区丘陵	朔州市应县/浑河	1971～1973 年	防洪为主，兼顾灌溉	4 940	740	1 466			黏土斜墙坝	主坝、副坝、溢洪道、泄洪冲沙闸、溢流堰
45	山西省	屯绛水库	山区丘陵	屯留县/绛河	1976～1979 年	防洪为主，兼顾灌溉、城乡供水、养殖	4 287	2 001		2 412	67	均质土坝	大坝、溢洪道、灌溉泄洪洞、坝下引水洞

续表 1-2

序号	坝高（m）	坝长（m）	工程等别/主要建筑物级别	洪水标准（治理前/治理后）	存在问题项目																
					防洪标准低	洪水结果发生变化	坝顶高程不足	泄水建筑物规模及损坏	输水建筑物损坏	坝体稳定	坝基渗漏	坝体渗漏	坝肩绕渗	抗震差	地基液化	坝顶结构	坝体损坏	坝坡护坡	机电设备	新增机电设备	金属结构
44	15	2 573	Ⅲ等/3 级	设计 100 年，校核 1 000 年		成果一致，采用复核	√	√		√	√	√	√	√		√		√	√		√
45	30	685	Ⅲ等/3 级	设计 100 年，校核 500 年/设计 100 年，校核 1 000年	√	数值接近，复核可靠		√	√							√		√	√		√

续表 1-2

序号	安全鉴定结论意见	除险加固工程项目	工程投资（万元）
44	正常蓄水位情况下，主坝防浪墙顶高程和副坝坝顶高程，不满足安全要求。正常运用和地震烈度7度情况下，下游坡稳定不满足规范要求。主坝右岸与旧渠道相接，基岩裂隙严重，未做防渗处理，存在安全隐患，初设中需研究相应措施。主坝坝体和坝基已做高喷防渗板墙，但岩基风化严重，渗透系数偏大，未作防渗处理，坝基仍有渗水，需补做渗压观测设施，及时了解防渗处理效果和渗流运行状态。主坝坝体和坝基，需补做地勘和试验工作，判断是否为液化土，如是，需采取相应措施。主坝上游护坡衬砌质量差，多处塌陷破坏，上游防浪挡土墙下部为浆砌石，上部为砖砌，质量差，地震烈度7度情况下有可能倒塌，影响坝体安全，初设中需研究相应措施。副坝填筑质量差，渗透系数偏大，不能满足规范要求，坝基表层为低液限粉土，下伏中粗砂层，部分坝段中粗砂层与坝体直接接触，副坝坝基曾多次发生渗透破坏险情，存在渗流破坏安全隐患，初设中需研究坝体、坝基有效防渗措施和坝下游压重及坝体反滤排水措施。副坝坝体和坝基为低液限粉土和下伏的中粗砂，属液化土，初设中需进一步复判，并研究相应措施。地震烈度7度情况下，泄洪冲沙闸抗滑稳定不满足规范要求。溢洪道和泄洪冲沙闸闸门启闭设备已运行30余年，启闭设备陈旧老化，闸门锈蚀漏水，不能正常运行。同意三类坝鉴定结论	大坝加固；泄洪冲沙闸、溢流堰交通桥改造；完善水库大坝观测等管理设施	2 222
45	水库大坝防洪能力满足100年一遇设计洪水标准和500年一遇近期非常应用洪水标准，不满足1 000年一遇校核洪水标准。2006年实测的库容“与实际不符”而未予采用，建议初步设计时要进一步核实库容曲线、设计洪水的洪峰、洪量及流量过程线，补充地震烈度论述内容。大坝下游坡存在表层滑脱问题。溢洪道陡坡段和消力池底板混凝土冻融剥蚀、冲蚀严重，钢筋外露，不能安全泄洪；启闭设备不能安全运行。灌溉洞闸门及启闭设备老化；供配电安全可靠性差。安全检测设备失效，建议完善、更新大坝安全监测系统。同意三类坝鉴定结论	大坝加固改造；溢洪道加固改造；灌溉泄洪洞维修改造；坝下引水洞改造；防汛道路改造；完善相应机电和金属结构；完善大坝观测等管理设施	2 687

续表 1-2

序号	省别	水库名称	水库类别	地理位置（县名/河流名）	建设时间	工程任务	库容（万 m^3）					坝型	建筑物组成
							总库容	兴利库容	防洪库容	调洪库容	死库容		
46	山西省	陶清河水库	山区丘陵	长治县/浊漳河南源	1959～1960 年	防洪为主，兼有灌溉、养殖	3 432	490		2 582	390	均质土坝	大坝、溢洪道、输水洞
47	山西省	西堡水库		壶关县/陶清河		防洪、灌溉	3 364					土坝	
48	山西省	申村水库	山区丘陵	长子县/浊漳河南源	1958 年	防洪、灌溉、养殖	3 248	1 285		987.3	976	碾压式均质土坝	大坝（主坝、副坝）、溢洪道、输水洞（灌区渠首）、引水涵卧管
49	山西省	下茹越水库		繁峙县/滹沱河	1973 年	防洪、灌溉	2 869						大坝、泄水底孔、灌溉放水涵管

续表 1-2

序号	坝高（m）	坝长（m）	工程等别/主要建筑物级别	洪水标准（治理前/治理后）	存在问题项目																
					防洪标准低	洪水结果发生变化	坝顶高程不足	泄水建筑物规模及损坏	输水建筑物损坏	坝体稳定	坝基渗漏	坝体渗漏	坝肩绕渗	抗震差	地基液化	坝顶结构	坝体损坏	坝坡护坡	机电设备	新增机电设备	金属结构
46	24.1	435	Ⅲ等/3 级	设计 100 年，—/设计 50 年，校核 1 000 年	√	采用复核	√	√	√		√		√			√	√	√	√		√
47	37.2		Ⅲ等/3 级																		
48	23.5	1 621	Ⅲ等/3 级	设计 100 年，校核 1 000 年/设计 100 年，校核 1 000 年	√	比较成果，采用原值	√	√	√							√		√	√		√
49					√					√											

续表 1-2

序号	安全鉴定结论意见	除险加固工程项目	工程投资（万元）
46	该水库实际防洪能力低于 20 年一遇洪水标准，不满足除险加固近期非常运用洪水标准（500 年一遇），溢洪道不能安全下泄洪水；坝体过于单薄，不满足规范要求；输水洞闸门及启闭设备老化失修；无必要的大坝安全监测设施。现场核查认为工程存在影响大坝安全运行的问题，大坝安全鉴定为三类坝的结论符合工程实际情况，同意该水库大坝为三类坝的结论	（1）大坝加固改造，主要为增设防浪墙；上下游坝坡改造，加宽坝顶并培厚下游护坡；（2）坝体、右坝肩及输水洞顶灌浆处理；（3）溢洪道改建；（4）输水洞、进水塔维修改造；（5）维修原上坝公路并增设防汛抢险道路 1 km；（6）完善大坝观测及水情测报设施；（7）对库区进行渗漏处理	3 044
47	三类坝	坝体、坝肩灌浆，溢洪道改建，输水洞加固等	1 651
48	水库大坝现状防洪能力满足 100 年一遇设计洪水标准，不满足 1 000 年一遇校核洪水标准；本次的水文计算成果与 1988 年改造设计采用的水文成果相比，100 年一遇 24 h 洪量增大 51%、1 000 年一遇 24 h 洪量增大 35.8%，初设时水文成果应作分析论证；但心墙顶高程低于 100 年一遇设计洪水位 1.4 m，故设计情况下也不达规范要求。溢洪道现状泄流能力严重不足，挑流段高程偏低，低泄量时可能形成消力池，须进一步核算底板稳定与强度；进口段底部岩面比堰顶高约 2.5 m，严重影响泄洪能力，需清除所剩开挖量。溢洪道弧门及启闭设备陈旧，运行困难，无检修门。土坝下游坡无坝面排水设施，贴坡排水被覆盖，浸润线出逸点高出排水体顶部；坝体测压管等检测设备已全部损坏；须查明右坝肩下引水涵卧管的渗、漏水及堵口状况，并作相应处理以消除隐患。副坝需整修。灌溉取水控制建筑物及设备已不能使用。同意三类坝鉴定结论	大坝加固改造；溢洪道扩建；原引水涵卧管加固；灌溉输水洞改造；完善水库大坝观测等管理设施	3 005
49	三类坝	（1）增设左岸溢洪道，设闸控制；（2）对大坝劈裂灌浆处理	2 512

续表 1-2

序号	省别	水库名称	水库类别	地理位置（县名/河流名）	建设时间	工程任务	库容（万 m^3）					坝型	建筑物组成
							总库容	兴利库容	防洪库容	调洪库容	死库容		
50	山西省	月岭山水库		沁县/白玉河	1958 年	防洪、灌溉	2 452						大坝、溢洪道、输水洞
51	山西省	郭庄水库	山区丘陵	昔阳县/松溪河	1958～1963 年	防洪为主，兼顾工农业供水、水产养殖	2 165		749.6		1 240.1	均质土坝	大坝、溢洪道、泄洪排沙洞、输水洞和电站
52	山西省	孤峰山水库	山区	大同市天镇县/永定河水系南阳河支流三沙河	1975～1978 年	防洪为主，兼顾农田灌溉、养鱼	2 115	233.1				黏土斜墙坝	大坝、左岸溢洪道、冲沙泄洪洞、东西灌溉洞
53	山西省	鲍家河水库	山区丘陵	长子县/岚河	1958～1960 年	防洪为主，兼顾灌溉	1 647.38	541.42		869.67	132	均质土坝	鲍家河坝、关村南坝、关村北坝、鲍家河左右岸副坝、溢洪道、泄洪排沙洞、鲍家河输水涵卧管、关村输水涵卧管、连通渠

续表 1-2

序号	坝高（m）	坝长（m）	工程等别/主要建筑物级别	洪水标准（治理前/治理后）	存在问题项目																
					防洪标准低	洪水结果发生变化	坝顶高程不足	泄水建筑物规模及损坏	输水建筑物损坏	坝体稳定	坝基渗漏	坝体渗漏	坝肩绕渗	抗震差	地基液化	坝顶结构	坝体损坏	坝坡护坡	机电设备	新增机电设备	金属结构
50			Ⅲ等/3级																		
51	31.44	452	Ⅲ等/3级	设计100年，校核300年/设计50年，校核1 000年	√	差别不大，采用复核		√					√			√	√	√		√	√
52	25.2	507（副坝80）	Ⅲ等/3级	设计100年，校核200年/设计100年，校核1 000年	√	采用复核		√		√	√			√		√			√		√
53	21	401	Ⅲ等/3级	—/设计50年，校核1 000年	√	数值接近，复核可靠	√	√	√							√	√	√	√		√

续表 1-2

序号	安全鉴定结论意见	除险加固工程项目	工程投资（万元）
50	三类坝	(1)加宽坝顶至 5 m，改造大坝上下游护坡，新建防浪墙；(2)大坝坝体进行劈裂灌浆；(3)右岸溢洪道改扩建，增设闸门控制；(4)输水洞防渗处理，维修进水塔，更新闸门及启闭设备；(5)整修防汛抢险交通道路 6.25 km；(6)增设大坝观测设备、水情测报系统	1 550
51	该水库大坝的计算渗透坡降在下游侧部分坝段大于临界坡降，可能发生渗透变形；泄洪排沙洞洞身不均匀沉陷，出现多处裂缝，进口工作闸门无法正常运用，如果泄洪可能发生险情。同意三类坝的鉴定结论	大坝加固培厚，封堵左岸现有泄洪隧洞，新增右岸泄洪排沙洞，改造溢洪道出口泄水渠，新建溢洪道交通工程及防汛抢险道路，完善大坝安全监测和管理设施等	5 168
52	该水库大坝现有防洪能力不满足水利部颁近期标准；主坝下游坝抗滑稳定安全系数（静力与抗震）均不满足规范要求；泄洪洞进水塔的抗震稳定安全系数也不满足规范要求；坝后泄洪洞冲坑处坝基存在不安全渗流问题；库区淤积严重。泄洪洞及东西两涵洞闸门、启闭设备老化；大坝无安全监测设施；管理及通信设施简陋。同意三类坝鉴定结论意见。建议加固设计中，按《碾压式土石坝设计规范》（SL 274—2001）新规范对大坝抗滑稳定作进一步分析，做好加固设计，并结合除险加固，完善大坝安全监测与管理设施	新增泄洪设施，提高水库的防洪标准；大坝下游坡培厚加固，贴坡处理；溢洪道整修；增设右岸深孔泄洪闸；原泄洪洞进水塔改建和泄槽延长；东、西两灌溉涵洞增设进水塔；闸门、启闭机、电器设备更新改造；完善大坝安全监测设施和管理设施；修建防汛上坝道路等	2 638
53	水库大坝的现状防洪能力严重不足，鲍家河主坝坝顶高程仅可满足 50 年一遇设计洪水，且副坝还未修建；关村大坝南段不满足 50 年一遇设计洪水标准。坝顶高程不足，护坡局部坍塌，关村大坝坝体质量较差。鲍家河排水棱柱局部损坏、坍塌，坝后河道淤积、排水不畅，形成积水；关村大坝下游渗水排水不畅，已大面积沼泽化。溢洪道不能安全运行，泄槽底部未衬砌，陡坡段混凝土冻融剥蚀严重，钢筋外露；跳坎下游冲刷严重，土基上的灌注桩混凝土剥蚀，钢筋外露。泄洪排沙洞进出口段砌体多处坍塌；涵管进出口损坏，漏水严重；进水闸及启闭设备老化。没有安全监测设备，需重新布置。鲍家河与关村的连通渠未开挖到设计断面。同意三类坝鉴定结论	鲍家河大坝、关村南坝、关村北坝加固改造；续建鲍家河左、右副坝；鲍家河溢洪道扩建；维修改造泄洪排沙洞；关村坝涵卧管改造；连通渠拓宽改造；完善水库大坝观测等管理设施	4 879

续表 1-2

序号	省别	水库名称	水库类别	地理位置（县名/河流名）	建设时间	工程任务	库容（万 m^3）					坝型	建筑物组成
							总库容	兴利库容	防洪库容	调洪库容	死库容		
54	山西省	唐家湾水库	山区	五台县/滹沱河二级支流		防洪、灌溉为主，兼顾旅游、养鱼	1 618.25	980.64	504.13		350	均质碾压壤土坝	大坝、冲沙泄洪洞、灌溉洞和提水泵站
55	山西省	观上水库		原平市/永兴河		防洪、灌溉	1 560					土坝	
56	山西省	双乳山水库	山区	忻州市/滹沱河一级支流南云中河		防洪、灌溉为主，兼顾养殖	1 448					均质土坝	主坝、副坝、溢洪道、输水洞
57	山西省	圪芦河水库		沁县/圪芦河	1957 年	防洪、灌溉	1 420						大坝、溢洪道、输水洞
58	山西省	大石门水库		平定县/阳胜河	1959 年	防洪、灌溉	1 319					重力坝	浆砌石重力坝、溢洪道、输水涵管

续表 1-2

序号	坝高(m)	坝长(m)	工程等别/主要建筑物级别	洪水标准(治理前/治理后)	存在问题项目																
					防洪标准低	洪水结果发生变化	坝顶高程不足	泄水建筑物规模及损坏	输水建筑物损坏	坝体稳定	坝基渗漏	坝体渗漏	坝肩绕渗	抗震差	地基液化	坝顶结构	坝体损坏	坝坡护坡	机电设备	新增机电设备	金属结构
54	23.6	460	Ⅲ等/3 级	设计 100 年,校核 200 年/设计 100 年,校核 1 000年	√	采用复核		√		√	√		√				√	√			√
55	33		Ⅲ等/3 级																		
56	10.7	317(副坝 3 994)	Ⅲ等/3 级	设计 50 年,校核 300 年/设计 100 年,校核 1 000年	√		√	√	√	√	√		√			√	√	√	√		√
57					√			√	√								√				
58					√			√	√												

续表 1-2

序号	安全鉴定结论意见	除险加固工程项目	工程投资（万元）
54	该水库大坝现有防洪能力不满足水利部颁近期标准；大坝及近坝库岸抗滑稳定安全系数（静力与抗震）均不满足规范要求；两坝肩绕渗；坝下泄洪洞裂缝、漏水，出口消能不满足要求，闸门老化；水库大坝观测设施报废，不能运用，无水情、雨情测报系统等。同意三类坝鉴定结论意见。建议在除险加固设计中对坝基的渗透稳定性作补充分析，并结合除险加固，完善大坝安全监测与管理设施	大坝防渗及坝体培厚加固工程，坝基截水墙工程，新增非常泄洪洞工程和库岸加固工程	3 986
55	三类坝		4 040
56	主、副坝现有坝顶高程均不满足规范要求。水库现有防洪能力低于 100 年一遇洪水标准；主、副坝上游护坡塌陷、破损严重；副坝坝顶宽度及抗滑稳定安全系数（静力与抗震）均不满足规范要求；溢洪道进口闸室为浆砌石结构，不满足抗震要求；坝体填筑质量差，主坝坝基渗漏严重，1 号、2 号副坝，东、西副坝坝体、坝基渗漏，大坝渗流不安全；大坝左坝肩岩体较破碎，裂隙发育，渗漏严重；溢洪道闸室为浆砌石结构，砂浆脱落，下游消力池两侧墙倾斜，出口消力坎淘刷破坏严重；进口闸门、启闭设施老化；已经废弃旧放水洞渗漏；防汛上坝公路不畅，无必要的大坝安全监测与管理设施等。同意鉴定为三类坝	（1）主、副坝坝基防渗处理，坝坡防渗加固；（2）水库左岸垭口防渗处理；（3）改建溢洪道；（4）修筑防汛抢险道路；（5）增设大坝观测设施等	3 532
57	三类坝	（1）坝顶加宽、坝体培厚；（2）溢洪道改建；（3）整修输水洞、改建闸门	812
58	三类坝	（1）降低溢洪道堰顶并对其加固扩建；（2）改造输水洞出口端，加粗排沙管	355.98

续表 1-2

序号	省别	水库名称	水库类别	地理位置（县名/河流名）	建设时间	工程任务	库容(万 m^3)					坝型	建筑物组成
							总库容	兴利库容	防洪库容	调洪库容	死库容		
59	山西省	孤山水库		繁峙县/滹沱河	1972 年	防洪、灌溉	1 227.4					均质土坝	均质土坝、溢洪道、泄洪闸
60	山西省	薛家营水库	山区丘陵	朔州市应县/桑干河	1958～1960 年	农业灌溉为主，兼有养殖、旅游	1 200	1 000		132	200	均质碾压土坝	大坝、南北放水洞、引水渠（原民生渠延长段）、进库扬水站
61	山西省	米家寨水库		忻府区/云中河		防洪、灌溉	1 199						

续表 1-2

序号	坝高（m）	坝长（m）	工程等别/主要建筑物级别	洪水标准（治理前/治理后）	存在问题项目																
					防洪标准低	洪水结果发生变化	坝顶高程不足	泄水建筑物规模及损坏	输水建筑物损坏	坝体稳定	坝基渗漏	坝体渗漏	坝肩绕渗	抗震差	地基液化	坝顶结构	坝体损坏	坝坡护坡	机电设备	新增机电设备	金属结构
59			Ⅲ等/3 级		√			√					√								
60	10.7	1 600（副坝 3 722）	Ⅲ等/3 级	设计 100 年，校核 1 000 年		无原资料，采用复核	√	√			√	√		√	√	√	√	√			√
61			Ⅲ等/3 级																		

续表 1-2

序号	安全鉴定结论意见	除险加固工程项目	工程投资（万元）
59	三类坝	(1)泄洪闸右侧向北延伸 530 m 帷幕灌浆;(2)溢洪道改扩建;(3)新建副坝工程;(4)维修改造上坝公路 2.5 km;(5)增设大坝观测设备、水情测报系统,完善通信设施	1 923
60	以兴利水位控制坝顶高程,在正常蓄水位情况下,主、副坝坝顶高程不满足安全要求。坝体填筑质量差,坝基为低液限粉土和中细砂层,防渗处理不彻底,渗径短,主坝和南副坝均发生过渗透破坏险情,坝下游又无反滤排水措施,坝体和坝基均存在渗流破坏安全隐患,初设中需在查清坝基地质和坝体隐患情况下,研究有效防渗措施。主、副坝坝体为低液限粉土,属液化土,初设中需进一步复判,如是需采取相应措施。主、副坝护坡质量差,没有垫层或垫层厚度不足,且损坏十分严重,不能抵御风浪冲击,影响坝体安全。南、北放水洞均建在软基上,洞身为浆砌石结构,抗震性能差,地震烈度 7 度情况下可能断裂破坏,危及坝体安全,初设中需充分论证对坝的安全危害性,并研究相应加固措施。北放水洞闸门启闭设备陈旧老化,南放水洞闸门启闭设备损坏,不能正常运行。坝顶路面高低不平,无回车道,行车困难,不利于工程检查和防汛抢险。同意三类坝鉴定结论	主、副坝加固;南、北放水洞改造;完善水库大坝安全观测等管理设施	2 168
61	三类坝	(1)对坝体、坝基进行混凝土防渗截水墙处理;(2)对坝肩进行帷幕灌浆防渗处理,坝端岸坡进行削坡并在上部采用钢筋锚杆加固,下部采用贴坡加固	3 471

续表 1-2

序号	省别	水库名称	水库类别	地理位置（县名/河流名）	建设时间	工程任务	库容（万 m^3）					坝型	建筑物组成
							总库容	兴利库容	防洪库容	调洪库容	死库容		
62	山西省	恒山水库	山区丘陵	浑源县/桑干河上游浑河支流唐峪河	1959～1960 年	防洪为主，兼顾灌溉等	1 158	618	345.8	410.6（设计洪水位）/628.7（校核洪水位）		混凝土双曲薄拱坝	大坝、溢洪道和泄洪隧洞
63	山西省	下米庄水库	山区丘陵	朔州市怀仁县/口泉河	1958 年	防洪、灌溉为主，兼水产养殖	1 142	295		867	172	碾压壤土均质土坝	大坝、泄洪闸、放水洞和溢洪道

续表 1-2

序号	坝高（m）	坝长（m）	工程等别/主要建筑物级别	洪水标准（治理前/治理后）	存在问题项目																
					防洪标准低	洪水结果发生变化	坝顶高程不足	泄水建筑物规模及损坏	输水建筑物损坏	坝体稳定	坝基渗漏	坝体渗漏	坝肩绕渗	抗震差	地基液化	坝顶结构	坝体损坏	坝坡护坡	机电设备	新增机电设备	金属结构
62	69	146.2	Ⅲ等/3 级	设计 100 年，校核 500 年/设计 100 年，校核 500 年	√	成果接近，采用原值		√		√	√	√	√	√		√	√				√
63	13.84	478	Ⅲ等/3 级	设计 100 年，校核 500 年/设计 100 年，校核 1 000年	√	无原资料，采用复核		√	√		√	√			√	√	√	√	√		√

续表 1-2

序号	安全鉴定结论意见	除险加固工程项目	工程投资（万元）
62	该水库大坝现有防洪能力虽已满足《防洪标准》（GB 52201—94）要求，但大坝坝体灌浆缝开裂、坝面裂缝，大坝坝体拉应力（静力与抗震）均超出坝体混凝土允许拉应力，左坝肩抗滑稳定安全系数（静力与抗震）也不满足规范要求；两岸坝肩绕渗；闸门、启闭设备老化；大坝安全检测及管理设施不完善。同意三类坝鉴定结论意见。建议在加固设计中，结合除险加固，完善大坝安全监测与管理设施	（1）坝体加固；（2）左坝肩加固；（3）更换泄洪洞进水口闸门及启闭设备；（4）溢洪道表层混凝土更换处理；（5）大坝观测设施改建；（6）下游河道防护处理；（7）对渗漏部位进行防渗灌浆处理；（8）生活管理区改建	4 413
63	水库洪水标准不足 500 年一遇，不满足防洪安全要求。溢洪道修建于左副坝坝端土基上，进口导墙和底板浆砌石质量差，一旦泄洪，危及坝体安全，泄槽为土渠，右岸填筑了土堤，采用块石护坡，底板未砌护，无消能设施，不能安全行洪，并危及坝体安全。坝体土料为低液限粉土，填筑质量差，渗透系数偏大，不满足规范要求，主坝和左副坝坝基渗水十分严重，坝脚以下有大面积积水，主坝坝基有细中粗砂层，坝基截水槽未截断透水层，反滤排水体出现多处塌坑，左副坝坝脚以下曾发生管涌，存在渗流破坏安全隐患，在初设中对坝体坝基需研究有效防渗措施。主、副坝坝体和主坝坝基为低液限粉土，初判属液化土，初设中需进一步复判，如是，需采取相应措施。输水洞坝段下游坡陡，稳定相差，初设中需研究补强加固措施。泄洪闸和输水洞均存在一定质量问题，特别是输水洞为砖砌结构，质量差，初设中需充分论证对坝体安全的危害性，并研究可靠的相应加固措施。同意三类坝鉴定结论	坝基防渗、坝顶及上下游坝坡加固、延伸左副坝等大坝加固；溢洪道加固改造；重建放水洞；相应金属结构及电气改造、完善；完善水库观测等管理设施	2 500

续表 1-2

序号	省别	水库名称	水库类别	地理位置（县名/河流名）	建设时间	工程任务	库容（万 m^3）					坝型	建筑物组成
							总库容	兴利库容	防洪库容	调洪库容	死库容		
64	山西省	水峪水库		昔阳县/松溪河		防洪、灌溉	1 099						
65	山西省	十里河水库	山区丘陵	大同市左云县/十里河	1958 年	防洪为主、兼顾灌溉、供水	1 086	380			220	碾压式均质土坝	大坝、冲沙泄洪洞和灌溉输水洞
66	河南省	彰武水库	山区丘陵	安阳市/卫河支流安阳河	1966～1982 年	防洪为主，兼顾灌溉	7 785	3 810	5 367	5 367	345	均质土坝	大坝（主、副坝）、溢洪道、输水洞和电站

续表 1-2

序号	坝高（m）	坝长（m）	工程等别/主要建筑物级别	洪水标准（治理前/治理后）	存在问题项目																
					防洪标准低	洪水结果发生变化	坝顶高程不足	泄水建筑物规模及损坏	输水建筑物损坏	坝体稳定	坝基渗漏	坝体渗漏	坝肩绕渗	抗震差	地基液化	坝顶结构	坝体损坏	坝坡护坡	机电设备	新增机电设备	金属结构
64			Ⅲ等/3 级																		
65	16	330（副坝900）	Ⅲ等/3 级	设计 100 年，校核 500 年/设计 100 年，校核 1 000年	√	原值偏小，采用复核		√	√		√					√	√	√	√		√
66	28.7	1 350	Ⅲ等/3 级	设计 50 年，校核 1 000 年		复核偏小，采用原值		√			√	√				√	√				√

续表 1-2

序号	安全鉴定结论意见	除险加固工程项目	工程投资（万元）
64	三类坝		3 302
65	水库洪水标准不足 500 年一遇，不满足防洪安全要求。主、副坝填筑质量差，局部有松散土层和鼠洞，初设中应彻底查清隐患部位，采取相应补强措施。坝体设施不完善，需补设坝下游排水系统和副坝反滤排水措施。主、副坝坝基均有卵石混合土透水层，主坝黏土截水槽未设反滤层，存在安全隐患，初设中应充分论证坝基渗透稳定性，并研究相应防渗措施。主、副坝坝体为低液限粉土，属液化土，初设中需进一步复判，如是，需研究相应措施。副坝采用高喷防渗板墙，应补设渗压观测设施，及时了解防渗效果和渗流运行状况。坝下冲沙泄洪洞和输水洞均建在软基上，为浆砌石结构，不符合抗震要求，地震烈度 7 度情况下，泄洪洞和输水洞有可能断裂破坏，危及坝体安全，同时浆砌石质量差，渗水严重，存在安全隐患，初设中需充分论证对坝体安全的危害性，研究相应措施。冲沙泄洪洞和输水洞进水塔墙体和排架钢筋混凝土质量差，冻融和剥蚀严重，钢筋外露，强度下降，影响结构安全，闸门启闭设备已运行 40 余年，陈旧老化，不能正常运行。同意三类坝鉴定结论	大坝加固，坝顶、上下游护坡加固，主坝坝基防渗处理；冲沙泄洪洞改造；灌溉输水洞改建；相应金属结构及电气改造；完善水库大坝观测等管理设施	2 420
66	该水库地理位置重要，主坝左坝肩裂缝，下游护坡高低不平；主坝坝基为强透水层，水中倒土铺盖缺失反滤层，坝基渗流性态极不安全；副坝上游无护坡；溢洪道底板和下游护坦破损严重，交通桥裂缝，泄洪不安全，钢丝网混凝土闸门碳化严重；输水洞闸门及启闭设备老化，不能正常运行；防汛公路标准低，大坝安全监测及管理设施不完善等。根据专家组对书面材料与现场核查结果，同意三类坝鉴定结论意见	(1)大坝防渗加固处理，主、副坝上游坝坡护坡整修、完善，下游坝坡草皮护坡整修；(2)溢洪道第一消力池段、泄槽段和第二消力池段底板表面锈蚀破坏处理，闸墩表面混凝土防碳化加固处理，溢洪道交通桥重建，增设检修工作桥、重建启闭机管理房；(3)溢洪道工作闸门及启闭机更换、输水洞出口启闭机的更新，增设检修闸门；(4)修建防汛公路；(5)完善大坝观测和管理设施，观测设备自动化设置等	5 600

续表 1-2

序号	省别	水库名称	水库类别	地理位置（县名/河流名）	建设时间	工程任务	库容（万 m^3）					坝型	建筑物组成
							总库容	兴利库容	防洪库容	调洪库容	死库容		
67	河南省	南谷洞水库	中型	林州/露水河	1958～1960 年	防洪、灌溉为主，兼顾其他	5 804	3 812	5 070	1 992	0	堆石坝	拦河坝、溢洪道、输水洞、电站
68	河南省	汤河水库	山区丘陵	汤阴县/卫河支流汤河干流	1958 年	防洪为主，兼顾灌溉、养殖、旅游	5 615	2 213	3 420		37	均质土坝	大坝、溢洪道、非常溢洪道、输水洞
69	河南省	弓上水库	山区丘陵	林州市/卫河淇河支流淅河	1959～1983 年	防洪为主，兼顾供水、灌溉	3 191	1 562	1 591		38	黏土心墙堆石坝	大坝、溢洪道、泄洪洞、输水洞
70	河南省	三郊口水库	山区	辉县市/淇河支流香木河		防洪、灌溉为主，结合供水、发电	3 102	2 025			55	浆砌石重力拱坝	溢流坝、挡水坝、泄洪洞、灌溉发电洞、坝后电站

续表 1-2

序号	坝高（m）	坝长（m）	工程等别/主要建筑物级别	洪水标准（治理前/治理后）	存在问题项目																
					防洪标准低	洪水结果发生变化	坝顶高程不足	泄水建筑物规模及损坏	输水建筑物损坏	坝体稳定	坝基渗漏	坝体渗漏	坝肩绕渗	抗震差	地基液化	坝顶结构	坝体损坏	坝坡护坡	机电设备	新增机电设备	金属结构
67	78	205	Ⅲ等/3 级	设计 100 年，校核 1 000 年				√	√	√											
68	29.3	1 100	Ⅲ等/3 级	设计 100 年，校核 1 000 年/设计 100 年，校核 2 000 年		无原资料，公式推求		√	√		√	√	√			√		√	√		√
69	52.59	285	Ⅲ等/3 级	设计 100 年，校核 1 000 年		复核偏小，采用原值		√	√				√			√	√	√			√
70	60.4	400	Ⅲ等/3 级	设计 10 年，校核 500 年/设计 50 年，校核 500 年	√	原值偏小，采用复核	√	√		√	√	√	√				√	√			√

续表 1-2

序号	安全鉴定结论意见	除险加固工程项目	工程投资（万元）
67	(1)大坝变形不稳定，导致沥青混凝土面板周边接头脱开；(2)大坝防渗存在安全隐患；(3)溢洪道底部裂隙发育，裂缝宽大，渗漏严重；(4)无放空水库设施；(5)输水洞渗水、工作闸板阀破损、水库观测及管理设施陈旧，且不完善	大坝沥青混凝土面板的防渗处理；溢洪道渗漏处理；二级输水洞渗漏；新建放空洞	2 756
68	该水库主坝上游干砌石护坡破损，防浪墙裂缝，坝体、坝基渗漏、右坝肩绕渗；副坝坝体填筑质量差，上游无护砌，渗漏严重；主坝坝下左、右输水洞洞身裂缝、渗水，与大坝存在接触渗流安全隐患；溢洪道进口无裹头，无护砌，两侧墙砌石护坡松动、破损、挑流消能段混凝土剥蚀，露筋，毁损严重。不能安全泄洪，交通桥混凝土碳化严重，主梁、腹拱裂缝；主坝坝下左、右输水洞无检修闸门，工作闸门及启闭设备均老化陈旧，不能正常使用；大坝防汛公路标准低，无必要的安全检测设施，管理设施不完善等。根据专家组对书面材料与现场核查结果，同意三类坝鉴定结论意见	(1)大坝加固工程：主坝、副坝防渗加固处理，坝顶及护坡改造。(2)溢洪道加固工程：溢洪道加固处理，交通桥拆除重建。(3)输水洞加固工程：对东输水洞裂缝处理，并进行封堵，利用原已开挖的泄洪洞，新建东输水洞；西输水洞加固处理；新建启闭塔，更换启闭机及闸门；增设检修闸门。(4)其他工程：增设大坝安全监测设施、水文测站建设、完善管理设施等	5 686
69	(1)大坝坝顶高程满足规范要求，泄洪洞工作平台高程不满足规范要求。(2)大坝右坝头与溢洪道边墙连接处裂缝严重，高水位时漏水，上游坝坡块石松动局部破损；左坝肩渗漏。(3)溢洪道存在堰体基础渗漏、溢流面裂缝，右岸山体裂隙发育，交通桥混凝土碳化等问题。(4)一级输水洞洞口淤积严重，已无法使用；泄洪洞进口淤堵，不能正常运用。(5)泄洪洞、二级输水洞闸门锈蚀严重，启闭设施老化。(6)大坝安全监测设施不完善，管理设施落后。同意三类坝鉴定结论	右坝头裂缝处理、左坝肩帷幕灌浆、上游坝坡整修加固，溢洪道溢流堰右边孔帷幕灌浆防渗、工作桥抬高及更换栏杆、右岸山体喷射混凝土防护，一级输水洞封堵，二级输水洞进口改建为塔式进水口、出口更换闸阀，泄洪洞进口清淤并进行防护处理、启闭室抬高、更换闸门及启闭设备，完善管理及监测设施，水文站建设	2 104
70	该水库大坝现有防洪能力低于 50 年一遇洪水标准，不满足水利部颁近期标准；溢流坝混凝土溢流面毁坏严重，633 m 高程截面的抗滑稳定及强度不满足规范要求；坝肩、坝基清基不彻底，岩石风化严重、裂隙发育，存在渗流隐患；泄洪洞、灌溉发电洞闸门、启闭设施老化；无必要的大坝监测管理设施，管理设施不完善等。同意三类坝鉴定结论意见	(1)改建溢流堰，并新作钢筋混凝土溢流面；(2)对挡水坝进行加高加固；(3)新建坝段坝肩新作防渗帷幕，消除渗流隐患；(4)溢流坝下游河床范围内钻设降压孔至承压水层，解决坝基下承压水问题；(5)更新泄洪洞、灌溉发电洞闸阀及启闭设备；(6)增设必要的管理、观测通信设施	2 530

续表 1-2

序号	省别	水库名称	水库类别	地理位置（县名/河流名）	建设时间	工程任务	库容（万 m^3） 总库容	兴利库容	防洪库容	调洪库容	死库容	坝型	建筑物组成
71	河南省	琵琶寺水库	中型	汤阴县/卫河支流永通河	1957～1978 年	蓄灌为主，防洪发电、养殖综合利用	2 054	1 693	1 960	361	45	均质土坝	大坝、溢洪道、输水洞、南北灌溉洞、电站
72	河南省	石包头水库	山区	卫辉市/卫河支流沧河	1959～1960 年	防洪为主，兼顾灌溉、发电、城镇供水	1 947	1 010		1 540	18	浆砌石防渗面板干砌石与堆石混合坝	挡水坝、溢洪道、输水洞、坝后电站
73	河南省	双泉水库	山区丘陵	安阳市/洹河支流粉红江	1958～1959 年	防洪为主，兼引蓄灌溉、养殖等	1 791	421			50	均质土坝	大坝、溢洪道、泄洪洞、输水洞

续表 1-2

序号	坝高(m)	坝长(m)	工程等别/主要建筑物级别	洪水标准(治理前/治理后)	存在问题项目																
					防洪标准低	洪水结果发生变化	坝顶高程不足	泄水建筑物规模及损坏	输水建筑物损坏	坝体稳定	坝基渗漏	坝体渗漏	坝肩绕渗	抗震差	地基液化	坝顶结构	坝体损坏	坝坡护坡	机电设备	新增机电设备	金属结构
71	25	1 176	Ⅲ等/3 级	设计 100 年,校核 1 000 年				√			√	√	√								√
72	50.7	150	Ⅲ等/3 级	设计 50 年,校核 500 年/设计 50 年,校核 2 000年	√	原值偏大,采用复核		√	√		√	√	√	√			√	√			√
73	24.3	1 750	Ⅲ等/3 级	设计 50 年,校核 1 000 年/设计 500 年,校核 1 000 年	√	原值偏小,采用复核		√	√	√	√					√		√	√		√

续表 1-2

序号	安全鉴定结论意见	除险加固工程项目	工程投资（万元）
71	大坝坝基及两岸坝肩砾岩层透水性强，渗漏；溢洪道为土渠，未衬砌，无消能设施；泄洪洞、灌溉洞裂缝渗漏	坝基防渗，坝体翻修，溢洪道护砌，泄洪洞和灌溉洞处理，完善观测和管理设施	2 630
72	该水库防洪标准不满足规范要求；大坝堆石坝坡过陡，坝体变形仍未稳定，上游浆砌防渗斜墙产生 U 形裂缝，仍在发展；大坝防渗体系不健全，存在严重渗流异常现象，坝基、坝体、右坝肩及溢洪道渗漏严重；溢洪道未完建，不能安全下泄洪水；输水洞闸门与启闭设备锈蚀、变形严重，不能正常工作，一级输水洞压力钢管严重锈蚀；大坝管理及安全监测设施不完善等。根据专家组对书面材料与现场检查认定结果，该水库大坝应属三类坝	（1）大坝迎水面增设钢筋混凝土防渗面板；（2）坝基、坝肩进行基础帷幕灌浆；（3）堆石体背坡进行贴坡加固，整修加固坝顶、防浪墙；（4）改造现有溢洪道，对溢洪道断层进行处理，完善消能防冲设施；（5）改造溢洪道工作桥，整修上坝道路；（6）完善管理及安全监测设施	3 449
73	（1）双泉水库地理位置非常重要。（2）经复核，水库防洪能力不足 500 年一遇，防洪安全性为 C 级。（3）大坝坝基处理不彻底，坝体填筑质量较差，上游护坡块石粒径小；溢洪道无护砌，抗冲刷能力差；输水洞为坝内砌石涵管，白灰砌筑质量差。工程质量不合格。（4）经复核，大坝现状边坡稳定安全系数满足规范要求，上游部分坝段无护坡；溢洪道未护砌，岸坡不稳定，不满足抗冲要求，紧邻大坝的导流墙高度及稳定性不满足规范要求。输水洞砌缝开裂，结构不稳定。泄洪洞闸门槽设置不合理，工作桥、排架裂缝。结构安全性为 C 级。（5）主坝坝基处理不彻底，渗漏严重，下游大面积沼泽化；输水洞洞身砌缝多处漏水，沉陷缝开裂，形成接触冲刷。渗流安全性为 C 级。（6）大坝满足抗震要求。（7）泄洪洞钢闸门锈蚀，启闭机老化，启闭困难。金属结构安全性为 C 级。（8）无监测设施，管理设施不完善。同意三类坝鉴定结论	提高水库防洪标准；大坝坝基防渗处理，坝顶及上下游坝坡工程；封堵输水洞；泄洪洞更换闸门及启闭设备；溢洪道整修加固，交通桥栏杆拆除重建；完善大坝监测及管理设施	5 230

续表 1-2

序号	省别	水库名称	水库类别	地理位置（县名/河流名）	建设时间	工程任务	库容（万 m^3）					坝型	建筑物组成
							总库容	兴利库容	防洪库容	调洪库容	死库容		
74	河南省	塔岗水库	山区	卫辉市/卫河支流沧河	1958 年	防洪为主，兼顾供水、灌溉	1 763.65	954	954		1.1	主坝为水泥砌块石独立体堆石混合坝，左副坝为均质土坝，右副坝为土坝	主挡水坝、左右副坝、溢洪道、输水洞、坝后电站
75	河南省	正面水库	中型	卫辉市/沧河	1970～1973 年	防洪、灌溉为主，兼顾发电、供水	1 537	1 135	243	392	10	浆砌石重力墙堆石坝	挡水坝、溢流坝、输水洞、坝后电站
76	河南省	陈家院水库	中型	辉县市/香木河	1966～1969 年	防洪、灌溉为主，兼顾发电、供水	1 370	1 106	144	252	12	浆砌石重力墙堆石坝	大坝、溢洪道、输水洞、坝后电站
77	河南省	夺丰水库	中型	卫河支流思德河	1959～1972 年	防洪、灌溉为主，兼顾其他	1 132	704	290	412	16	浆砌石重力坝	挡水坝、溢流坝、输水洞

续表 1-2

序号	坝高(m)	坝长(m)	工程等别/主要建筑物级别	洪水标准(治理前/治理后)	存在问题项目																
					防洪标准低	洪水结果发生变化	坝顶高程不足	泄水建筑物规模及损坏	输水建筑物损坏	坝体稳定	坝基渗漏	坝体渗漏	坝肩绕渗	抗震差	地基液化	坝顶结构	坝体损坏	坝坡护坡	机电设备	新增机电设备	金属结构
74	41	603.7	Ⅲ等/3级	设计50年,校核2 000年/设计50年,校核2 000年	√	原数合理,采用复核	√	√	√	√	√	√	√	√							
75	52.8	316	Ⅲ等/3级	设计50年,校核1 000年	√			√	√	√	√	√		√					√		√
76	80	190	Ⅲ等/3级	设计50年,校核1 000年	√			√	√	√								√	√		√
77	41.2	193.7	Ⅲ等/3级	设计100年,校核1 000年				√	√	√	√	√	√						√		√

续表 1-2

序号	安全鉴定结论意见	除险加固工程项目	工程投资（万元）
74	(1)主、副坝坝顶欠高,水库防洪能力不满足规范要求。(2)结构安全复核表明:主坝坝体抗滑稳定及坝坡抗滑稳定安全系数不满足规范要求,主坝坝顶裂缝、局部沉降变形,左副坝上游及右副坝下游坝坡抗滑稳定安全系数不满足规范要求,下游坝脚排水反滤设施不完善,局部损坏;主坝坝体、坝基渗漏严重,左、右副坝坝体浸润线偏高,基础渗漏,主、副坝渗流性态不安全。(3)抗滑安全复核表明:主坝坝体抗滑稳定及坝坡抗滑稳定不满足规范要求。(4)溢洪道基础存在断层,未采取处理措施,漏水严重。(5)输水洞压力钢管锈蚀,闸门锈蚀严重,启闭设施老化。(6)大坝安全检测设施不完善,管理设施落后。同意三类坝鉴定结论	(1)主坝上游面水泥砂浆勾缝,坝体补强灌浆,主坝下游堆石体坝坡加固,坝基坝肩作防渗处理(基础帷幕灌浆)。(2)扩宽整修溢洪道、改造工作桥,处理溢洪道断层并完善消能防冲设施。溢洪道扩宽部分位于现有溢洪道左导流墙与塔岗水库管理所(左副坝的右坝肩)之间。(3)左副坝坝面整修,基础进行高喷防渗灌浆。(4)右副坝上游面做黏土斜墙,坝基坝肩作防渗灌浆处理。(5)更新主坝输水洞洞身压力钢管及闸门启闭设施。(6)完善水库大坝安全监测管理设施	4 267
75	水库大坝溢流坝抗滑稳定不安全,现有防洪能力达不到50年一遇洪水标准;输水洞渗漏,设备老化;安全监测管理设施不完善,不能正常运行。水利部大坝安全管理中心核定为三类坝	(1)溢流坝段坝体上游面做混凝土防渗面板,基岩帷幕灌浆;(2)溢流坝坝体补强灌浆,下游面进行修复;(3)挡水坝段坝体补强灌浆、基岩帷幕灌浆;(4)维修溢流坝上交通桥,维修挡水坝坝顶路面;(5)更换金属结构及机电设备;(6)增设管理、观测、通信、交通设施设备	2 726
76	大坝堆石体下游坡抗滑稳定性不满足现行规范的要求;浆砌石防渗体顶部有多条垂直裂缝;溢洪道泄洪能力差,严重影响汛期正常运行,危及大坝安全;输水洞身多处集中渗漏;闸门漏水较严重等,水库大坝不能安全运行。水利部大坝安全管理中心核定为三类坝	(1)采用先进的迷宫堰对溢洪道进行改建;(2)采用碾压堆石对大坝堆石体进行贴坡加固;(3)架高防浪墙;(4)对浆砌体顶部裂缝进行补强灌浆处理;(5)改造一级、二级输水洞,更换闸阀;(6)改造坝后厂房,增设必要的管理设施设备	2 450
77	大坝坝体砌筑质量差,上游混凝土面板裂缝剥蚀,坝体裂缝渗漏;大坝抗滑稳定安全系数不满足规范要求;坝基无有效的防渗措施,右坝有绕坝渗漏;一级输水洞裂缝漏水;闸门及启闭机设备老化、破损;大坝安全检测与管理设施不完善等。结论为三类坝意见	上游坝坡混凝土面板防渗处理,采用挂钢筋网喷混凝土的方法重新进行处理;坝体采用补强灌浆进行加固,坝基采用帷幕灌浆解决渗漏问题;溢流坝面维修衬砌,采用钢筋混凝土按克－奥型曲线重做溢流面;坝体下游重新设置排水孔	2 203

续表 1-2

序号	省别	水库名称	水库类别	地理位置（县名/河流名）	建设时间	工程任务	库容（万 m^3）					坝型	建筑物组成
							总库容	兴利库容	防洪库容	调洪库容	死库容		
78	河南省	石门水库	山区	安阳林州市/卫河支流淇河欠十步沟	1958～1964年	防洪、灌溉为主，结合水产养殖	1 112	844		217	51	浆砌石重力坝	拦河坝（非溢流坝段和溢流坝段）
79	河南省	马鞍石水库	山区	修武县/卫河支流纸坊沟河	1966～1982年	防洪、灌溉、供水为主	1 033	882		433	20	浆砌石单曲拱坝（主挡水坝）、浆砌石溢流坝、浆砌石斜墙干砌石挡水坝、浆砌石重力坝	四种坝型、一个蓄水节制闸、两个输水洞
80	内蒙古自治区	九龙湾水库	山区丘陵	丰镇市/永定河系饮马河	1976年	防洪、灌溉为主，兼顾养殖	1 693		154	607	217	黏土心墙坝	大坝、左溢洪道、右溢洪道、输水洞

续表 1-2

序号	坝高(m)	坝长(m)	工程等别/主要建筑物级别	洪水标准(治理前/治理后)	存在问题项目																
					防洪标准低	洪水结果发生变化	坝顶高程不足	泄水建筑物规模及损坏	输水建筑物损坏	坝体稳定	坝基渗漏	坝体渗漏	坝肩绕渗	抗震差	地基液化	坝顶结构	坝体损坏	坝坡护坡	机电设备	新增机电设备	金属结构
78	55.5	305	Ⅲ等/3 级	设计 50 年,校核 500 年/设计 50 年,校核 500 年	√	采用复核	√	√	√	√	√	√	√			√			√		√
79	65.1	250.6	Ⅲ等/3 级	—/设计 50 年,校核 500 年	√	数值接近,复核合理	√	√	√		√	√	√			√	√				√
80	23.4	420	Ⅲ等/3 级	设计 50 年,—/设计 100 年,校核 1 000 年	√	原值偏小,采用复核	√	√	√	√	√			√				√	√		√

续表 1-2

序号	安全鉴定结论意见	除险加固工程项目	工程投资（万元）
78	该水库现有防洪能力不满足水利部颁近期标准；大坝抗滑稳定安全系数（静力与抗震）均不满足规范要求；坝体、坝基及坝肩渗漏；放水建筑物闸阀老化；无必要的大坝安全监测设施，管理设施陈旧等。同意三类坝鉴定结论意见。建议加固设计中，补充必要的勘探试验，合理选取计算参数，对大坝及输、泄水建筑物的稳定与强度作进一步分析论证，以便正确选择加固措施，彻底除险加固，并结合除险加固，完善大坝安全监测与管理设施	（1）坝体工程：非溢流坝段的坝顶高程加高至 386.5 m，重新浇筑防浪墙，墙高 1.0 m，完善坝顶照明设施；溢流坝段坝顶按照克－奥型曲线改造，增设工作桥，坝面上游做混凝土防渗面板；（2）左坝段地基加固：针对左坝段基岩破碎，对其进行固结灌浆处理；（3）坝基处理：沿坝轴线做垂直防渗帷幕，增设坝基排水孔；（4）更换泄洪管、灌溉发电管以及高灌管的闸阀；（5）增设变形及渗流、渗压观测设施；（6）维修管理所，整修防汛公路；（7）增添交通及通信设施；（8）库区绿化；（9）增设遥测设备，使水库管理现代化	2 416
79	该水库大坝坝顶高程不满足规范要求；大坝砌筑质量差，坝体渗漏，坝基及坝肩绕坝渗漏严重；溢流坝面混凝土剥蚀，浆砌石护坎损坏严重；蓄泄洪闸门、启闭设备老化，启闭机房交通桥裂缝；两级输水洞均未设检修闸门，闸阀锈蚀漏水，启闭设备老化；无必要的大坝监测设施，管理设施不完善等。同意三类坝鉴定结论	加高大坝，满足防洪标准；右挡水坝及其左右重力墩、拱坝、溢流坝坝体帷幕灌浆；左挡水坝坝体上游新修防渗面板、坝基帷幕灌浆；按原曲线重做溢流坝面及坝后护坎维修衬砌。更换溢洪道控制闸门及启闭机；更换输水洞闸阀，增设检修闸阀；重修交通桥和启闭机房；完善大坝观测和管理设施	2 220
80	水库洪水标准不足 100 年一遇，不满足防洪安全要求。坝上游的护坡质量差，破坏严重，已失去护坡作用，坝下游为未完的培厚工程，坝坡偏陡，坡比为 1∶1.5，坝顶宽仅 1.5 m，下游坡无防护设施，坝面无排水设施和坝体反滤排水设施，影响坝体安全。正常运用和地震烈度 7 度情况下，下游坡稳定不满足规范要求，上游坝偏陡，在初设中应进一步复核上游坡最不利工况稳定分析。河床坝基为砂砾石覆盖层，截水槽未与基岩结合，防渗处理不彻底，存在渗流破坏安全隐患，初设中应进一步复核坝基渗流稳定，并研究相应防渗和坝体反滤排水措施。初设中同时应查清防浪墙是否与心墙紧密结合，是否应研究相应措施。主、副溢洪道两岸部分岸坡有松散岩石，风化较严重，有坍塌可能，不利于安全泄洪。输水洞洞身裂缝，渗水严重，尤其在 7 度地震区对坝体安全不利，初设中应充分论证对大坝的安全危害，研究相应措施，进口闸门严重锈蚀和变形，漏水严重，闸门启闭设备陈旧老化，不能正常运行。同意三类坝鉴定结论	大坝加高培厚；扩建左溢洪道，加固右溢洪道；封堵原输水洞，新建泄洪排沙洞；完善水库大坝观测等管理设施	396

表 1-3　海河流域小型水库情况一览表

序号	省别	水库名称	地理位置/河流名	建设时间	总库容（万 m^3）	坝型	洪水标准（治理前/治理后）	工程投资（万元）
		小型 154 座						
1	河北省	东川口水库	邢台市邢台县/滏阳河系七里河	1967 年	930	浆砌石溢流重力坝	设计 30 年,校核 300 年	1 504
2	河北省	寨地水库	保定市曲阳县/大清河系南支沙河支流	1979 年	920	土砂混合坝	设计 50 年,校核 500 年	545
3	河北省	太平庄水库	张家口市怀安县/洪塘河支流	1971 年	910	均质土坝	设计 50 年,校核 500 年	2 304
4	河北省	蔡家井水库	保定市涞水县/大清河系拒马河	1958 年	868	浆砌石溢流坝	设计 50 年,校核 500 年	164
5	河北省	羊卧湾水库	邢台市邢台县/滏阳河系白马河	1958 年	800	均质土坝	设计 50 年,校核 500 年	649
6	河北省	汤泉水库	张家口市赤城县/潮白河水系白河支流	1958 年	800	均质土坝	设计 20 年,校核 200 年	1 152
7	河北省	于家寨水库	保定市唐县/通天河	1958 年	790	黏土心墙坝	设计 50 年,校核 500 年	2 000
8	河北省	高家店水库	唐山市迁西县/滦河支流横河	1978 年	765	浆砌石重力坝	设计 30 年,校核 200 年	770
9	河北省	大营滩水库	张家口市张北县/内陆河水系群马河	1972 年	740	黏土心墙坝	设计 20 年,校核 200 年	1 552
10	河北省	水沟口水库	张家口市怀安县/洪塘河支流	1970 年	730	土石混合坝	设计 50 年,校核 500 年	1 000
11	河北省	沙洺水库	邯郸市武安市/子牙河系牤牛河	1981 年	710	浆砌石单拱坝	设计 100 年,校核 500 年	986
12	河北省	小龙潭水库	唐山市滦县/陡河支流	1975 年	700	浆砌石重力坝	设计 50 年,校核 200 年	1 152
13	河北省	皈依寨水库	唐山市丰润区/陡河支流	1977 年	700	均质土坝	设计 50 年,校核 500 年	380
14	河北省	温泉堡水库	秦皇岛市抚宁县/汤河	1995 年	697	混凝土拱坝	设计 50 年,校核 200 年	680
15	河北省	杨家台水库	保定市曲阳县/大清河系南支唐河支流	1958 年	658	浆砌石重力坝	设计 50 年,校核 500 年	526
16	河北省	峡沟水库	邢台市沙河市/子牙河支流沙名河	1966 年	650	浆砌石拱坝	设计 50 年,校核 300 年	1 515
17	河北省	南壕堑水库	张家口市尚义县/东洋河支流鸳鸯河	1973 年	650	心墙坝	设计 500 年,校核 1 000 年	635
18	河北省	二道湾水库	承德市隆化县/滦河水系武烈河	1982 年	620	堆石坝	设计 50 年,校核 500 年	932

续表 1-3

序号	省别	水库名称	地理位置/河流名	建设时间	总库容（万 m^3）	坝型	洪水标准（治理前/治理后）	工程投资（万元）
19	河北省	洗马林水库	张家口市万全县/永定河水系洋河支流	1959 年	590	黏土心墙坝	设计 100 年，校核 500 年	1 131
20	河北省	马连川水库	保定市满成县/大清河系马连川河		576	均质土坝	设计 50 年，校核 500 年	1 417
21	河北省	长村水库	石家庄市元氏县/滏阳河支流北沙河	1972 年	550	均质土坝	设计 50 年，校核 500 年	630
22	河北省	大悲水库	保定市顺平县/大清河系清水河唐河	1959 年	510	均质土坝	设计 50 年，校核 500 年	415
23	河北省	北正水库	石家庄市元氏县/滏阳河二级支流系潴龙河	1959 年	475	均质土坝	设计 50 年，校核 300 年	540
24	河北省	燕川水库	保定市曲阳县/大清河系南支唐河支流	1958 年	460	土石混合坝	设计 50 年，校核 500 年	585
25	河北省	峪沟水库	石家庄市井径县/甘陶河支流	1976 年	450	浆砌石重力坝	设计 30 年，校核 200 年	400
26	河北省	果乡水库	秦皇岛市昌黎县/饮马河	1958 年	440	均质土坝	设计 500 年，校核 1 000 年	436
27	河北省	八一水库	邯郸市武安县/子牙河系南洺河	1980 年	420	均质土坝	设计 50 年，校核 500 年	340
28	河北省	韩家园水库	石家庄市鹿泉市/子牙河系封龙河	1958 年	410	均质土坝	设计 50 年，校核 500 年	1 670
29	河北省	梁前沟水库	石家庄市灵寿县/大清河支流磁河	1958 年	399	均质土坝	设计 20 年，校核 300 年	490
30	河北省	石河水库	邢台市内邱县/子牙河系李阳河支流	1958 年	390	均质土坝	设计 50 年，校核 500 年	448
31	河北省	卧佛寺水库	保定市唐县/大清河系唐河支流	1958 年	390	黏土心墙坝	设计 50 年，校核 500 年	960
32	河北省	阎庄水库	石家庄市灵寿县/滹沱河支流南甸河	1958 年	386	均质土坝	设计 50 年，校核 500 年	450
33	河北省	南孝木水库	保定市曲阳县/大清河系南支孟良河支流	1958 年	385	均质土坝	设计 50 年，校核 500 年	1 100
34	河北省	黑山口水库	承德市围场县/伊逊河水系	1980 年	322	均质土坝	设计 30 年，校核 500 年	500
35	河北省	龙潭庙水库	承德市滦平县/潮河右支流金台子川	1972 年	286	浆砌石单拱坝	设计 50 年，校核 500 年	460
36	河北省	偏城水库	邯郸市涉县/南运河系清漳河	1958 年	284	均质土坝	设计 30 年，校核 300 年	1 000
37	河北省	单家沟水库	石家庄市井径县/绵河支流	1959 年	270	均质土坝	设计 50 年，校核 500 年	460

续表 1-3

序号	省别	水库名称	地理位置/河流名	建设时间	总库容（万 m^3）	坝型	洪水标准（治理前/治理后）	工程投资（万元）
38	河北省	八一水库	唐山市迁西县/蓟运河支流还乡河	1976 年	265	均质土坝	设计 30 年，校核 500 年	410
39	河北省	莲花池水库	保定市易县/大清河系北易水支流	1958 年	257	均质土坝	设计 50 年，校核 500 年	420
40	河北省	北牛叫水库	邯郸市邯郸县/子牙河系沁河	1960 年	251	均质土坝	设计 30 年，校核 500 年	235
41	河北省	头龙潭水库	承德市滦平县/潮河左支流大苇子峪沟	1975 年	250	浆砌直墙堆石坝	设计 50 年，校核 500 年	395
42	河北省	刘黑石水库	秦皇岛市卢龙县/饮马河	1970 年	249	黏土斜墙坝	设计 50 年，校核 500 年	393
43	河北省	开阳水库	张家口市怀安县/永定河系	1958 年	232	均质土坝	设计 50 年，校核 500 年	562
44	河北省	常峪口水库	张家口市宣化县/永定河水系盘肠河	1976 ~ 1982 年	214	浆砌料石外壳混凝土心墙双曲拱坝	设计 50 年，校核 500 年	862
45	河北省	西会水库	石家庄市赞皇县/滏阳河支流济河	1956 年	214	均质土坝	设计 50 年，校核 500 年	390
46	河北省	武家村水库	张家口市尚义县/陆河水系大青沟河	1969 年	212	心墙坝	设计 50 年，校核 500 年	536
47	河北省	葛沟水库	石家庄市赞皇县/滏阳河支流槐河	1958 年	210	均质土坝	设计 50 年，校核 500 年	386
48	河北省	魏村水库	邢台市临城县/子牙河系午河	1958 年	210	均质土坝	设计 50 年，校核 500 年	817
49	河北省	石庄子水库	唐山市迁西县/滦河还乡河东支流	1976 年	210	浆砌石坝	设计 50 年，校核 200 年	527
50	河北省	赵沟水库	唐山市迁西县/长河支流	1975 年	205	均质土坝	设计 30 年，校核 500 年	495
51	河北省	横涧水库	张家口市蔚县/壶流河支流	1971 年	199	均质土坝	设计 20 年，校核 500 年	600
52	河北省	固镇水库	邯郸市武安县/子牙河系南洺河	1976 年	198	均质土坝	设计 50 年，校核 500 年	465
53	河北省	杨家庄水库	石家庄市行唐县/大清河系沙河支曲河	1970 年	190	均质土坝	设计 50 年，校核 500 年	400
54	河北省	龙门水库	邢台市邢台县/滦河水系伊逊河支流	1980 年	190	均质土坝	设计 20 年，校核 100 年	220
55	河北省	海儿洼水库	张家口市宣化县/水泉河	1972 ~ 1975 年	187	薄壁双曲拱坝	—/设计 50 年，校核 200 年	645

续表 1-3

序号	省别	水库名称	地理位置/河流名	建设时间	总库容（万 m^3）	坝型	洪水标准（治理前/治理后）	工程投资（万元）
56	河北省	长峪水库	石家庄市井陉县/金良河支流	1976 年	180	黏土心墙土石坝	设计 50 年，校核 500 年	299
57	河北省	红土湾水库	石家庄市赞皇县/滏阳河支流槐河	1977 年	180	均质土坝	设计 50 年，校核 500 年	458
58	河北省	马庄水库	邢台市内邱县/子牙河系李阳河支流	1958 年	180	均质土坝	设计 50 年，校核 500 年	701
59	河北省	北岭水库	邢台市内邱县/子牙河系李阳河支流	1975 年	180	均质土坝	设计 50 年，校核 500 年	210
60	河北省	庄里水库	保定市涞水县/大清河支流拒马河	1958 年	167	斜墙坝	设计 50 年，校核 500 年	600
61	河北省	马中水库	石家庄市平山县/滹沱河支流	1972 年	165	心墙坝	设计 30 年，校核 300 年	480
62	河北省	孟圈水库	秦皇岛市青龙县/南河	1974 年	161	浆砌石拱坝	设计 50 年，校核 300 年	440
63	河北省	下荆子水库	秦皇岛市卢龙县/饮马河	1969 年	159	浆砌石拱坝	设计 50 年，校核 500 年	546
64	河北省	康庄水库	邯郸市邯郸县/子牙河系沁河	1960 年	156	均质土坝	设计 30 年，校核 500 年	295
65	河北省	南道神水库	保定市涞源县/唐河支流孙家沟	1975～1978 年	155	浆砌石单拱溢流坝	—/设计 30 年，校核 300 年	232.25
66	河北省	许亭水库	石家庄市赞皇县/滏阳河支流槐河	1976 年	155	均质土坝	设计 50 年，校核 500 年	475
67	河北省	北潘水库	石家庄市赞皇县/滏阳河支流槐河	1976 年	150	均质土坝	设计 50 年，校核 500 年	220
68	河北省	南天门水库	承德市宽城县/滦河水系五道河	1974 年	150	浆砌块石混凝土心墙堆石坝	设计 100 年，校核 500 年	405
69	河北省	砂子洞水库	石家庄市灵寿县/大清河支流磁河	1977 年	149	黏土心墙坝	设计 20 年，校核 300 年	460
70	河北省	杨树沟水库	承德市兴隆县/潮白河系潮河	1973 年	145	均质土坝	设计 500 年，校核 1 000 年	500
71	河北省	淑村水库	邯郸市武安县/子牙河系牤牛河	1958 年	142	均质土坝	设计 50 年，校核 500 年	420
72	河北省	夏庄水库	邯郸市武安县/子牙河系南洺河	1970 年	141	均质土坝	设计 50 年，校核 500 年	360
73	河北省	军营水库	石家庄市赞皇县/滏阳河支流槐河	1976 年	139	土石混合坝	设计 50 年，校核 500 年	470

续表 1-3

序号	省别	水库名称	地理位置/河流名	建设时间	总库容（万 m^3）	坝型	洪水标准（治理前/治理后）	工程投资（万元）
74	河北省	杨山沟水库	秦皇岛市卢龙县/饮马河	1975 年	139	均质土坝	设计 50 年，校核 500 年	470
75	河北省	林山峡水库	平山县/滹沱河支流七汲河	1976 年	138	均质土坝	设计 50 年，校核 500 年	330
76	河北省	正明山水库	秦皇岛市昌黎县/沿沟	1977 年	137	黏土斜墙坝	设计 30 年，校核 500 年	490
77	河北省	梁庄水库	石家庄鹿泉县/太平河支流	1975 年	135	浆砌石重力坝	设计 30 年，校核 300 年	480
78	河北省	南潘水库	石家庄市赞皇县/滏阳河支流槐河	1977 年	135	均质土坝	设计 50 年，校核 500 年	480
79	河北省	野鸡店水库	秦皇岛市卢龙县/饮马河	1980 年	135	混合型土坝	设计 50 年，校核 500 年	363
80	河北省	抄道沟水库	青龙县/滦河支流沙河	1969～1972 年	134.69	浆砌石重力墙堆石坝	设计 50 年，校核 300 年	1 102
81	河北省	后山水库	石家庄市灵寿县/大清河支流磁河		130	黏土心墙坝	设计 20 年，校核 300 年	475
82	河北省	石圈水库	石家庄市平山县/滹沱河支流	1971 年	130	均质土坝	设计 50 年，校核 500 年	380
83	河北省	韩江峪水库	秦皇岛市卢龙县/洋河	1978 年	130	黏土心墙坝	设计 50 年，校核 500 年	435
84	河北省	东房子水库	承德市承德县/滦河流域老牛河支流白马河	1986 年	130	斜墙坝	设计 50 年，校核 500 年	748
85	河北省	曹营子水库	承德市滦平县/潮河左支流安纯沟	1980 年	127	黏土心墙堆石坝	设计 50 年，校核 500 年	484
86	河北省	涌泉庄水库	张家口市蔚县/壶流河支流涧北沟	1961 年	127	均质土坝	设计 50 年，校核 500 年	500
87	河北省	大梁江水库	石家庄井陉县/甘陶河支流	1973～1979 年	125	黏土斜墙、心墙堆石坝	—/设计 50 年，校核 500 年	398.54
88	河北省	白家湾水库	保定市曲阳县/大清河系南支孟良河支流	1958 年	123	均质土坝	设计 50 年，校核 500 年	490
89	河北省	凌营水库	承德市丰宁县/潮河一级支流	1974 年	119	浆砌石重力坝	设计 50 年，校核 500 年	380
90	河北省	东目连水库	张家口市阳原县/永定河系	1965 年	115	均质土坝	设计 50 年，校核 500 年	450

续表 1-3

序号	省别	水库名称	地理位置/河流名	建设时间	总库容（万 m^3）	坝型	洪水标准（治理前/治理后）	工程投资（万元）
91	河北省	车道沟水库	张家口市下花园区/永定河水系定方水河	1974 年	114	均质土坝	设计 30 年，校核 500 年	450
92	河北省	金山子水库	蓟运河系州河	1976 年	113	浆砌石拱坝	设计 30 年，校核 300 年	440
93	河北省	麻棚水库	保定市阜平县/大清河系南支沙河支流	1992 年	110	浆砌石溢流坝	设计 30 年，校核 300 年	350
94	河北省	小所庄水库	秦皇岛市抚宁县/洋河	1976 年	109	均质土坝	设计 50 年，校核 500 年	400
95	河北省	西湾子水库	兴隆县/滦河系柳河支流	1975 ~ 1981 年	108	5 跨等跨浆砌石连拱坝	—/设计 30 年，校核 300 年	673
96	河北省	大徐沟水库	秦皇岛市卢龙县/青龙河	1976 年	108	黏土斜墙坝	设计 50 年，校核 500 年	300
97	河北省	良岗水库	保定市易县/大清河系中易水支流	1981 年	108	浆砌石重力坝	设计 50 年，校核 300 年	438
98	河北省	古城水库	张家口市涿鹿县/永定河水系西灵山河	1959 年	108	混合型土坝	设计 100 年，校核 300 年	317
99	河北省	古石沟水库	石家庄市平山县/滹沱河支流石殿河	1970 年	107	心墙坝	设计 50 年，校核 500 年	120
100	河北省	沙涧水库	唐山市迁西县/滦河支流清河	1977 年	107	黏土心墙坝	设计 30 年，校核 500 年	320
101	河北省	高昌水库	保定市唐县/大清河系北运粮河	1958 年	106	均质土坝	设计 50 年，校核 500 年	410
102	河北省	西回舍东沟水库	石家庄市平山县/滹沱河支流马中河	1980 年	104	均质土坝	设计 30 年，校核 500 年	380
103	河北省	下洼水库	秦皇岛市昌黎县/东沙河	1976 年	102	均质土坝	设计 30 年，校核 500 年	353
104	河北省	太宁寺水库	保定市易县/大清河系北易水支流	1958 年	102	均质土坝	设计 50 年，校核 500 年	392
105	河北省	古台水库	邯郸市涉县/南运河系清漳河	1970 年	100	浆砌石重力坝	设计 50 年，校核 300 年	945
106	山西省	龙丽河水库	长治市壶关县/龙丽河	1958 ~ 1964 年	795	均质碾压土坝	设计 50 年，校核 300 年	600
107	山西省	秦山水库	晋中市昔阳县/巴洲河	1973 年	750	均质土坝	设计 50 年，校核 500 年	650

续表 1-3

序号	省别	水库名称	地理位置/河流名	建设时间	总库容（万 m^3）	坝型	洪水标准（治理前/治理后）	工程投资（万元）
108	山西省	龙山水库	忻州市繁峙县/沿口河	1958 年	690	均质土坝	设计 50 年,校核 500 年	2 467
109	山西省	下河湾水库	大同市广灵县/壶流河	1980 年	650	均质土坝	设计 20 年,校核 100 年	450
110	山西省	山南水库	阳泉市寿阳县/山南河	1974 年	637.2	均质碾压土坝	设计 30 年,校核 300 年	600
111	山西省	西河水库	长治市平顺县/西河	1976 年	602.7	均质土坝	设计 50 年,校核 500 年	1 153
112	山西省	平原水库	晋中市昔阳县/松溪河	1972 年	552	均质碾压土坝	设计 50 年,校核 100 年	600
113	山西省	北村水库	忻府区/牧马河	1974 年	491	均质土坝	设计 50 年,校核 100 年	600
114	山西省	虎山水库	繁峙县/洪水河	1959 年	461	均质土坝	设计 50 年,校核 500 年	600
115	山西省	中解水库	忻州市代县/中解河	1972 年	400	面板堆石坝	设计 30 年,校核 300 年	450
116	山西省	徐阳水库	长治市沁县/徐阳河	1959 年	357	均质土坝	设计 30 年,校核 300 年/设计 50 年,校核 500 年	1 415
117	山西省	杨家坡水库	晋中市昔阳县/松溪河	1974 年	350	土石混合坝	设计 10 年,校核 20 年	600
118	山西省	西茂河水库	代县/西茂河	1972 年	323	均质土坝	设计 50 年,校核 300 年	600
119	山西省	木瓜河三水库	朔州市山阴县/木瓜河	1961 年	262	均质土坝	设计 50 年,校核 100 年	600
120	山西省	郭家窑水库	大同县/西坪河	1977 年	250	均质土坝	设计 10 年,校核 20 年	600
121	山西省	崞阳湖水库	原平市/北桥河	1959 年	220	均质土坝	设计 50 年,校核 200 年	600
122	山西省	三泉水库	晋中市和顺县/喂马河	1978 年	214	均质土坝	设计 30 年,校核 300 年	403
123	山西省	槽化沟水库	忻州市原平市/阳武河	1971 年	196	均质土坝	设计 50 年,校核 500 年	600

续表 1-3

序号	省别	水库名称	地理位置/河流名	建设时间	总库容（万 m^3）	坝型	洪水标准（治理前/治理后）	工程投资（万元）
124	山西省	寿山水库	原平市/同河	1978 年	195.3	均质土坝	设计 30 年，校核 300 年	600
125	山西省	茹庄水库	大同县/西坪河	1975 年	183	均质土坝	设计 20 年，校核 50 年	600
126	山西省	郭家寨水库	五台县/小银河	1959 年	168	均质土坝	设计 30 年，校核 300 年	600
127	山西省	神溪水库	大同市浑源县/浑河	1972 年	160	均质土坝	设计 30 年，校核 300 年	393
128	山西省	王北尧水库	原平市/同河	1973 年	152	混合土石坝	设计 20 年，校核 100 年	600
129	山西省	南郝峪水库	晋中市昔阳县/洪水河	1974 年	140	重力墙式堆石坝	设计 50 年，校核 100 年	600
130	山西省	石亭水库	晋中市昔阳县/松溪河	1973 年	135	浆砌石重力坝	设计 20 年，校核 50 年	600
131	山西省	雍河水库	长治市长子县/雍河	1957 年	121	均质土坝	设计 30 年，校核 50 年	600
132	山西省	西坪水库	大同县/西坪河	1975 年	120	均质土坝	设计 20 年，校核 50 年	600
133	山西省	车寺水库	晋中市昔阳县/松溪河	1973 年	105	浆砌石重力坝	设计 50 年，校核 100 年	600
134	山西省	大石口水库	朔州市应县/大石峪河	1959 年	62.5	浆砌石重力拱坝	设计 20 年	600
135	河南省	柿园水库	新乡市卫辉市/卫河支流淇河	1970 年	860	浆砌石拱坝	设计 50 年，校核 200 年	868
136	河南省	长岭水库	新乡市卫辉市/卫河支流刘店河	1975 年	760	浆砌石拱坝	设计 50 年，校核 300 年	350
137	河南省	香泉水库	新乡市卫辉市/卫河支流香泉河	1969 年	552	堆石坝	设计 50 年，校核 1 000 年	868
138	河南省	红卫水库	鹤壁市淇县/卫河支流赵家渠	1976 年	370	浆砌石重力坝	设计 50 年，校核 200 年	449
139	河南省	磊口水库	安阳县/洹河支流粉红江	1973～1979 年	314.3	均质土坝	设计 50 年，校核 500 年	717
140	河南省	龙泉水库	安阳市龙安区/洹河金线河	1956 年	304	均质土坝	设计 200 年，校核 500 年	550

续表 1-3

序号	省别	水库名称	地理位置/河流名	建设时间	总库容（万 m^3）	坝型	洪水标准（治理前/治理后）	工程投资（万元）
141	河南省	北采桑水库	安阳市林州市/卫河洹河支流	1958 年	285	均质土坝	设计 30 年，校核 500 年	980
142	河南省	石桥水库	鹤壁市浚县/卫河支流蒋村河	1959 年	284	土石坝	设计 100 年，校核 500 年	1 300
143	河南省	部落水库	汤阴县/卫河水系汤河		280	浆砌石溢流坝	设计 20 年，校核 50 年	852
144	河南省	杨邑水库	鹤壁市鹤山区/卫河支流汤河支流	1958 年	236	均质土坝	设计 100 年，校核 500 年	700
145	河南省	石门翁水库	安阳市安阳县/安阳河粉红江支流	1957 年	183	均质土坝	设计 50 年，校核 500 年	600
146	河南省	罗圈水库	安阳市林州市/淇河支流淅河支流	1958 年	160	均质土坝	设计 50 年，校核 300 年	1 500
147	河南省	后庄水库	新乡市卫辉市/卫河支流刘店河	1974 年	140	砌石拱坝	设计 30 年，校核 300 年	740
148	河南省	夏庄水库	鹤壁市浚县/卫河支流砾礓河	1977 年	135	均质土坝	设计 100 年，校核 500 年	604
149	河南省	何坟水库	安阳县伦掌乡/洹河粉红江	1958 年	125	均质土坝	设计 50 年，校核 300 年	950
150	河南省	团结水库	安阳市林州市/淇河	1981 年	117	浆砌石坝	设计 50 年，校核 200 年	948
151	河南省	龙宫水库	鹤壁市鹤山区/卫河安阳河支流	1958 年	100	均质土坝	设计 50 年，校核 300 年	600
152	内蒙古自治区	韩庆坝水库	乌兰察布市察右前旗/内陆河流域泉玉林河	1957 年	222	均质土坝	设计 20 年，校核 100 年	500
153	内蒙古自治区	永丰水库	锡盟太仆寺旗/内陆河马坊子沟	1958 年	265	均质土坝	设计 20 年，校核 100 年	547
154	内蒙古自治区	边丰水库	乌兰察布市凉城县/内陆河流域岱海水系	1973 年	280	黏土心墙坝	设计 50 年，校核 500 年	1 500

第三节　病险水库的基本情况

海河流域 256 座病险水库,总库容约为 152.21 亿 m^3。水库基本位于西部山区或丘陵区,平原区水库仅 9 座,约占病险水库总数的 3.5%。山区水库的工程任务基本上是以防洪灌溉为主,兼顾发电、供水、水产养殖;或以防洪为主,兼顾灌溉、发电、供水、水产养殖。据 78 座大、中型水库统计,兼有发电任务的仅 29 座,占 37.2%,且电站装机规模一般不超过 50 MW,为季节性电站,采用先发电后灌溉的运用方式。兼有供水任务的 25 座,占 32.1%。一般是向城镇供水。平原水库工程任务则以蓄水、供水为主,有的兼顾防洪。

海河流域病险水库拦河坝坝型几乎都是当地材料坝,大、中型病险水库中只有大黑汀水库、恒山水库和响水铺水库为混凝土坝。当地材料坝又以土石坝最多,大、中型病险水库 102 座,土石坝 89 座,占 87.3%,重力坝、拱坝、连拱坝 13 座,占 12.7%。表 1-4 列出了拦河坝为重力坝、拱坝、连拱坝的水库名称及基本情况。

表 1-4　大、中型病险水库拦河坝为非土石坝坝型工程一览

序号	水库名称	省别	建设年代	总库容（万 m^3）	工程等别/建筑物级别	坝型	坝高（m）
1	大黑汀水库	部属	1973 ~ 1986 年	33 700	Ⅱ等/2 级	低宽缝混凝土重力坝	52.8
2	朱庄水库	河北	1971 ~ 1978 年	41 620	Ⅱ等/2 级	混凝土浆砌石重力坝	95
3	野沟门水库	河北	1966 ~ 1986 年	5 040	Ⅲ等/3 级	支墩连拱坝、浆砌石重力坝	41.6
4	东石岭水库	河北	1969 年	6 840	Ⅲ等/3 级	浆砌石单曲重力拱坝	82.2
5	响水铺水库	河北	1972 年	5 750	Ⅲ等/3 级	混凝土坝	25.5
6	水胡同水库	河北	1969 年	4 308	Ⅲ等/3 级	浆砌石单曲拱坝	46.67
7	口上水库	河北	1966 年	3 208	Ⅲ等/3 级	浆砌石重力坝	81.7
8	青塔水库	河北	1970 年	1 271	Ⅲ等/3 级	浆砌石单曲拱坝	61.6
9	大石门水库	山西	1959 年	1 319	Ⅲ等/3 级	重力坝	
10	恒山水库	山西	1959 ~ 1960 年	1 158	Ⅲ等/3 级	混凝土双曲薄拱坝	69
11	三郊口水库	河南		3 102	Ⅲ等/3 级	浆砌石重力拱坝	60.4
12	石门水库	河南	1958 ~ 1964 年	1 112	Ⅲ等/3 级	浆砌石重力坝	55.5
13	马鞍石水库	河南		1 033	Ⅲ等/3 级	浆砌石单曲拱坝、溢流坝、重力坝	65.1

154 座小型病险水库中当地材料坝为 152 座,占 98.7%,只有河北省张家口地区的常峪口水库和海儿洼水库两座小(2)型水库拦河坝为钢筋混凝土双曲拱坝,占小型病险水库的 1.3%。当地材料坝中土石坝 124 座,占 80.5%,重力坝、拱坝、连拱坝 30 座,占 19.5%。除上述两座为钢筋混凝土坝外,筑坝材料均为浆砌石。

拦河坝为土石坝的水库,枢纽建筑物组成一般有拦河坝、溢洪道(或泄洪冲沙洞)、输

(放)水洞(管),部分水库有电站厂房;拦河坝为重力坝、拱坝、连拱坝的水库,枢纽建筑物组成一般有挡水坝、溢流坝(或溢洪道)、泄洪冲沙洞、灌溉发电引水洞及电站厂房。

海河流域病险水库大部分修建于20世纪50年代末至70年代中期这一特殊的历史时期,且80%～90%为修建在土基上的土石坝,因此其病险情况主要表现为防洪标准偏低、渗漏问题突出、坝体及泄洪建筑物破损严重、金属结构及机电设备老化失修,不能正常使用。据不完全统计,22座大型病险水库中,防洪标准不能满足规范要求的有11座,占50%;有渗漏问题的18座,占81.8%;坝体结构及泄洪建筑物破损严重的有21座,占95.5%;金属结构及机电设备老化失修,不能正常使用的有21座,占95.5%。80座中型病险水库,防洪标准偏低的有36座,占45.0%,有渗漏问题的54座,占67.5%,坝体结构及泄洪建筑物破损严重的67座,占83.8%,金属结构及机电设备老化失修,不能正常使用的59座,占73.8%。

第四节　病险水库治理资金筹措

海河流域病险水库除险加固工程概算投资约64.25亿元,其中大型病险水库29.38亿元,中型病险水库25.09亿元,小型病险水库9.78亿元。治理资金由受益地区承担,中央给予财政补助。考虑到各地区经济发展水平及资金配套能力,对不同地区大、中型病险水库治理中央补助资金比例有所不同。北京市中央未给补助资金;天津市后期治理的病险水库中央补助比例为1/3;河北省、河南省为中部地区,中央财政补助比例为1/2;山西省东部地区经济状况相对较好,中央财政补助比例为1/2,山西省西部地区及内蒙古自治区按西部地区补助标准执行,补助比例为2/3。小型病险水库治理资金包干使用,每座水库中央补助250万元。地方负责筹措除中央补助外所需资金,一般按不同比例,由省、市(地)、县三级负责筹措。

第五节　病险水库除险加固工程初步设计及审批

病险水库初步设计是以水库安全鉴定结论意见为依据,根据结论意见拟定治理的工程措施。病险水库治理的洪水标准须满足《水利水电工程等级划分及洪水标准》(SL 252—2000)的规定,建筑物设计则需满足水利部颁布的水利水电建筑物设计规范的要求。初步设计不改变工程等别及建筑物级别,不增加兴利库容,同时根据水库淤积情况一般预留20～30年的淤积库容。

大、中、小型病险水库除险加固工程初步设计审批实行分级负责制。大(1)型水库由水利部委托水利水电规划设计总院审查,水利部批复;大(2)型水库及中型水库由各省水利厅组织审查,海河水利委员会组织审查复核,提出复核意见,各省水利厅根据复核意见予以批复,上报水利部备案。小型水库由各省水利厅组织审查批复。

据不完全统计,2002～2008年,海河水利委员会审查复核91座病险水库初步设计报告,其中大(2)型水库12座,中型水库79座。

第六节　病险水库治理工程建设

一、机构设置

根据水库分级管理有关规定，由水行政主管部门负责组建项目法人组织机构，即工程建设处或工程建设管理局。内设工程科、财务科、综合科、质量与安全科等。建设单位成立后，积极开展筹备工作，协调各方关系。工程建设期间主要工作是负责除险加固工程建设，定期召开例会，解决水库建设重大事项及施工协调工作等。

二、严格实行工程招投标及监理制度

由建设管理单位委托有资质的招标代理作为施工招标代理，根据批准的施工招标范围、招标组织形式和招标方式，按照工程招投标程序进行公开招标。经资格审查和择优评比，选定中标单位，并签订《水库除险加固工程施工合同协议书》。

监理单位也是通过公开招标择优选定，以确保管理工作能顺利进行。

三、合同管理

工程建设涉及的合同及协议类型主要有勘测设计合同、工程检测合同、施工合同、委托监理合同、委托招标代理合同、水土保持方案编制及水土保持工程勘测设计合同、环境监测工程合同、移民征地及迁赔协议书等。由工程项目部内部的计划财务科监督执行。

四、资金管理与合同价款结算

财务部门依据财政部、水利部《水利基本建设资金管理办法》及各省有关基本建设财务管理办法等相关规定管理和使用资金。一般按要求在财政支付中心设置账户，单独管理和核算建设资金。

价款结算以工程进度月报完成的工程实物工程量及工程质量为依据，由工程监理单位审核后上报工程项目部，工程项目部进行复核，上报主管领导审查签字，通过计划财务部按合同要求，按时结算，以确保工程如期按计划实施。

五、工程质量

为了保证施工质量，实行项目法人负责，监理单位控制，施工单位保障和政府监督相结合的质量管理体制。参建各方都建立了相应的质量管理机构，配备了质量管理员，制定了管理制度，通过各种监督、检查、检测对施工过程和工程质量进行控制。实行“三方联检，质监部门适时抽查”制度，对不合格工程不予验收和进行价款支付。

六、工程质量评定与验收

按《水利水电建设工程验收规程》(SL 223—1999)，结合工程实际，将水库除险加固工程划分为若干个单位工程、若干个分部工程、若干个单元工程。对已完成工程的原材料

和工程实体按规定进行检测,质量合格方可使用。

对单元工程、分部工程、单位工程分别进行检测与质量评定。对工程的主要部分及重要隐蔽工程都要由建设单位、设计单位、监理单位、质量监督和施工单位组成验收组联合进行验收与质量评定。

七、工程建设档案

按照水利工程建设档案管理的要求,明确专门的档案管理工作人员对工程档案进行统一管理,在建设过程中不断整改、完善档案的接收、整理、修改补充、保管、借阅、统计工作。一般要包括前期工作卷、工程建设管理资料卷、合同协议书资料卷、招投标文件卷、监理材料卷等。所有工程建设的档案,工程验收时工程档案也需验收,并随工程一起移交工程管理单位。

八、工程验收与移交

除险加固工程完工后,需按水利部《水利水电建设工程蓄水安全鉴定暂行办法》,由建设单位委托有资质的单位对工程进行蓄水安全鉴定,提交《水库除险加固工程蓄水安全鉴定报告》作为蓄水安全验收依据,进行蓄水安全验收。在安全蓄水一年之后再组织竣工验收,验收合格后,将工程移交给管理单位进行正常的运行管理。

第二章　病险水库存在的主要问题

第一节　防洪标准低

一、防洪能力复核概况

病险水库的除险加固工程是在工程现状情况下，采用经过重新复核以后的洪水成果和预测的库容曲线，进行水库的调洪演算，检验水库的防洪能力是否达到国家要求的防洪标准。若不达标，则必须采取措施，务求达标。

据统计，此阶段处理的病险水库有大(1)型水库6座，即岳城、岗南、黄壁庄、王快、西大洋、于桥；大(2)型水库16座，即大黑汀、北大港、团泊、朱庄、安各庄、横山岭、庙宫、临城、龙门、友谊、口头、云州、册田、关河、后湾、小南海；中型水库80座(其中4座为平原水库)和小(1)型水库154座。经复核，防洪能力不能满足国家标准要求的情况还是不少的。

(一)大(1)型水库

除于桥水库外，其余5座水库防洪能力都不能满足国家标准要求。其中，岗南水库仅500年一遇，黄壁庄水库为1 000年一遇，王快水库为1 000年一遇，西大洋水库为2 000年一遇，岳城水库为1 850年一遇。此次除险加固后，岗南、黄壁庄、王快、西大洋四座水库都能防御10 000年一遇洪水，达到国家规范规定的防洪标准。而岳城水库由于工程占地和移民安置难度较大，此次主要解决工程质量问题，防洪能力只能达到水利部颁布的近期非常运用2 000年一遇洪水标准。

(二)大(2)型水库

16座病险水库中，防洪能力不满足国家规定标准者7座，即安各庄、临城、龙门、友谊、册田、关河、后湾。其中，安各庄水库为1 000年一遇，临城水库为1 500年一遇，龙门水库不足100年一遇，友谊水库(不详)、册田水库为50年一遇，关河水库为500年一遇，后湾水库为1 000年一遇。此次除险加固之后都已达到国家规定的防洪标准。

(三)中型水库

现在掌握资料的76座以防洪为主的中型水库，其中防洪能力不满足国家标准者38座，占50%，此次除险加固后都已达到国家规定的防洪标准。

(四)小(1)型水库

现有残缺不全的资料者仅39座，其中防洪能力未达国家标准者28座，都是原设计时防洪标准就偏低，占70%。此次除险加固后全部达到了国家规定的防洪标准。

二、防洪标准低的原因分析

(一)我国各时期采用的防洪标准不同

1. 我国历次颁布的水利水电枢纽工程洪水标准

1959 年以来我国七次颁布水利水电工程设计的洪水标准,即:1959 年标准;1961 年标准;1964 年标准;1978 年 9 月 12 日颁布的《水利水电枢纽工程等级划分及设计标准》(SDJ 12—78)(试行);1990 年颁布的 SDJ 12—78 补充规定;1994 年颁布了强制性国家标准《防洪标准》(GB 50201—94),自 1995 年 5 月 1 日起施行。

2000 年 7 月 13 日水利部发布《水利水电工程等级划分及洪水标准》(SL 252—2000),自 2000 年 8 月 1 日实施至今。

各次颁布的标准以及 1959 年以前采用的标准详见表 2-1,从表中可以看出:

(1)我国在 1961 年以前基本是等同采用苏联的洪水标准。1961 年颁布的标准,对 2 ~4 级建筑物的洪水标准给出了一个幅度,下限维持原标准,上限有较大幅度的提高;对 5 级建筑物的洪水标准有较大幅度的提高。

(2)我国在 1978 年以前采用的校核洪水(或非常运用洪水)标准没有区分筑坝的材料种类。山区、丘陵区河流较窄,洪水峰高量大,时段变化也大,不同坝型抗御洪水能力不同,如土坝、干砌石坝、堆石坝等没有胶结材料的坝型,洪水漫顶极易引发垮坝事故,其校核洪水(或非常运用洪水)标准应高一些;混凝土、浆砌等有胶结材料的坝型,在洪水适当漫顶时不会造成垮坝事故,其校核洪水(或非常运用洪水)标准应相对地低一些。所以,SDJ 12—78 标准及其以后版本的标准,都按不同的筑坝材料分别规定了不同的校核洪水(或非常运用洪水)标准。例如 2 级建筑物校核洪水(非正常运用洪水)重现期,1978 年以前为 1 000 年,而 SDJ 12—78 标准规定,土石坝型为 2 000 年,混凝土、浆砌石坝型仍为 1 000 年。

(3)综观 60 年来不同时期采用的洪水标准,以校核洪水(或非常洪水)标准的变化较突出,总的趋势是逐步提升的,尤其是土、石材料坝提升的幅度较大。3 ~5 级建筑物洪水标准提升的幅度较大,例如 3 级建筑物的洪水标准在 20 世纪 50 年代采用的校核洪水重现期是 200 年,1978 年采用的标准 SDJ 12—78 规定,土石坝型是 1 000 年,混凝土、浆砌石坝型为 500 年。到 1994 年 GB 50201—94 和 2000 年 SL 252—2000 标准规定,土石坝型是 2 000 ~1 000年,混凝土、浆砌石坝型是 1 000 ~500 年,详见表 2-1。

2. 我国水利水电枢纽工程始建情况及采用的洪水标准对工程安全的影响

如前所述,综观 60 年间我国所采用的水利水电枢纽工程洪水标准,对大(1)型工程(即 1 级建筑物)的影响不大,而对大(2)型、中型及小型工程(即 2 ~5 级建筑物)的影响比较大。

据不完全统计,海河流域约 70% 的大型(即 1、2 级建筑物)水利水电枢纽工程始建于 20 世纪 50 年代后期;中型(即 3 级建筑物)水利水电枢纽工程始建于 20 世纪 50 年代后期的约占 50%,始建于六七十年代的约占 40%;小(1)型(即 4 级建筑物)工程始建于 50 年代后期的约占 30%,始建于 60 年代、70 年代的分别约占 10%、50%。始建时所采用的洪水标准比后来所应执行的标准低(或低得较多)是工程不安全的重要因素之一。

(1)册田水库:位于山西省大同市境内桑干河干流上的大(2)型水利枢纽工程,始建于 1958 年,为均质土坝,2 级建筑物,总库容 5. 8 亿 m^3。建库时执行的洪水标准为:设计

表 2-1　我国各时期采用的洪水标准

标准	筑坝材料	建筑物级别					建筑物级别				
		1	2	3	4	5	1	2	3	4	5
		设计(正常运用)洪水重现期(年)					校核(非常运用)洪水重现期(年)				
苏 TOCT 3999—48	各种材料	1 000	100	50	20	10	10 000	1 000	200	100	20
1955 年苏建法规	各种材料	1 000	100	50	20		10 000	1 000	200	100	
1959 年标准	各种材料	1 000	100	50	20	—	10 000	1 000	200	100	
1961 年标准	各种材料	1 000	500 ~ 100	100 ~ 50	50 ~ 20	20	10 000	2 000 ~ 1 000	1 000 ~ 300	300 ~ 100	100
1964 年标准	各种材料	1 000	100	50	20	10	10 000	1 000	500	200	100
《水利水电枢纽工程等级划分及设计标准》(SDJ 12—78)	土、石	2 000 ~ 500	500 ~ 100	100 ~ 50	50 ~ 30	30 ~ 20	10 000	2 000	1 000	500	300
	混凝土、浆砌石						5 000	1 000	500	300	200
SDJ 12—78 补充规定	土、石	500	100	50	30	20	10 000 或 PMF	2 000	1 000	500	200
	混凝土、浆砌石						5 000	1 000	500	200	100
《防洪标准》(GB 50201—94)	土、石	1 000 ~ 500	500 ~ 100	100 ~ 50	50 ~ 30	30 ~ 20	PMF 或 10 000 ~ 5 000	5 000 ~ 2 000	2 000 ~ 1 000	1 000 ~ 300	300 ~ 200
	混凝土、浆砌石						5 000 ~ 2 000	2 000 ~ 1 000	1 000 ~ 500	500 ~ 200	200 ~ 100
《水利水电工程等级划分及洪水标准》(SL 252—2000)	土、石	1 000 ~ 500	500 ~ 100	100 ~ 50	50 ~ 30	30 ~ 20	PMF 或 10 000 ~ 5 000	5 000 ~ 2 000	2 000 ~ 1 000	1 000 ~ 300	300 ~ 200
	混凝土、浆砌石						5 000 ~ 2 000	2 000 ~ 1 000	1 000 ~ 500	500 ~ 200	200 ~ 100

(正常运用)洪水重现期为100年、校核(非常运用)洪水重现期为1 000年。而SDJ 12—78规定,设计(正常运用)洪水的重现期为500～100年、校核(非常运用)洪水的重现期为2 000年。到1994年以后至今所采用的GB 50201—94和SL 252—2000,又将土石坝校核(非常运用)洪水的重现期提高为5 000～2 000年。

关河水库(位于山西省武乡县境内浊漳河北源上,总库容1.41亿 m^3,均质土坝)、后湾水库(位于山西省襄垣县境内浊漳河西源上,总库容1.30亿 m^3,均质土坝)、安各庄水库(位于河北省易县境内中易水河上,总库容3.09亿 m^3,土石坝)、临城水库(位于河北省临城境内的泜阳河支流上,总库容1.71亿 m^3,黏土斜墙坝)、龙门水库(位于河北省满城县境内漕河上,总库容1.27亿 m^3,均质土坝)等大(2)型(2级建筑物)水利枢纽工程的始建年代和所采用洪水标准情况与册田水库相同。

(2)乱木水库:位于河北省临城县境内的子牙河支流泜河上的中型水利枢纽工程,始建于1959年,均质土坝,为3级建筑物,总库容1 410万 m^3。

当时执行的洪水标准是:设计(正常运用)洪水重现期为50年,校核(非常运用)洪水重现期为200年;到1978年9月12日颁布的标准SDJ 12—78,设计(正常运用)洪水重现期是100～50年,校核(非常运用)洪水重现期是1 000年,而按现在执行的1994年颁布的标准GB 50201—94和2000年的标准SL 252—2000,该工程设计(正常运用)洪水重现期是100～50年,校核(非常运用)洪水重现期为2 000～1 000年。

黄盖淖水库(位于河北省张北县境内的黑水河上,总库容9 900万 m^3,均质土坝)、闪电河水库(位于河北省沽源县境内滦河支流上,总库容4 260万 m^3,土坝)、大清沟水库(位于河北省尚义县境内的大清沟河上,总库容1 392万 m^3,均质土坝)、马头水库(位于河北省易县境内北易水支流上,总库容1 000万 m^3,黏土斜墙沙砾石坝)、云竹水库(位于山西省榆社县境内的云竹河上,总库容8 725万 m^3,土坝)、石闸水库(位于山西省左权县境内的清漳河西源上,总库容6 400万 m^3,黏土斜墙坝)、陶清河水库(位于山西省长治县境内浊漳河南源上,总库容3 432万 m^3,均质土坝)、郭庄水库(位于山西省昔阳县境内的松溪河上,总库容2 165万 m^3,均质土坝)等众多中型水利枢纽工程始建于1957～1959年,当时所采用洪水标准以及与现在所执行洪水标准的差距和乱木水库情况相同。

(3)孤峰山水库:位于山西省大同市天镇县境内的永定河二级支流上的中型水利枢纽工程始建于1975年,黏土斜墙坝,是3级建筑物,总库容2 115万 m^3。

该项工程始建时采用的是1964年洪水标准,设计(正常运用)洪水重现期是50年,校核(非常运用)洪水重现期是500年。1964年标准低于SDJ 12—78标准、GB 50201—94标准和SL 252—2000标准,尤其是校核(非常运用)洪水标准的差距较大。所以,20世纪70年代初、中期始建的水利枢纽工程设计所采用的洪水标准也低于以后历次所颁布的洪水标准,是工程安全隐患的重要因素之一。

河北省蔚县壶流河水库(总库容8 700万 m^3,均质土坝)、河北省涞水县宋各庄水库(总库容2 270万 m^3,黏土斜墙土坝)、河北省怀安县西洋河水库(总库容1 190万 m^3,均质土坝)、山西省屯留县屯绛水库(总库容4 287万 m^3,均质土坝)、山西省繁峙县下茹越水库(总库容2 869万 m^3,均质土坝)、山西省繁峙县孤山水库(总库容1 227万 m^3,均质土坝)、内蒙古丰镇九龙湾水库(总库容1 693万 m^3,黏土心墙土坝)等都是这类工程。

(4)河北省赤城县汤泉水库,均质土坝,总库容 800 万 m^3;灵寿县渠前沟水库,均质土坝,总库容 399 万 m^3;山西省原平市崞阳湖水库,均质土坝,总库容 220 万 m^3;内蒙古乌兰察布市察左前旗韩庆坝水库和太朴峙旗永丰水库都是均质土坝,总库容分别为 222 万 m^3 和 265 万 m^3,这些小(1)型水库工程都始建于 1957 ~ 1959 年,当时都采用苏联的洪水标准(1955 年苏建法规),Ⅳ等工程设计(正常运用)洪水和校核(非常运用)洪水的重现期分别为 20 年和 100 年,远低于 1978 年及其以后采用的洪水标准,尤其是校核(非常运用)洪水标准,SDJ 12—78 标准土石坝校核(非常运用)洪水重现期是 500 年;GB 50201—94 和 SL 252—2000 标准土石坝的校核(非常运用)洪水重现期分别是 1 000 ~500 年(详见表 2-1)。

(5)大营滩水库(位于河北省张北县,总库容 740 万 m^3,黏土心墙土坝)、横涧水库(河北省蔚县,总库容 199 万 m^3,均质土坝)、砂子洞水库(河北省灵寿县,总库容 149 万 m^3,均质土坝)、杨家坡水库(山西省昔阳县,总库容 350 万 m^3,土石混合坝)、郭家窑水库(山西省大同市,总库容 250 万 m^3,均质土坝)、茹庄水库(山西省大同县,总库容 183 万 m^3,均质土坝)、王北尧水库(山西省原平市,总库容 152 万 m^3,土石坝)、西坪水库(山西省大同县,总库容 120 万 m^3,均质土坝)以及夏庄水库(河南省浚县,总库容 135 万 m^3,均质土坝)等众多小(1)型水库工程均始建于 1971 ~ 1977 年,当时采用的是 1964 年标准,4 级建筑物设计(正常运用)洪水重现期是 20 年,校核(非常运用)洪水重现期是 200 年,均远低于 1978 年及以后历次颁布的标准 SDJ 12—78、GB 50201—94 和 SL 252—2000(详见表 2-1)。这一时期虽然也建了一些浆砌石坝,例如山西省昔阳县石亭水库(浆砌石重力坝,总库容 135 万 m^3)和车寺水库(浆砌石重力坝,总库容 105 万 m^3)以及河南省淇县红卫水库(浆砌石重力坝,总库容 370 万 m^3)和卫辉市的长岭水库(浆砌石拱坝,总库容 760 万 m^3)等,当时所采用的 1964 年标准,也低于 1978 年及以后历次颁布的洪水标准(详见表 2-1)。

(二)设计洪水成果的改变

1. 不同时期设计洪水成果的变化

海河流域大规模水库建设始于 20 世纪 50 年代。限于当时设计洪水计算依据的基础资料和技术条件,水库的设计洪水成果普遍偏小,这也是一些水库成为病险库的原因之一。海河流域设计洪水计算主要经历了以下几个阶段。

1)1963 年特大洪水以前

新中国成立初期,参照当时美国的方法,海河流域一些水利工程的设计洪水采用"实测大洪水加成"的方法,即在实测或调查的最大洪水基础上加上一个适当的百分数,作为设计标准的洪水。这种方法存在若干技术环节难以解决,如哪一量级的实测洪水可以作为计算的依据,加成的百分数如何选定等。限于资料和技术条件,所计算成果的可靠性较差。

1954 年以后,参照苏联方法,引入了频率洪水的概念,在有条件的较大河流上采用了频率计算的方法。从方法上讲,是提高了一步,但当时新中国成立后的实测水文系列还很短,新中国成立前的水文站数量少,实测水文资料质量差、残缺不全,各河流洪水的系列代表性很差,加之对频率计算方法的主要技术环节还缺乏经验,如调查洪水的引用、特大值的处理、频率曲线线型的选用、参数的合理性检查、C_s/C_v 值的确定等,同时对流域特大暴雨洪水的规律也认识不深,即使调查到特大洪水也不敢采用等因素,致使当时的设计洪水成果普遍偏小很多。以 13 座大型水库 1 000 年一遇洪峰流量为例,设计洪峰流量比较见表 2-2。

表 2-2　部分大型水库 1 000 年一遇设计洪峰流量比较(一)

水库名称	20 世纪 50 年代计算成果		20 世纪七八十年代计算成果		洪峰比值
	洪峰流量(m^3/s)	计算年份	洪峰流量(m^3/s)	计算年份	
庙宫	1 610		3 590	1985	2.23
于桥	4 860	1960	8 327	1975	1.71
怀柔	3 000	1958	5 735	1984	1.91
密云	16 300	1958	16 500	1975	1.01
官厅	8 800	1953	11 460	1981	1.30
安各庄	5 220	1960	9 630	1985	1.84
龙门	2 630	1960	8 390	1985	3.19
西大洋	13 400	1959	20 800	1985	1.55
王快	15 730	1959	23 700	1984	1.51
横山岭	4 118	1959	6 740	1984	1.64
岗南	13 630	1957	18 700	1981	1.37
黄壁庄	19 700	1957	33 900	1981	1.72
岳城	16 600	1958	22 200	1978	1.34
平均					1.72

从表 2-2 中可见,20 世纪 50 年代计算的水库设计洪水普遍偏小,13 座大型水库的 1 000年一遇设计洪峰流量平均偏小 72%,相差最大的差 200%多。

1956 年 8 月汛期海河流域的大清河、子牙河和漳卫河系发生了一场大暴雨洪水,滹沱河黄壁庄站 8 月 4 日实测洪峰流量达 13 100 m^3/s,超过了当时进行流域规划采用的 1 000年一遇洪峰流量 12 600 m^3/s。这使有关人员对海河流域的暴雨洪水有了新的认识,开始重视在设计洪水中考虑历史洪水问题。但由于对历史洪水及其相应重现期的定量研究深度还不够,还具有较大的局限性,出现了在同一条河流的同一地点,对同一场历史洪水进行多次调查,虽然各次调查洪水痕迹相差不多,但计算出的洪峰流量往往相差较大。主要原因是对特大洪水时河道糙率的选取缺乏经验,并存在一定的保守心理,这个时期的历史洪水调查成果一般偏低。以滹沱河界河铺、黄壁庄两站几次调查洪水成果为例,20 世纪 70 年代成果比 50 年代成果增大了 1 倍甚至 2 倍以上,见表 2-3。

表 2-3　滹沱河界河铺、黄壁庄调查洪水成果比较

调查地点	调查洪峰流量(m^3/s)		调查年份	调查单位
	1853 年洪水	1929 年洪水		
界河铺		680	1953	河北省水利厅
		1 300	1955	水利电力部北京勘测设计院
		1 300	1959	河北省石家庄地区水文分站
		2 200	1977	河北省水利厅勘测设计院
黄壁庄	9 000		1955	水利电力部北京勘测设计院
	16 000 ~ 18 000		1965	水利电力部海河勘测设计院
	18 300		1977	河北省水利厅勘测设计院

在 20 世纪 50 年代中后期,水利电力部发动各省编制了年最大 1 d、最大 3 d 设计暴雨参数等值线图,同时开展了“推理公式”的研究工作。这为许多缺乏水文资料的中小流

域上的水库工程采用设计暴雨推算设计洪水的方法提供了较好的依据。这一时期,结合我国洪水资料的实际情况,对频率曲线的线型进行了研究,国内开始统一采用皮尔逊(P－Ⅲ)型频率曲线作为理论频率曲线。流域内各省也从50年代末期开始广泛地研究编制《水文手册》和《水文图集》,主要采用分析调查和实测洪水资料给出区域经验公式,还有的省结合当地实测资料,反推出“推理公式”中的有关参数,并分析参数的地区规律,给出查算图表。这些都对提高无资料地区设计洪水计算成果的可靠性起到了有益的作用。

2)1963年特大洪水以后

1963年8月海河流域出现了著名的“63·8”特大暴雨洪水,有关设计单位对大中型水库的设计洪水成果进行了全面复核。由于本流域海河南系已考虑了1956年洪水和历史调查洪水,复核结果并未普遍变动。黄壁庄水库由于修改了历史调查洪水,故设计洪水成果增大。

1964年水利电力部编制了《水工建筑物设计洪水计算规范》(草案),为各水电设计部门提供了技术依据,从而使多数工程的洪水计算成果相对合理,设计洪水成果比较稳定。自20世纪60年代以来,由于重视了历史调查洪水和历史文献的调查考证工作,增加了设计洪水成果的稳定性。以12座大型水库1 000年一遇洪峰流量为例,60年代与七八十年代成果比较见表2-4,其比值多为0.9～1.2。

表2-4 部分大型水库1 000年一遇设计洪峰流量比较(二)

水库名称	20世纪60年代计算成果		20世纪七八十年代计算成果		洪峰比值
	洪峰流量(m^3/s)	计算年份	洪峰流量(m^3/s)	计算年份	
于桥	8 340	1965	8 327	1975	1.00
怀柔	4 800	1963	5 735	1984	1.19
密云	15 900	1962	16 500	1975	1.04
官厅	11 000	1965	11 460	1981	1.04
安各庄	10 300	1968	9 630	1985	0.93
龙门	7 980	1968	8 390	1985	1.05
西大洋	19 600	1970	20 800	1985	1.06
王快	24 600	1970	23 700	1984	0.96
横山岭	7 300	1970	6 740	1984	0.92
岗南	14 200	1965	18 700	1981	1.32
黄壁庄	23 400	1965	33 900	1981	1.45
岳城	19 300	1964	22 200	1978	1.15

1975年8月淮河上游发生了“75·8”特大暴雨洪水,水电部再次提出进行水库防洪安全复核。海河流域采用了多种方法对水库的设计洪水成果进行了论证比较。对流域暴雨特性、大气环流形势、天气系统等进行了普查和分析,对流域下垫面特征、自然地理条件等也进行了深入的研究,并对单站的不同频率洪水、历史洪水、可能最大暴雨和洪水在地区上进行了综合平衡分析工作,从而消除和调整了个别数据的不合理现象,提高了设计洪水成果的可靠性。

在淮河“75·8”特大暴雨洪水发生以后,各大中型水库都进行了可能最大洪水的计算,同时各省市编制了“可能最大24小时暴雨等值线图”及“中小流域设计洪水查算图表”。通过这一阶段工作,广大水文工作者更重视了对暴雨成因和机制的研究,推动了水文、气象两门科学的相互渗透。

3)20 世纪 80 年代以来

海河流域 20 世纪 50 ~60 年代处于丰水段,上述设计洪水计算方法和思路,大都把重点放在了频率曲线的"头部",即对大洪水进行重点分析和考证,这无疑是抓住了影响设计洪水可靠性的重点。七八十年代以来,海河流域出现了比较长时期的枯水段,各河系代表站 1980 年以来洪水发生情况统计见表 2-5。

表 2-5　部分站 1980 年以来洪水情况统计

序号	河系	代表站	1980 年以来洪水情况
1	北三河	潮白河密云水库	洪峰流量大于均值(1 380 m^3/s)的洪水有 1982 年、1985 年、1991 年、1994 年、1997 年、1998 年 6 次,其中最大洪峰流量为3 670 m^3/s,约为 10 年一遇
2	永定河	官厅水库	1980 年以来发生的洪峰流量均小于均值
3	大清河	北支的张坊站	洪峰流量大于均值的洪水仅有 1996 年洪水,洪峰流量为 1 751 m^3/s,约为 5 年一遇;另有 1988 年洪水,洪峰流量略小于均值
4	子牙河	滹沱河岗南水库	洪峰流量大于均值的洪水有 1988 年、1995 年、1996 年、1999 年 4 次,其中最大洪峰流量为 7 880 m^3/s,约为 50 年一遇
5	漳卫河	漳河岳城水库	洪峰流量大于均值的洪水有 1982 年、1988 年、1993 年、1996 年 4 次,其中最大洪峰流量为 9 000 m^3/s,约为 30 年一遇

根据有关单位对部分水库设计洪水的复核结果表明,洪水系列延长后,有均值减小和 C_v 增大的趋势。20 世纪七八十年代成果与近期复核成果比较,以 7 座大型水库 1 000 年一遇、10 年一遇洪峰流量为例,见表 2-6,大洪水差别较小,1 000 年一遇洪峰流量比值多为 0.9 ~1.0;小洪水长系列成果一般偏小略多,10 年一遇洪峰流量比值多为 0.86 ~0.99。

表 2-6　部分大型水库 1 000 年一遇、10 年一遇设计洪峰流量比较

水库名称	20 世纪七八十年代计算成果			近期复核成果			0.1% 洪峰比值	10% 洪峰比值
	0.1% 洪峰流量(m^3/s)	10% 洪峰流量(m^3/s)	计算年份	0.1% 洪峰流量(m^3/s)	10% 洪峰流量(m^3/s)	计算年份		
云州	7 740	1 040	1985	7 480	998	2005	0.97	0.96
密云	16 500	4 059	1975	15 800	3 480	2008	0.96	0.86
官厅	11 460	2 922	1981	11 500	2 710	2008	1.00	0.93
岗南	18 700	3 746	1981	17 500	3 470	2008	0.94	0.93
黄壁庄	33 900	5 639	1981	30 500	5 590	1998	0.90	0.99
临城	3 810	634	1984	3 770	627	2003	0.99	0.99
岳城	22 200	5 385	1978	21 200	4 700	2008	0.95	0.87

应当看到,新中国成立初期的水文系列不但太短,而且大小洪水都缺,系列的代表性很差。随着资料的不断积累,系列中一定量级大、小洪水的出现,使考虑了调查历史洪水后的系列代表性明显改善,频率曲线的头部、尾部基本得到控制,设计洪水成果的可靠性和稳定性得到了提高。

4)设计洪水计算的经验

洪水频率计算是以样本代表总体的一种带有展望性的推算方法,要以有限长的资料系列(如30~40年),推算1 000年、10 000年一遇的设计值,因此要求采用的计算系列有足够的代表性,才能得出稳定、可靠的计算成果。系列代表性好坏到底如何评定,目前尚无公认的方法,一般要满足以下两点:一是要有足够长的系列,规范规定至少要不少于30年,但因本流域设计洪水的 C_v 值较大,居全国之首,因此要有更长的系列才行;二是系列中丰、平、枯都应占有一定比重,而且丰水要达到一定的量级(如200~300年一遇的量级)。本流域广泛开展的历史洪水调查和考证工作,就是使采用系列达到以上要求的重要手段,因为客观上不能等待洪水系列的天然增长,而调查历史洪水基本能查清过去百年甚至几百年时段内大洪水发生的时间和量级等的变化情况,实践证明这种办法是非常有效的。

当洪水系列中出现了特大洪水时,通过考证查清其重现期同样显得非常重要。限于条件,在个别河流上既没有实测大洪水,又没有调查到的历史大洪水时,也要考虑采用相邻、相似流域的大洪水移植及统计参数的区域平衡等手段加以弥补。

此外,单站洪水频率计算成果难免带有相当的偶然误差,在深入分析流域暴雨的时间、空间分布规律和流域下垫面特性的基础上,对统计参数进行区域上和不同时段的合理性检查,是改善单站系列代表性的重要措施。

2. 工程实例

以海河流域建设较早的大型工程西大洋水库、王快水库、黄壁庄水库和岳城水库为例,说明不同年代分析计算的设计洪水成果的差别。

1)西大洋水库设计洪水复核情况

西大洋水库位于大清河南支唐河出山口处,初步设计的设计洪水由河北省勘测设计院于1959年4月完成,使用的资料系列为1939年、1952~1958年共8年,其中最大的1939年洪水的调查洪峰流量为13 200 m^3/s,洪水的重现期按165年考虑。

1970年5月,水库续建指挥部进行续建初步设计,洪水系列延长到了1969年共19年,1939年历史洪水的重现期按88~169年考虑。

1985年2月,河北省勘测设计院完成西大洋水库的加固规划,洪水系列延长到了1982年共32年,1939年历史洪水的重现期按182~189年考虑。

2002年12月,水利部河北省水利水电勘测设计研究院编制了《西大洋水库除险加固工程初步设计报告》,将洪水系列延长到了1997年,1939年历史洪水的重现期按197~204年考虑。因复核结果与1985年审查过的设计洪水成果差别不大,因此仍采用1985年成果。各次分析计算的设计成果见表2-7。

与1985年成果比较,1959年设计洪水100年一遇、1 000年一遇和10 000年一遇洪峰流量偏小5 050~7 400 m^3/s,偏小20%~82%;年最大6天时段洪量偏小7.09亿~13.13亿 m^3,偏小82%~173%。1970年设计洪水100年一遇、1 000年一遇和10 000年一遇洪峰流量偏小 400 ~ 2 100 m^3/s,偏小 4% ~ 7%;年最大 6 天时段洪量差 -0.2 亿 ~ 1.1 亿 m^3,相差 -2% ~ 4%,见表 2-8。

表 2-7　西大洋水库设计洪水复核情况　(单位:流量,m^3/s;洪量,亿 m^3)

项目		频率线型	系列长度	均值	C_v	C_s/C_v	0.01%	0.10%	1%
1959 年 4 月初步设计	Q_m	K - M	8 年	1 336	1.0	6	25 250	13 400	6 490
	W_6			0.845	1.0	6	15.97	8.45	4.11
1970 年 5 月续建初设	Q_m	P - Ⅲ	19 年	1 580	1.45	2.5	28 200	19 600	11 400
	W_6			1.65	1.4	2.5	28.0	19.5	11.4
1985 年 2 月加固规划	Q_m	P - Ⅲ	32 年	1 530	1.55	2.5	30 300	20 800	11 800
	W_3			1.1	1.7	2.5	25.1	17.0	9.37
	W_6			1.4	1.6	2.5	29.1	19.9	11.2
2002 年 12 月除险加固	Q_m	P - Ⅲ	47 年	1 450	1.6	2.5	30 130	20 600	11 590
	W_3			1.05	1.75	2.5	25.07	16.91	9.24
	W_6			1.25	1.6	2.5	25.97	17.75	9.99

表 2-8　西大洋水库设计洪水比较　(单位:流量,m^3/s;洪量,亿 m^3)

项目		设计值之差			设计值相对之差		
		0.01%	0.10%	1%	0.01%	0.10%	1%
1985 年与 1959 年相比	Q_m	5 050	7 400	5 310	20%	55%	82%
	W_6	13.13	11.45	7.09	82%	136%	173%
1985 年与 1970 年相比	Q_m	2 100	1 200	400	7%	6%	4%
	W_6	1.1	0.4	-0.2	4%	2%	-2%
1985 年与 2002 年相比	Q_m	-170	-200	-210	-1%	-1%	-2%
	W_3	-0.03	-0.09	-0.13	0	-1%	-1%
	W_6	-3.13	-2.15	-1.21	-11%	-11%	-11%

2002 年复核成果与 1985 年成果比较,2002 年设计洪水 100 年一遇、1 000 年一遇和 10 000 年一遇洪峰流量减小 170 ~ 210 m^3/s,减小 1% ~ 2%;时段洪量减小 0.03 亿 ~ 3.13 亿 m^3,减小 1% ~ 11%。

2)王快水库设计洪水复核情况

王快水库位于大清河南支沙河上游,初步设计的设计洪水由河北省勘测设计院于 1959 年 4 月完成,使用的资料系列为 1923 ~ 1958 年中不连序的共 18 年。

1970 年,河北省勘测设计院完成王快水库的续建设计。洪水系列采用 1917 年调查洪水,以及 1951 ~ 1964 年 14 年系列。其中,1917 年调查历史洪水的洪峰流量为 11 700 m^3/s,实测最大的洪峰流量为 1963 年的 9 600 m^3/s。

1984 年 12 月,河北省勘测设计院完成了王快水库的加固规划,洪水系列延长到了

1982 年共 32 年，调查考证了 1917 年、1939 年历史洪水，其中以 1917 年洪水最大，其重现期为 47 ~ 66 年。

2001 年 12 月，水利部河北省水利水电勘测设计研究院编制了《王快水库除险加固工程初步设计报告》，将洪水系列延长到了 1996 年。1917 年洪水洪峰流量的重现期为 51 ~ 80 年，1939 年洪水洪峰流量的重现期为 34 ~ 49 年；1963 年洪水洪峰流量的重现期为 27 ~ 34 年，洪量的重现期为 40 ~ 56 年。因复核结果与 1984 年设计洪水成果差别不大，因此仍采用 1984 年成果。各次分析计算的设计成果见表 2-9。

表 2-9　王快水库设计洪水复核情况（单位：流量，m^3/s；洪量，亿 m^3）

项目		频率线型	系列长度	均值	C_v	C_s/C_v	0.01%	0.10%	1%
1959 年 4 月初步设计	Q_m	K－M	18 年	1 350	1.2	4	27 960	15 730	7 860
	W_6			1.62	1.1	4	28.59	16.9	8.67
1970 年续建设计	Q_m	P－Ⅲ	14 年	2 300	1.4	2	34 250	24 600	15 100
	W_3			2.12	1.5	2.5	39.88	27.6	15.8
	W_6			2.62	1.35	2.5	41.97	29.4	17.4
1984 年 12 月加固规划	Q_m	P－Ⅲ	32 年	2 000	1.45	2.28	33 800	23 700	14 050
	W_3			1.60	1.55	2.5	31.7	21.7	12.3
	W_6			2.10	1.45	2.5	37.5	26.0	15.1
2001 年 12 月除险加固	Q_m	P－Ⅲ	46 年	1 880	1.5	2.5	35 350	24 420	13 990
	W_3			1.46	1.6	2.5	30.33	20.73	11.67

与 1984 年成果比较，1959 年设计洪水 100 年一遇、1 000 年一遇和 10 000 年一遇洪峰流量偏小 5 840 ~ 7 970 m^3/s，偏小 21% ~ 79%；时段洪量偏小 6.43 亿 ~ 9.1 亿 m^3，偏小 31% ~ 74%。1970 年设计洪水 100 年一遇、1 000 年一遇和 10 000 年一遇洪峰流量偏大 450 ~ 1 050 m^3/s，偏大 1% ~ 7%；时段洪量偏大 2.3 亿 ~ 8.18 亿 m^3，偏大 11% ~ 22%。比较结果见表 2-10。

表 2-10　王快水库设计洪水比较　（单位：流量，m^3/s；洪量，亿 m^3）

项目		设计值之差			设计值相对之差		
		0.01%	0.10%	1%	0.01%	0.10%	1%
1984 年与 1959 年相比	Q_m	5 840	7 970	6 190	21%	51%	79%
	W_6	8.91	9.1	6.43	31%	54%	74%
1984 年与 1970 年相比	Q_m	－450	－900	－1 050	－1%	－4%	－7%
	W_3	－8.18	－5.9	－3.5	－21%	－21%	－22%
	W_6	－4.47	－3.4	－2.3	－11%	－12%	－13%
1984 年与 2001 年相比	Q_m	1 550	720	－60	5%	3%	－0.4%
	W_3	－1.37	－0.97	－0.63	－4%	－4%	－5%

2001 年复核成果与 1984 年成果比较,2001 年设计洪水 100 年一遇、1 000 年一遇和 10 000 年一遇洪峰流量差 -60 ~ 1 550 m^3/s,相差 -0.4% ~5%;时段洪量减小 0.63 亿 ~ 1.37 亿 m^3,减小 4% ~5%。

3)黄壁庄水库设计洪水复核情况

黄壁庄水库位于滹沱河干流,初步设计的设计洪水由北京勘测设计院于 1957 年 4 月完成,使用的资料系列为 1918 ~ 1921 年、1926 年、1927 年、1929 年、1933 ~ 1936 年、1939 年、1949 ~ 1956 年共 20 年,其中最大的 1956 年洪水洪峰流量为 13 100 m^3/s,洪水的重现期按 162 年考虑。

1965 年 8 月,海河勘测设计院完成黄壁庄水库的扩建初步设计。在初步设计的基础上,洪水系列延长到了 1963 年共 27 年,调查考证了 1794 年历史洪水,重现期为 360 年。

1981 年 1 月,河北省勘测设计院完成黄壁庄水库的加固设计。在扩建初步设计的基础上,洪水系列延长到了 1974 年共 38 年,调查考证了 1794 年、1853 年、1917 年历史洪水,其中以 1794 年洪水最大,其重现期为 188 ~ 375 年。

1994 年,河北省水利水电勘测设计院编制了《岗南、黄壁庄水库设计洪水复核报告》,将实测洪水系列延长到了 1991 年,历史洪水文献考证由 375 年延长至 392 年,历史洪水调查期也由 181 年延长到 198 年,并考虑了古洪水资料。该成果由水利部水利水电规划设计总院水规规字(1995)0009 号文批复。之后,黄壁庄水库设计洪水又进行过几次复核,因复核结果与 1995 年的审批成果差别不大,因此一直采用该成果。各次分析计算的设计成果见表 2-11。

表 2-11　黄壁庄水库设计洪水复核情况(单位:流量,m^3/s;洪量,亿 m^3)

项目		频率线型	系列长度	均值	C_v	C_s/C_v	0.01%	0.10%	1%
1957 年 4 月初步设计	Q_m	K - M	20 年	1 590	1.2	6	38 200	19 700	9 050
	W_6			2.78	1.2	6	66.7	34.4	15.8
	W_{15}			4.4	1.0	6	83.16	44.0	21.4
1965 年 8 月扩建初设	Q_m	P - Ⅲ	27 年	2 700	1.25	2.5	38 500	27 400	16 500
	W_6			4.5	1.4	2.5	76.2	53.2	31.1
	W_{15}			6.3	1.2	2.5	84.6	60.3	36.9
1981 年 1 月加固设计	Q_m	P - Ⅲ	38 年	2 400	1.5	3	50 300	33 900	18 500
	W_6			4.4	1.55	2.5	87.08	59.8	33.92
	W_{15}			6.3	1.3	2.5	95.32	67.22	40.19
1994 年复核	Q_m	P - Ⅲ	56 年	2 150	1.6	2.5	44 680	30 530	17 160
	W_6			2.9	1.7	2.5	66.18	44.84	24.71
	W_{15}			4.0	1.55	2.5	79.11	54.36	30.84

与 1981 年成果比较,1957 年设计洪水 100 年一遇、1 000 年一遇和 10 000 年一遇洪峰流量偏小 9 450 ~ 12 100 m^3/s,偏小 32% ~104%;时段洪量偏小 12.16 亿 ~ 25.40 亿

m^3，偏小 15% ~115%。1965 年设计洪水 100 年一遇、1 000 年一遇和 10 000 年一遇洪峰流量偏小 2 000 ~ 11 800 m^3/s，偏小 12% ~31%；时段洪量偏小 2.28 亿 ~ 10.88 亿 m^3，偏小 9% ~14%。比较结果见表 2-12。

表 2-12　黄壁庄水库设计洪水比较（单位：流量，m^3/s；洪量，亿 m^3）

项目		设计值之差			设计值相对之差		
		0.01%	0.10%	1%	0.01%	0.10%	1%
1981 年与 1957 年相比	Q_m	12 100	14 200	9 450	32%	72%	104%
	W_6	20.38	25.40	18.12	31%	74%	115%
	W_{15}	12.16	23.22	18.79	15%	53%	88%
1981 年与 1965 年相比	Q_m	11 800	6 500	2 000	31%	24%	12%
	W_6	10.88	6.60	2.82	14%	12%	9%
	W_{15}	10.72	6.92	3.29	13%	11%	9%
1994 年与 1981 年相比	Q_m	-5 620	-3 370	-1 340	-11%	-10%	-7%
	W_6	-20.90	-14.96	-9.21	-24%	-25%	-27%
	W_{15}	-16.21	-12.86	-9.35	-17%	-19%	-23%

1994 年复核成果与 1981 年成果比较，1994 年设计洪水 100 年一遇、1 000 年一遇和 10 000 年一遇洪峰流量减小 1 340 ~5 620 m^3/s，减小 7% ~11%；时段洪量减小9.21 亿 ~ 20.90 亿 m^3，减小 17% ~27%。

4）岳城水库设计洪水复核情况

岳城水库位于漳河干流，初步设计的设计洪水由北京勘测设计院于 1958 年 8 月完成，使用的资料系列为 1923 ~ 1926 年、1929 年、1933 ~ 1936 年、1942 年、1949 ~ 1957 年共 19 年，其中 1956 年洪水的洪峰流量为 9 200 m^3/s，洪水的重现期按 45 年考虑。

1964 年 9 月，北京勘测设计院完成岳城水库的初步修改设计。使用的资料系列为 1923 ~ 1926 年、1929 年、1933 ~ 1937 年、1939 年、1942 年、1943 年、1949 ~ 1960 年共 25 年，其中 1956 年洪水的重现期按 50 年考虑。

1978 年 2 月，水利部十三局勘测设计院完成岳城水库的加固设计。在初步修改设计的基础上，洪水系列延长到了 1972 年共 37 年，调查考证了 1849 年、1894 年、1913 年、1917 年历史洪水，其中以 1849 年洪水最大，其重现期为 77 ~ 125 年。1978 年之后，岳城水库设计洪水曾进行过几次复核，因复核结果与 1978 年的审批成果差别不大，因此一直采用该成果。各次分析计算的设计成果见表 2-13。

与 1978 年审批成果比较，1958 年设计洪水 100 年一遇、1 000 年一遇和 10 000 年一遇洪峰流量偏小 3 600 ~ 5 600 m^3/s，偏小 13% ~47%；时段洪量偏小 4.10 亿 ~ 9.80 亿 m^3，偏小 8% ~50%。1964 年设计洪水 100 年一遇、1 000 年一遇和 10 000 年一遇洪峰流量偏小 1 700 ~ 4 800 m^3/s，偏小 15% ~18%；时段洪量偏小 2.60 亿 ~ 11.00 亿 m^3，偏小 11% ~26%。比较结果见表 2-14。

表 2-13　岳城水库设计洪水复核情况（单位：流量，m^3/s；洪量，亿 m^3）

项目		频率线型	系列长度	均值	C_v	C_s/C_v	0.01%	0.10%	1%
1958 年 8 月初步设计	Q_m	K－M	19 年	2 050	0.9	4	27 800	16 600	9 100
	W_5						37.4	22.5	12.3
	W_{11}						47.6	28.5	15.6
	W_{15}			3.83	0.9	4	51.9	31.1	17.0
1964 年 9 月初设修改	Q_m	P－Ⅲ	25 年	2 340	1.0	3	26 600	19 300	11 700
	W_5			2.63	1.1	3	34.4	24.5	14.6
	W_{11}			3.77	1.0	3	42.7	31.1	18.9
	W_{15}			4.4	1.0	3	50.0	36.3	22.1
1978 年 2 月加固设计	Q_m	P－Ⅲ	37 年	2 400	1.1	3	31 400	22 200	13 400
	W_5			3.1	1.15	3	43.3	30.4	18.1
	W_{11}			4.4	1.05	3	53.7	38.3	23.4
	W_{15}			4.8	1.02	3	56.0	40.2	24.7

表 2-14　岳城水库设计洪水比较（单位：流量，m^3/s；洪量，亿 m^3）

项目		设计值之差			设计值相对之差		
		0.01%	0.10%	1%	0.01%	0.10%	1%
1978 年与 1958 年相比	Q_m	3 600	5 600	4 300	13%	34%	47%
	W_5	5.90	7.90	5.80	16%	35%	47%
	W_{11}	6.10	9.80	7.80	13%	34%	50%
	W_{15}	4.10	9.10	7.70	8%	29%	45%
1978 年与 1964 年相比	Q_m	4 800	2 900	1 700	18%	15%	15%
	W_5	8.90	5.90	3.50	26%	24%	24%
	W_{11}	11.00	7.20	4.50	26%	23%	24%
	W_{15}	6.00	3.90	2.60	12%	11%	12%

从以上的工程实例分析可见，不同年代设计洪水的复核成果差别较大，20 世纪五六十年代设计成果偏小较多，七八十年代成果达到最大，90 年代和 21 世纪初的成果又有所减小。设计洪水成果增大也是水库工程防洪不达标的原因之一。

（三）泥沙及水库淤积的影响

1. 泥沙概况

海河流域各河流含沙量的分布素有清、浊相间之说。永定河是有名的多沙河流，多年平均含沙量在各河流中居首，超过 15 kg/m^3；滦河、潮白河、滹沱河及漳河的含沙量也较大，多年平均含沙量为 2～15 kg/m^3；其他河流的含沙量基本在 2 kg/m^3 以下。海河流域主要河流实测悬移质含沙量统计见表 2-15。

表 2-15　海河流域主要河流实测悬移质含沙量统计

河系	河流	代表站	控制面积 (km^2)	统计时段	多年平均	
					含沙量 (kg/m^3)	年输沙模数 (t/km^2)
滦河	滦河	三道河子	17 100	1957～1979 年	2. 93	125. 6
				1980～2000 年	2. 76	76. 6
北三河	潮白河	下会	5 340	1961～1979 年	3. 54	234. 0
				1980～2000 年	3. 24	145. 0
永定河	桑干河	固定桥	15 803	1956～1979 年	24. 98	416. 1
				1980～2000 年	16. 82	157. 4
大清河	拒马河	张坊	4 810	1957～1979 年	1. 09	156. 0
				1980～2000 年	0. 71	41. 2
子牙河	滹沱河	小觉	14 659	1956～1979 年	14. 10	933. 9
				1980～2000 年	4. 98	140. 4
漳卫河	漳河	观台	17 800	1956～1979 年	8. 40	713. 1
				1980～2000 年	8. 77	164. 5
	卫河	元村集	14 286	1956～1979 年	1. 42	352. 2
				1980～2000 年	0. 78	38. 0

从流域悬移质输沙模数分布来看,滦河、永定河、滹沱河、漳河上游是输沙模数的高值区;流域东部的平原区,北部的坝上草原区,永定河、拒马河之间的石质山区,为输沙模数的低值区。总体来讲,植被较差、坡度较陡的黄土丘陵区,输沙模数较大;植被较好、坡度较缓的平原区、坝上草原区以及石质山区,输沙模数较小;土石山区的输沙模数介于两者之间。含沙量的变化与降水、径流的关系密切,年内沙量集中于汛期几次洪水中,含沙量的年际变化较大,丰枯悬殊。由于 1980 年以来流域径流偏枯,与 1980 年以前相比,含沙量和输沙模数均呈减小趋势。

2. 水库淤积的影响

我国在 20 世纪五六十年代兴建了大批大、中、小型水利枢纽工程,那时一则实测的河流输沙量资料很少,二则对水库泥沙问题认识不足、重视不够,所修建的水库工程都无泄洪排沙底孔,蓄洪运用,汛期随洪水带来的大量泥沙也绝大部分落淤在库内,不仅很快淤满死库容,而且逐渐侵占兴利库容和调洪库容,既影响了工程的兴利效益,又抬高了洪水位,危及枢纽工程的安全。据初步了解,海河流域河北省庙宫水库、内蒙古自治区九龙湾水库泥沙淤泥较严重,是致使枢纽工程为“病险”的重要原因之一。

1) 河北省庙宫水库

庙宫水库位于承德市围场县城南 30 km 的伊逊河干流上,坝址控制流域面积 2 370 km^2,为伊逊河流域的 54. 5% 。

该库是1959年11月开始建设的以防洪为主兼顾灌溉和发电的大(2)型水利枢纽工程,均质土坝,最大坝高44.2 m,死水位768 m,相应死库容0.395亿m^3(原始库容,下同),正常蓄水位778.2 m,相应库容1.077 8亿m^3,兴利调节库容0.682 8亿m^3,校核洪水位782.4 m,总库容1.475亿m^3。

自1962年6月拦洪蓄水直至1986年都是采用拦洪蓄水运行方式,90%的入库泥沙淤积在库内,据1975年测淤资料,校核洪水位782.4 m以下总库容只有9 749万m^3,比原始库容减少了5 001万m^3,减幅为33.9%;死库容只剩424万m^3,与原始库容比较,减少了3 526万m^3,减幅为89.5%;正常蓄水位至死水位的调节库容还有5 367万m^3,比原始调节库容减少了1 511万m^3,减幅为22.0%。也就是水库拦洪蓄水运用13年间,库内淤积泥沙5 001万m^3,年均淤积量385万m^3。照此淤积速率推算,到1986年校核洪水位以下有效的调蓄库容只剩5 000万m^3,约为原始状态的46%。水库淤积形势严峻,危及枢纽工程的安全。所以,在1964年增开非常溢洪道、1970~1972年大坝加高2.2 m的基础上,自1987年开始改变水库的运行方式:采取蓄清排浑运用,汛期7月11日至8月10日库水位降到死水位768 m,空库迎汛。这样运行到1991年,在水库测淤时,库内又增淤了4 000万m^3泥沙,其中90%堆积在死水位以上。校核洪水位782.4 m至死水位768 m之间的调节库容只有5 660万m^3,不能满足调节设计洪水的需要,危及大坝的安全。在2002年的水库除险加固工程初步设计中又新建了排沙洞(进口底高程748 m,洞径6.8 m)。根据模型试验数据,建成排沙洞后,按蓄清排浑运用,可以形成稳定的槽库容。预测到2020年校核洪水位782.4 m至死水位768.0 m之间的调节库容可达6 760万m^3,能满足2 000年一遇洪水的防洪要求。这只是现行标准GB 50201—94和SL 252—2000土石坝非正常运用洪水标准的下限。庙宫水库原始库容曲线及1975年、1991年、1999年施测的库容,预测的2020年库容曲线详见表2-16。

表2-16　庙宫水库水位—库容

库水位(m)	库容(万m^3)				
	原始	1975年测淤	1991年测淤	1999年测淤	预测2020年
768.0	3 950	414	36	93	59
778.0	10 610	5 611	2 209	2 385	3 180
778.2	10 778	5 781	2 345	2 522	3 318
779.0	11 450	6 461	2 891	3 072	3 868
781.0	13 300	8 361	4 562	4 729	5 525
782.0	14 340	9 341	5 199	5 655	6 451
782.4	14 752	9 749	5 700	6 067	6 823
783.0	15 370	10 361	6 451	6 685	7 381

注:库水位为假定高程,减去16.868 m为1985年国家高程基准。

2)内蒙古自治区九龙湾水库

九龙湾水库位于内蒙古自治区丰镇市红砂坝镇境内的饮马河上游,坝址控制流域面积156 km^2。

该库始建于1959年，1961年建成蓄水，原设计正常高蓄水1 364.8 m，相应库容735万 m^3，死水位1 355.8 m，总库容1 145万 m^3，是以防洪、灌溉为主，兼顾养殖等综合利用的中型水库工程，筑黏土心墙土坝，最大坝高23.4 m。

九龙湾水库原设计没有排沙设施，按蓄洪运用。但是，该流域全为丘陵地带，支流众多，植被较差，水土流失严重，特别是20世纪六七十年代随着大洪水带来大量泥沙，80%落淤在库内，据水库测淤资料分析计算，1961～1974年的14年间累积淤沙量643万 m^3，年均淤积量45.9万 m^3；1975～2007年间库内又增淤267万 m^3，年均淤积量8.09万 m^3，截至2007年实测水库正常蓄水位以下只剩下有效库容16.4万 m^3，基本失去了兴利功能，按原设计正常蓄水位至校核洪水位间的防洪、调洪库容410万 m^3，而到2007年只剩下219万 m^3，更严重危及大坝的安全。

为了保证大坝安全，维持一定的工程效益，在除险加固设计时采取大坝加高3.2 m，左、右溢洪道扩宽27.1 m（从现有宽度18.9 m扩宽到46.0 m），新开泄洪排沙底孔（进口底高程1 351.5 m，比2007年实测坝前淤积高程1 358 m低6.5 m，孔口尺寸4 m×4 m）等措施，同时采取蓄清排浑的运行方式，空库度汛，这样才能维持一定的调蓄库容，据预测到2037年（即自2007年始运行30年），1 000年一遇校核洪水位1 372.3 m，至死水位1 358 m间的调洪库容606万 m^3。

（四）水库调度运用方式改变对水利枢纽工程防洪能力的影响

海河流域大部分水库工程都始建于20世纪五六十年代，主要承担着下游地区的防洪和灌溉任务，随着时间的推进，社会经济的发展，下游地区的防洪、灌溉都会有一些新的要求，特别是下游地区的防洪保护目标、范围、设防标准，更随着汛期水情的重大变化，对水库工程汛期的调度运用提出新的高于原设计的要求，按照新的要求进行汛期的调度运用，将不同程度地降低水库工程自身的防洪标准，例如河北省岗南、黄壁庄、王快、西大洋等大（1）型水库工程汛期调度运用方案的调整，对水库工程自身的防洪标准有较明显的影响。

（1）岗南水库位于滹沱河中游河北省平山县岗南镇，控制流域面积1.59万 km^2，原总库容15.71亿 m^3，是以防洪、灌溉为主综合利用的大（1）型水利枢纽工程，与位于下游28 km处的黄壁庄水库（总库容12.1亿 m^3）形成梯级开发。岗南—黄壁庄区间流域面积0.75万 km^2，两库控制总面积2.34万 km^2，基本可控制滹沱河山区洪水，两库联合调度运用，担负着河北省省会石家庄市和下游平原的防洪保护任务，同时向该地区农业、工业及城市提供用水。

原来，根据岗南、黄壁庄两库联合调度运用方案，拟订岗南水库汛期两级控泄方案：5年一遇洪水，岗南水库与下游岗南—黄壁庄区间来水凑泄400 m^3/s，黄壁庄水库控泄400 m^3/s，保献县泛区；50年一遇洪水，岗南水库与下游岗南—黄壁庄区间来水凑泄3 300 m^3/s，黄壁庄水库控泄3 300 m^3/s，保滹沱河南大堤。

“96·8”洪水后，按照水利部批复的岗南、黄壁庄两库总体规划，汛期调度运用改为三级控泄方案，即在原两级控泄方案基础上增加了一级10年一遇洪水，岗南水库与下游岗南—黄壁庄区间来水凑泄800 m^3/s，黄壁庄水库控泄800 m^3/s，以保泛区上游饶阳县南小埝。按此三级控泄方案分析计算，5 000年一遇洪水，岗南水库的洪水位比现状工程规模允许最高水位高出0.19 m，即在现状工程条件下，其枢纽工程的防洪标准不足5 000年一遇洪水。

(2)王快水库位于河北省曲阳县境内的沙河上游,属于大清河水系,控制流域面积 3 770 km^2(为沙河流域面积的59%),总库容13.89亿 m^3,是一座以防洪、灌溉为主综合利用的大(1)型水利枢纽工程。该项工程始建于1958年,1960年竣工投入运行,汛期按一级控泄运行,即10年一遇洪水限泄流量800 m^3/s 不出下游河槽,保33万亩(1亩=1/15 hm^2,下同)河滩地;"96·8"洪水后,汛期又逐步改为按3~4级控泄的调度运行方案,除10年一遇洪水控泄800 m^3/s 外,增加了5年一遇洪水控泄200 m^3/s(保灌渠);近期20年一遇洪水控泄2 500 m^3/s,远期50年一遇洪水控泄3 000 m^3/s;100年一遇洪水控泄7 000 m^3/s(保京广铁路)。这样的汛期调度运行方案,下泄水量减少,增加滞蓄在库内的洪水量,需较大的调洪库容,若不扩大库容规模,无疑将降低枢纽工程的防洪标准。

(3)西大洋水库位于河北省保定市唐县境内唐河(属大清河水系)的出山口处,控制流域面积4 420 km^2,总库容11.37亿 m^3,是一座以防洪为主,工业、城市供水、灌溉、发电等综合利用的大(1)型枢纽工程,始建于1958年,1960年完工投入运行。为保下游河滩地等汛期按两级控泄调度,即10年一遇洪水控泄流量300 m^3/s,20年一遇洪水控泄流量1 000 m^3/s,超20年一遇洪水不控制。"96·8"洪水后,增加了保铁路和南水北调中线干渠与唐河交叉建筑物的防洪要求,100年一遇洪水控泄流量5 540~6 000 m^3/s。

综上所述,当下游防洪任务有所提高,对枢纽工程汛期控制运用提出更高要求时,中、小洪水的下泄洪水量减少,相应地增加了防洪库容,抬高了防洪高水位,若枢纽工程规模不作相应的调整,将降低枢纽工程本身的防洪标准。

第二节 拦河坝存在严重渗漏或渗漏稳定问题

一、土石坝坝体坝基渗漏问题

(一)土石坝坝体坝基渗漏问题概述

土石坝又称当地材料坝,采用土料防渗的碾压式土石坝通常采用4种断面型式,分别为均质土坝、分区坝、土质心墙坝和土质斜墙坝。

均质坝的坝体绝大部分采用同一种筑坝材料填筑,通常采用弱透水土料,如黏土、壤土和砾石土等筑坝。均质土坝坝体防渗部分厚大,渗透比降比较小,有利于渗流稳定和减少通过坝体的渗流量。

分区坝其坝体采用两种以上的当地材料在坝体内分区填筑,除采用土质防渗料外,还采用砂、砂粒和石渣、石料等透水料。土料置于坝体中间或上游起防渗作用,再按反滤排水原则设置透水性逐渐增大的透水料。

土质心墙坝土质防渗体位于坝体中间,上下游坝壳基本由一种透水料填成。

土质斜墙坝土质防渗体靠上游,下游透水坝壳基本由一种透水材料筑成。在多泥沙河道上斜墙便于与水库淤土连接,形成天然铺盖,用于坝基防渗。

以上各种土石坝坝型根据不同的坝基情况,通常存在渗漏问题,主要表现在坝体渗漏、坝基渗漏及绕坝渗漏。对渗漏问题的分析应包括渗漏量和渗透变形两方面的内容。

1. 坝体土体渗漏

土包括无黏性土、微黏性土和黏性土。

(1)无黏性土的破坏形式有三种:流土型、过渡型、管涌型。流土型允许抗渗比降达到 0.4;管涌型允许抗渗比降一般约为 0.1;过渡型允许抗渗比降一般为 0.2。

(2)微黏性土一般抗渗强度比降低,允许抗渗比降为 0.05 ~ 0.07。

(3)黏性土抗渗强度比较复杂,一般用于土心墙或齿槽的黏性土,其允许抗渗比降可取 6 ~ 10。

一般情况下坝体土料超出了坝体填土的允许渗透强度,均会发生渗透破坏。

2. 透水地基

基础覆盖层地层由若干透水性和不透水性的土层组成,根据地质成因不同,可分为残积层、坡积层、洪积层、冲积层、沉积层、冰积层、风积层。以上各种土层一般都属透水地层,尽管有些地区存在不透水表层,但其连续性不好,存在天然缺失或人类活动破坏,也不能算作可靠的不透水地层。2 m 以内的不透水表层,不能作为不透水铺盖,有很多坝利用这种薄不透水层作为天然不透水铺盖而发生铺盖裂缝、塌坑,铺盖下面砂土流失脱空,以致发生管涌险情,甚至垮坝。

划分透水地基、半透水地基、不透水地基,一般以水库蓄水以后渗透性和渗流量的大小来判别,一是这种渗流会不会引起地基的渗透破坏;二是这种渗流量会不会引起可观的漏水经济损失。可以认为,渗透系数 $K \leq 10^{-6}$ cm/s 为不透水地基;10^{-6} cm/s $< K \leq 10^{-4}$ cm/s 为半透水地基;$K > 10^{-4}$ cm/s 为透水地基。

地基的渗透破坏归纳起来有:管涌、流土、接触冲刷、接触流土。这 4 种渗透破坏现象机制各不相同,临界渗透比降也不同。发生管涌的临界渗透比降 < 流土的临界渗透比降,接触冲刷的临界渗透比降 < 管涌的临界渗透比降,接触流土的临界渗透比降 > 接触冲刷的临界渗透比降。

3. 绕坝渗流

一般绕坝渗流是指堤坝两岸基础绕渗问题,等同于地基渗流,采取防渗措施,增加渗径,即可解决绕坝渗流问题。

渗漏量绝对值的大小,并无统一的标准,只要渗漏量在允许的范围内即是可行的。在对渗漏量大小分析的同时,还应着重分析渗漏量和渗透水流挟出物的变化过程。若在库水位相同情况下,渗漏量增大,或渗透水流挟出物增多,则表示渗漏向不利于安全的方向发展。

渗透变形主要取决于渗透压力。对于渗透变形问题,则应分析渗透变形类型、坝下游出逸渗流段的实际水力比降及允许水力比降。

土石坝坝体介质总是有一定的透水性,库水通过坝体渗流的出逸点,若高于坝的背水坡坡脚或反滤体,将对下游坝坡稳定产生不利影响,特别是当坝体渗流出逸点比降大于坝体土的允许比降时,容易引起坝坡渗透变形和破坏,危及坝体下游坡乃至大坝整体安全。

土石坝坝基多为第四系松散沉积物(大部分坝体的防渗体,如斜墙、心墙截水槽直接建在基岩上),也有一些土石坝建在基岩上,基岩地层由于开挖较浅,也可能存在中等—

强透水层(带)。因此,土石坝坝基、坝肩往往存在渗漏问题。

影响松散沉积物坝基渗漏的主要因素有地貌特征、松散沉积物岩性、沉积时代、成因类型、地层结构及岩层组织结构特征等。影响基岩坝基渗漏的主要因素有河谷地貌和覆盖层特征、岩体透水性、地下水赋存条件及渗漏形式等。对影响渗漏的这些因素均应一一查明,作出有针对性的评价,从而选择适宜的防渗处理措施。

海河流域病险水库中,土石坝坝型占了绝大多数。据统计,22 座大型水库中,有 20 座为土石坝坝型,其中有 14 座为均质坝,6 座为黏土心墙或黏土斜墙坝。80 座中型水库中,有 56 座为土石坝坝型,其中 40 座为均质坝,16 座为黏土心墙或黏土斜墙坝。

土石坝坝型渗漏问题十分突出,主要表现为渗漏和渗透变形问题。就渗漏发生部位而言,主要是坝基渗漏,坝基覆盖层多为砂砾石,渗透系数 $K \geqslant 10^{-3}$ cm/s,属强透水层或中等透水层,有些二元结构上部为弱风化,下部为强透水层。与基础相类似,同时还发生有坝肩绕渗问题。由于填筑治理问题,也有许多水库坝体有渗漏情况发生。

渗漏问题十分重大,但渗透变形也是不容忽视的,实际渗透比降大于允许渗透比降的实例较多。

(二)土石坝坝体坝基渗漏问题工程实例

1. 岳城水库工程

岳城水库位于河北省磁县与河南省安阳县交界附近,是漳河上一座大(1)型控制性水利枢纽工程。工程始建于 1959 年,1961 年开始蓄水,1965 年基本建成,达到原设计规模。1976 年进行了第一次大坝加高,1987 ~ 1991 年进行了第二次大坝加高,工程达到现状规模:坝顶高程 159.5 m,主坝最大坝高 55.5 m,全长 3 603.3 m;副坝有 4 座,全长 2 693.4 m,其中大副坝最大坝高 32.5 m。拦河坝原设计为均质土坝,主坝加高时下游采用砂卵石全断面压坡,上游采用黏土斜墙防渗。

1)主坝右岸坝段(桩号 2 + 400 以右)坝基渗漏

主坝右岸坝段(桩号 2 + 400 ~ 3 + 400)主要坐落在一、二级阶地黄土台地上,其下为厚 5.0 ~ 22.0 m 的第四系砂卵石层,是主坝右岸坝段坝基渗漏的主要通道。建库时,为防止坝基渗漏,曾在坝前进行了水平铺盖,并在原坝轴线上游 91.2 ~ 225 m 设置了厚约 8 m 的水泥灌浆帷幕。

尽管原有防渗措施仍然有一定的防渗功能,但是坝基渗漏仍然存在。渗漏形式为“散渗”,在桩号 2 + 800 ~ 3 + 210 范围内渗漏最为明显。初步估算,在库水位 137 m 时,渗漏量约为 0.48 万 m^3/d。在库水位 149 m 时,渗漏量约为 0.69 万 m^3/d。

在库水位 137 m 条件下,实测坝基渗流水力坡降大都为 0.005 ~ 0.048,小于原设计允许水力坡降 0.07 ~ 0.1,而在桩号 2 + 980 ~ 3 + 120 范围内水力坡降最陡,达到了 0.084,仍在原设计允许水力坡降范围内,因此不会发生坝基渗透破坏。预测库水位 149 m 时,局部坝段坝基渗流水力坡降已接近和略超过允许坡降,坝基渗透变形已处于临界状态,在水库高水位运行时,应予以特别重视。从水库长期运行角度出发,应对坝基渗漏进行防渗加固处理。

主坝右岸坝段桩号 3 + 110 排水沟勘察期间实测流量平均值约为 1.08 万 m^3/d(库水位 137 m),远大于计算值;其水中矿物成分与库水也略有不同,说明桩号 3 + 110 排水沟沟水不仅有渗漏的库水,还混有坝基地下水。

2)主坝坝体质量及下游坝坡散浸

在大坝加高过程中,水库管理单位陆续发现,在大坝下游坡高程 131.5 m 马道附近不同桩号位置有数处出现散浸现象,为查明散浸原因,对散浸问题进行了专题研究勘察,主要结论如下:

(1)主坝坝坡出现的散浸现象是由于积聚在护坡下砂砾石与坝体碾压土接触面以上的砂砾石含水带中的水在马道附近排泄不畅而在坝体排水沟底缓慢渗出的结果;马道附近坝体结构及排水体结构等方面的差异,导致渗水点呈断续散状分布。

(2)坝体土内未发现集中渗流通道,渗水非库水直接入渗所致,其水源主要为大气降水,与库水关系不大,至于是否有库水通过软层补给压坡砂砾石体有待进一步查明,但即使有,补给量也不会大。

(3)散浸的空间分布随时空有所变化,分布高程在 131.5 m 左右。

3)大副坝坝坡塌坑及坝后排水沟涌砂

岳城水库大副坝坐落在溢洪道左侧鞍形哑口上,以 NE17°延伸至香水村南,长约 1 600 m,最大坝高原设计 27 m,1991 年大坝加高后为 32.5 m,为碾压式均质土坝。坝前有分布较为广泛的第四系黄土状土。基础原设计未作防渗处理,坝下游设有纵横向排水沟,坝体内设置褥垫排水。水库于 1961 年 8 月开始蓄水,库水位长期保持在 131 m 左右,同时又经过 1963 年的特大洪水考验。于 1972 年、1973 年库水位先后蓄到 148 ~ 149 m。水库运行过程中发现库水位超过 140 m 以后,大副坝排水沟开始有细砂粒(0.1 ~ 0.5 mm 占 90% 以上)随渗透水流带出至排水沟明渠段淤积下来,当库水位在 149 m 时,平均每天出砂 0.4 m^3。对这一异常现象据已有勘探试验资料初步分析如下:

由于副坝第三系地层构造简单,砂层组织结构比较密实,颗粒均一,多为中细粒,渗透性能稳定,抗渗透破坏梯度大。当库水位 149 m 时,各断面平均水力坡降值为 0.1 ~ 0.16,个别处为 0.25,与室内试验破坏坡降 0.81 ~ 1.35 相比,有一定安全系数,仍在允许梯度范围以内,而今坝基虽未作防渗处理,亦不会影响坝体渗透变形。

反滤层结构,从设计施工情况看,大副坝回填的褥垫排水反滤层,颗粒级配很差,缺少 1 ~ 20 mm 中间粒级。冯村反滤料则缺少较粗粒径的颗粒。因此,反滤层起不到应有的作用,致使细粒被地下水带走。同时,大副坝排水沟比主坝排水沟少回填一层 40 ~ 200 mm 砾卵石层,大副坝为双层反滤结构和取自漳河天然砂卵石作垫层料,这样就出现两种结果,1976 年 9 月 5 日,当库水位为 148.22 m 时,主坝渗流量为 306 L/s 并无细砂带出,但是大副坝排水沟确有涌砂现象,说明和大副坝反滤层结构有一定关系。

从砂样重矿分析表明,褥垫层内砂与排水沟排出的砂,矿物成分含量基本相近,而排水沟排出的砂与第三系砂层的矿物成分含量相差较远,故判断排水沟的淤砂来源于褥垫反滤层。

根据竖井检查情况,影响坝体渗透变形的主要因素是褥垫层砂砾料级配不良,褥垫层料源来自漳河砂卵石层,未经分选,不均匀系数为100～400,在微分曲线上显示“双峰”特征,缺乏中间粒级,属极易产生管涌的土,据1960年10组管涌试验,其破坏坡降为0.11～0.33,据观测,库水位140 m高程时,大副坝排水沟渗流就有挟砂现象。估算有的断面水力坡降已近似0.1左右,此时发生局部管涌现象与管涌试验成果基本吻合。随着库水位相继增高,管涌也将随之发展。由于细粒被带走,竖井观察的砾石架空现象完全符合以上的论述。

在大副坝排水沟出现淤砂后不久的1976年9月17日,在副坝0+903下78 m处发现一坛式塌坑。南北长1.9 m,东西宽1.6 m,深1.1 m,为了弄清塌坑的原因,就地开挖检查,当挖至4.0 m深时,塌坑断面扩大为2.75 m×2.2 m,出现倒坡,施工困难,改用2.0 m×2.0 m的竖井进行支撑,挖至8.0 m(标高125.0 m左右)时遇地下水,发现有卵石比较集中现象,经有关人员讨论研究,一致认为系由排水管周围反滤料级配不能达到阻砂作用、砂卵石缺乏中间粒级、细料大量流失造成塌坑。由于井壁坍塌现象严重,停止下挖,并回填夯实。下部用水泥灌浆处理。

2.黄壁庄水库副坝坝基渗漏

黄壁庄水库副坝坝基由第四系各种成因类型的堆积物构成,最厚达70 m,基岩风化强烈,溶蚀及构造带较发育,工程地质及水文地质条件非常复杂。

(1)副坝地层一般为四层结构,由上至下为壤土、砂层、卵砾石层、基岩。Ⅰ区无强透水层,但基岩中存在较严重透水带,一般分布在重力坝附近;Ⅱ、Ⅲ、Ⅳ区覆盖层存在集中渗漏带,由于卵石层上部砾石层呈断续状,造成局部地段卵石层与砂层直接接触,其平均粒径相差较大,在渗水压力作用下,上部砂层有向卵石层充填的可能,造成砂层松散,影响地基稳定;Ⅴ区壤土层厚度大,下部含碎石红黏土分布连续,是较好的防渗体,但桩号5+920处所夹含碎石壤土层及桩号6+600处的卵砾石层均可能形成渗漏的通道。

(2)20世纪60年代进行的地质勘探成果认为:副坝桩号1+147～4+322段、高程77～92 m存在集中渗漏带,渗透性极强,渗透系数(K)为130～160 m/d,局部地段达450 m/d。

本次勘探钻孔漏浆现象较为普遍,一般分布在桩号1+160～5+360段、高程71.6～87.2 m。可见渗漏带位置水平方向向右扩展,垂直方向向下移动。“96·8”洪水后副坝下游许多破坏现象也证实桩号5+200附近存在集中渗漏带。

1997年进行的抽水试验渗透系数(K)为248.1 m/d。

因此认为,集中渗漏带位于桩号1+160～5+360段、高程71～88 m,卵石层渗透系数(K)为130～160 m/d,局部地段可达450 m/d。

(3)基岩顶部的含碎石红黏土层渗透系数(K)为$3.4\times10^{-7}\sim6\times10^{-5}$cm/s可视为相对隔水层,但沿轴线剖面分布不连续,且与下部基岩接触带透水性较强。

(4)卵石层不均匀系数、平均粒径及卵石含量均较大,卵石成分为石英砂岩、硅质灰岩等,且漏浆量大,埋藏深,是防渗处理的重点。

(5)桩号4+520以右段冲洪积成因的壤土、砂壤土厚度大,局部分布天然干密度低、天然含水量高及软塑状土,其部分力学指标偏低,是地基中的薄弱带。

(6)桩号5+700以右段覆盖层无强透水层,但5+910~6+210段的含碎石壤土层最厚达11.5 m,碎石含量15%~30%,渗透系数(K)为5 m/d;桩号6+600处有厚9.5 m的卵砾石层。上述两处较强透水段的分布最低高程为107.35 m,接近下游地表,渗径短,极易造成下游马山浸没。因此,该段如果不做防渗墙,应采取必要的防渗措施。

(7)桩号3+148以左及5+960以右段硅质灰岩,岩石坚硬,但发育构造、裂隙、破碎带及溶蚀带,地质条件复杂,属极微透水—较强透水层,规律性差,应根据具体情况区别对待。

(8)桩号1+400~1+840段硅质灰岩中发育溶洞,洞中少部分充填红黏土,压水试验其ω值为0.1~0.3 L/(min·m·m),属较严重透水带。另外,桩号1+200、1+560、1+640、3+015附近全风化岩应引起重视。

(9)桩号3+148~5+960段基岩为千枚岩、千枚岩与大理岩互层,ω值一般小于0.3 L/(min·m·m),可视为相对不透水层,局部地段大理岩溶蚀发育,为中等—较严重透水层。千枚岩及千枚岩与大理岩互层表层均为全强风化,全风化岩石强度低,呈泥沙状,尤其桩号3+200~3+806段,全风化最厚达20.5 m。桩号4+120~4+440段大理岩除桩号4+280处存在7.9 m厚的全强风化外,其余均为弱风化,完整坚硬。

(10)根据地下水动态特征及物探成果分析,地下水汇流区位于古贤村—古运粮河及永乐沟,汇流是造成Ⅱ区铺盖裂缝密集的原因之一。

钻孔检查铺盖裂缝结果表明,由于砂层直接与卵石层接触,渗水将砂粒带入卵石层后造成地基松动,引起铺盖土不均匀变形,是裂缝屡治不愈的主要原因。该类接触占卵石层分布长度的54%,且集中分布在桩号1+240~2+040、3+920~5+600段,与Ⅱ区铺盖裂缝发育及坝顶裂缝发育相吻合。由靠近裂缝的桩号1+160横剖面及裂缝处钻孔所取土样的物理力学性质指标分析:天然干密度低、天然含水量高、主要力学指标偏低及软塑状土达9 m深,且分布范围广,单靠对铺盖表层几年一次的夯实、灌浆不能完全解决问题。

3. 岗南水库右副坝渗漏

右副坝坝基基岩全、强风化厚度较大,局部岩脉发育,钻探中全、强风化岩大部呈破碎状,工程地质条件较差。基岩压水成果表明,全风化岩具中等透水性,强风化岩具中等—弱透水性,弱风化岩具弱—微透水性,局部基岩因裂隙密集、构造破碎透水性较强。因此,右副坝坝基存在风化岩体、裂隙密集带及构造破碎带的渗漏问题。

4. 临城水库大坝坝基渗漏及绕坝渗漏

1)河床段坝基

上部为河流冲积、洪积的砂卵石,覆盖层总厚度8~17 m,其下为压扁花岗岩。按岩性及透水性,覆盖层颗分资料可分三层:

(1)中细砂层,分布于坝基表层,最大厚度7 m,平均厚度轴线处为5 m左右,距轴线下游80~100 m处为2.5 m。

(2)砂砾石层:位于砂层下部,最大厚度8 m,一段3~4 m,右岸厚,左岸薄至桩号0+700处尖灭。

(3)砂卵石层:遍布河床底部,层厚一般5~6 m,最大厚度12 m,左岸厚,右岸薄。此外，靠近岸边一带分布有0.5～1.0 m的砂壤土。在砂砾石层、砂卵石层中亦夹有壤土、砂壤土的透镜体。

根据F_3、F_6、F_9、F_{14}孔分段抽水试验成果经分析后各层渗透系数建议值如下：砂层$K=29$ m/d，砂砾石$K=147$ m/d，砂卵石$K=99$ m/d。下部为基岩，据钻孔资料，河床覆盖层以下为花岗岩，岩面埋深一般在92.0 m高程左右，桩号0+500处有一深槽，岩面高程为85 m。花岗岩风化程度根据坝轴线地质剖面图，河床中部无风化层，左岸约有3 m的强风化带，右岸则较深些，约10 m强风化层。基岩下部为弱微岩体，一般岩石强度高，无较大构造破碎带。河床下基岩透水性，依据6个钻孔17段压水试验资料，ω值为0.1～1 L/(min·m·m)，中等透水性的5段，占统计数的29.4%；ω值为0.05～0.1 L/(min·m·m)，弱透水性的4段，占统计数的23.5%；ω值为0.05～0.1 L/(min·m·m)，微透水性的2段，占统计数的11.8%；ω值<0.1 L/(min·m·m)，极微透水性的6段，占统计数的35.3%。这些透水性较强的孔段分布高程均在80 m高程以上，80 m高程以下的多为微透水或极微透水性。

河床坝段坝基建在强透水性的砂、砂砾卵石层上，其下花岗岩上部76 m高程以上岩体亦呈中等、弱透水性，是水库建成蓄水后引起坝基渗漏严重、坝后坡溢水、坝体裂缝的主要原因。经1991年高喷防渗处理后，经多年运行长期观测坝基渗流量虽减小50%，但仍然较大。若长期在正常水位下运行，可能会引起渗透稳定问题。

2）两岸坝肩渗漏问题评价

（1）右坝肩。

右坝肩建在花岗岩、煌斑岩上仅在桩号0+120～0+220段坝基下为壤土，层厚一般3～4 m，最厚9 m。土的物理力学性质指标：天然含水量16.3%，干密度1.53 g/cm^3，液限26.9%，塑限17.5%，内摩擦角18.2°，凝聚力0.16 kg/cm^2，室外注水试验K值为6.03×10^{-5} cm/s，压缩系数0.018，属中等压缩性。

花岗岩、煌斑岩脉呈全强风化，厚度20～25 m。煌斑岩脉倾向NW285°，倾角38°，与坝轴线斜交。据4个钻孔10段压水试验资料统计单位吸水量ω值为0.1～0.05 L/(min·m·m)，弱透水性的4段，占统计数的40%；ω值为0.05～0.01 L/(min·m·m)，微透水性的4段，占统计数的40%；ω值为<0.01 L/(min·m·m)，极微透水性的2段，占统计数的20%。从上述统计值可知右坝肩弱透水性占40%，仍然存在绕坝渗漏的可能。据观测资料统计分析，右坝肩测压管水位与库水位接近或持平的现象说明右岸岩体透水性较强，存在绕坝渗漏问题。

（2）左坝肩。

左坝肩坝基部分建在滩地上，表层普遍分布一层厚度1～5 m的壤土，壤土物理力学指标与右坝肩相似，土质较好。其下为花岗岩，岩面高程为108～125 m，桩号1+100～1+150段有一冲沟，上部填充8 m左右壤土，下为7 m砂层。据初步调查，该冲沟只在坝轴线下游分布，尚未发现与上游连通。对水库蓄水及大坝稳定影响不大。

但是，左坝肩基岩为花岗岩，全强风化，层厚16～18 m，节理裂隙较发育，岩石破碎，花岗岩体具有较强的透水性，仍然存在绕坝渗漏问题。

两岸坝肩存在绕坝渗漏，由于右坝肩花岗岩、煌斑岩全强风化深度达 20 ~ 25 m，左坝肩花岗岩深度达 16 ~ 18 m，节理裂隙发育，岩石较破碎。在 95 m 高程以上岩体透水性为中等、弱透水。水库建成初期蓄水就存在绕坝渗漏，虽后经上游坝坡铺设土工膜处理，但后期的绕坝渗漏观测中表明绕坝渗流仍然存在，尤其是左岸还很严重。若水库今后长期在正常水位下运行，有可能因绕坝渗漏导致坝坡不稳。

5. 陶清河水库大坝右坝肩渗漏

在坝址上、下游各 50 m 处的探坑资料表明在 7 ~ 19 m 深处均见到较完整的基岩，其上面有 4 ~ 6 m 厚的红色黏土与粉质黏土，电探资料表明这层黏土分布较广，坝内有截水墙嵌在下伏不透水的黏土层内近 1 m，坝基渗漏量不大；坝体两侧山腰都为较好的红色粉质黏土和黄土所包围，但坝右岸在施工中只作了表面处理，未做截水墙，高水位时，可能引起绕坝渗漏和接触渗漏。运行中的情况也证实：在库水位高于 966. 3 m 时，大坝右坝肩下游出现渗水现象，存在右坝肩渗漏问题。

6. 关河水库大坝坝基渗漏

1）河床坝基

按《水利水电工程地质手册》提供的方法进行判别：含细粒土砂和级配不良砂的不均匀系数小于 10，细粒（ <1 mm）含量大于 35%，其渗透变形类型一般为流土。含细粒土砾的不均匀系数为 16. 7 ~ 55. 4，d_{15}/d_{85} 为 0. 05 ~ 0. 06，其渗透变形类型一般为流土，也可能产生管涌。

坝基土以含细粒土砂和级配不良砂为主，可能产生的渗透变形类型主要为流土。

根据临界水力比降计算公式：

$$P_c \geqslant \frac{1}{4(1-n)} \times 100\%$$

式中：P_c 为土的细粒含量，以质量百分率计（%）；n 为土的孔隙率（%）。

经计算，坝基土 J_{cr} =0. 909 ~ 1. 107。允许水力比降是以土的临界水力比降考虑了一定的安全系数后确定的，安全系数取 1. 5。所以，坝基土的允许水力比降 $J_{允}$ =0. 65。

2）左坝肩

左坝基及左坝肩坝体下为 Q_2 土层，下部有一砂层，分布于基岩面之上，其分布范围较大，沿坝轴线分布长度 239 m，分布在桩号 0 +472. 28 ~ 0 +771. 45 内。据勘察，左坝肩含细粒土砂层厚度为 0. 07 ~ 1. 10 m，层底高程 980. 11 ~ 990. 00 m，沿坝轴线方向由西向东升高，坡度 6. 5°，垂直坝轴线方向由上游向下游降低，坡度 2°。砂土层的砂粒含量25. 5% ~ 36. 6%，粉粒含量 56. 5% ~ 57. 6%，黏粒含量 6. 9%，渗透系数 4. 5 m/d。

另外，下伏基岩的渗透性亦较强，通过钻孔压水试验，在孔深 25. 3 ~ 47. 1 m 以上透水率达 10. 3 ~ 110 Lu，平均 40. 35 Lu，取大平均值 71. 38 Lu，相当于平均渗透系数 K =0. 85 m/d，属于中等—强透水层，也存在渗漏问题。

粉土质砂的不均匀系数为 6. 78 ~ 10. 07，直径小于 1 mm 的细粒含量大于 35%，一般产生流土。级配不良砂的不均匀系数为 2. 55 ~ 26. 49，级配不良砂直径小于 1 mm 的细粒含量小于 25%，其渗透变形类型一般为管涌。因此，左坝基土可能产生的渗透变形类型主要为流土，局部也可能产生管涌。根据已有资料结合规范提供的经验值确定允许水力比降为0.50。

上述表明，关河水库大坝坝基和左坝肩存在含细粒土砂、级配不良砂和基岩风化层的渗漏问题。

7.小南海水库大坝坝基渗漏及两坝肩绕坝渗漏问题

原河床位于坝基右段，河床段基岩覆盖层厚8～12 m，其中砂卵石层厚3～5 m，属强透水性。基岩为闪长岩，表层2～8 m为弱风化带，一般透水性弱，仅个别地段透水性较大。

左坝基闪长岩高程140 m以上（即强、弱风化上部）透水性较强。强风化带$\omega=1\sim0.1$ L/(min·m·m)的占71%。弱风化带透水性不均，$\omega=0.04\sim0.672$ L/(min·m·m)，其中$\omega>1$的占28%，1～0.1 L/(min·m·m)的占24%。

右坝头174 m高程以上为接触变质的大理岩，有小溶洞及浅溶槽通向下游，节理发育，裂隙大者达4 cm左右，多为壤土充填。高程174～172 m为闪长岩及大理岩的接触带，有厚约2 m的白土带，呈水平层分布，浸水即崩解，局部有小的溶蚀沟洞，渗透系数为1×10^{4} cm/s。高出河床20～30 m为砾岩与坡积物构成的台地，宽约60 m，坡积物为棕黄色松散的大空隙中粉质壤土，并夹有碎石杂物等，厚约5 m。其下即为砾岩，砾岩成分混杂，溶蚀风化显著，为泥沙和钙质充填，前者松散多溶洞，严重者呈蜂窝或炉渣状；高程134 m以下为闪长岩，较坚硬，但节理发育。

综上所述，不仅坝基存在渗漏问题，两岸坝肩亦存在绕坝渗漏问题。

为防止两坝头绕渗对黏土斜墙的渗透破坏，曾于1993年6月至1994年5月，对左右两坝头漏水岩层进行了帷幕灌浆。但从工程运行情况分析，坝端帷幕防渗效果不佳。根据除险加固初步设计的需要，于2007年12月对两坝端进行了钻孔取样以及压水试验。检查孔分别布在大坝桩号+023、0+032、0+060.7、0+321、0+351、0+366的灌浆帷幕轴线处，总钻孔深215 m。基岩风化层分布情况与原地质勘探资料相符。

勘探试验结果表明：部分钻孔揭露坝基地层岩性为全风化闪长岩，全风化闪长岩呈砂状，无胶结。压水试验结果显示，两坝端全风化岩层中防渗帷幕没有形成，坝体下仍存在2.7～7.6 m厚的全风化层，透水率多大于100 Lu，仍存在渗漏问题。

8.塔岗水库主坝坝基和左副坝坝基渗漏

根据钻探资料及地质测绘结果，坝址区渗漏途径主要有主坝坝基岩体及其下部断层破碎带渗漏和左副坝坝基渗漏。

坝址区主坝地基地层为花岗岩和角闪片麻岩。花岗岩和角闪片麻岩裂隙发育，根据压水试验成果，花岗岩透水率范围值8.9～21.3 Lu，平均值12.5 Lu，属中等透水；角闪片麻岩透水率范围值5.3～21.3 Lu，平均值10.2 Lu，属中等透水。据观测记录，当上游库水位为157.81 m时，渗水量为1.95 L/s；当库水位为177.04 m时，渗漏量为22.0 L/s，因此坝址区存在基岩渗漏及断层破碎带渗漏问题。

左副坝坝基为古河道，地层岩性主要上部为低液限黏土，下部为河床砂卵石，修建时并未清基，存在严重的渗漏问题。因此，1991～1993年对副坝坝基渗漏进行了灌浆处理，坝基渗漏问题得到了一定程度的解决，但坝基渗漏问题并未彻底解决。据观测，目前左副坝坝基最大渗流量为114 L/s（1993年治漏前为850 L/s）。

二、重力坝渗漏问题

(一)重力坝渗漏问题概述

海河流域病险水库重力坝渗漏问题，主要为浆砌石重力坝（坝段）的渗漏，是病险水库治理的主要问题。浆砌石重力坝（坝段）渗漏按渗漏形式及产生渗漏的地质、水文地质条件分别为坝体渗漏、坝基渗漏和绕坝渗漏。

坝体渗漏，主要是由于大坝施工质量差，坝体块石砌筑不实，存在施工裂缝或防渗体损坏破裂防渗失效。例如石门水库浆砌石重力坝，由于施工质量差，大坝上游防渗面板破裂，坝体多处存在裂缝，水库运行后大坝不同高程、不同坝段出现漏水，坝体渗漏严重。坝基渗漏是由于坝基内存在具有一定透水性的岩土体（如强风化岩层、砂砾石层等）或断裂构造带（如断层破碎带、裂隙密集带、层间破裂带等），在上、下游水头压力下库水沿着坝基透水岩土体或断裂构造带向下游渗漏。又如石门水库，坝高 55.5 m，坝基为灰岩，构造裂隙发育，建坝时未作防渗处理，水库运行后坝基出现渗漏。又如三郊口水库浆砌石重力坝，坝高 60.4 m，建坝时清基不彻底，部分坝段坝基坐落在强风化岩化岩体上，水库运行后坝基出现渗漏。绕坝渗漏，是在大坝接头的岸边地带存在透水岩体或断裂构造带，库水绕过坝肩向坝下渗漏现象。石门水库大坝左岸岸坡平缓，裂隙发育，岩体破碎，有一层间破碎带分布，施工时未作防渗处理，水库运行后左岸坝脚出现渗流。又如，马鞍石水库石岸浆砌石重力坝段，坝高 61 m，施工时未对坝肩风化岩体及裂隙进行工程处理，水库高水位运行时右坝端出现渗水明流。

浆砌石重力坝产生渗漏不仅会造成库水流失，影响水库效益，同时对大坝稳定不利。坝体渗漏使坝体中的水泥砂浆在渗透水流长期作用下产生化学潜蚀和机械潜蚀，砌缝被“掏空”，破坏了坝体结构。坝基渗漏和绕坝渗漏产生的渗透水流会使坝基和坝肩的岩土体发生渗透变形，破坏岩土体的结构，对坝基和坝肩岩体稳定不利，同时，渗透水流产生的渗透压力（特别是扬压力）对坝体稳定不利。因此，必须采取有效的加固处理措施，确保工程安全运行。

(二)重力坝渗漏问题工程实例

渗漏是大坝的主要工程地质问题之一，产生渗漏的根本原因是坝区地层岩性、地质构造及其他条件构成了通向坝外的渗漏通道。本次除险加固工程中石门水库浆砌石重力坝、三郊口水库浆砌石重力坝、野沟门水库非溢流浆砌石重力坝段等都存在渗漏问题。

1. 石门水库浆砌石重力坝渗漏

石门水库位于河南省林州市城南 60 km 的太行山区，坝址位于石门村欠十步沟入淇河口上游 1.5 km 处，总库容 1 112 万 m^3。

石门水库大坝渗漏，按产生渗漏的部位及其工程地质、水文地质条件分别为坝体渗漏、坝基渗漏和绕坝渗漏。

1）坝体渗漏

水库大坝由河床溢流坝（最大坝高 51.0 m）和左、右非溢流坝（最大坝高 55.5 m）组成。

该工程由于施工质量差，坝体上游面混凝土防渗面板破损防渗失效，坝体多处出现裂缝。在20多年的运用中坝体渗漏严重，特别是1982年第一次溢洪结束后库水位为382.0 m时，整个后坝坡到处漏水，个别部位甚至出现射流现象，渗漏情况见表2-17。

表2-17　石门水库1982年8月坝体渗漏观测成果

部位				漏水情况			说明
坝段	部位	桩号	高程(m)	处数	形态	渗漏量 (L/min)	
左非 溢流坝	后坝坡	0+000 0+143	337.0 381.2	4	渗流	0.17~0.94	
		0+031 0+108.3 0+121.5	337.0 381.2 381.2	3	射流	1~4 4.375 2.1	
	廊道	0+095	363.0	1	3 m长渗流	3	灌浆廊道
		0+111	356.0	1	2 m长渗流	0.4~2.0	灌浆廊道
溢流坝段	后坝坡	0+143.3~ 0+237.3	382.0 363.0	62	点流	0.1~0.8	1 748 m^3范围
			363.0	1	平层渗流		
			352.0	1	平层渗流		
右非 溢流坝	后坝坡	0+237.3~ 0+005	380.0	1	条状渗流	0.11	
			372.0	1	条状渗流	0.11	
			364.0	1	条状渗流	0.11	

注：1.坝前水位382.0 m；2.以上资料为明显部位渗漏观测结果；3.排水廊道出口处渗漏量为0.01 m^3/s。

水库大坝坝底高程331.0 m，坝顶高程386.5 m。从表2-17可以看出，在库水位382.0 m时，大坝不同坝段、不同高程都有漏水现象发生，最大渗漏量达4.3 L/min。其原因是坝体上游面混凝土防渗面板破损，坝体多处存在裂缝，构成了坝体渗漏通道而导致坝体渗漏。

2)坝基渗漏

石门水库坝址区为侵蚀性不对称V形河谷，右岸较陡、左岸宽缓。

坝基为中寒武系鲕状灰岩，灰白色、灰色，鲕状结构，层状构造，局部具泥质条带，溶沟、溶槽、溶孔较发育。鲕状灰岩为中细粒致密状，新鲜、坚硬、完整的巨厚层，单层厚在10 m以上，但构造裂隙发育，透水性较强。裂隙以走向NE40°~60°、NW320°~330°两组最为发育，构成X形剪裂隙，裂隙多为张性，充填物以泥质为主，沿裂隙面溶沟、溶槽、溶孔发育。坝基左侧(桩号0+146处)有一断层分布，走向NE35°、倾SE、∠80°，断层破碎带宽1.0~1.5 m，构造角砾岩和泥质充填。

建坝时，将河床砂砾石全部挖除，考虑坝基抗滑稳定，对坝基范围内的裂隙和断层进行挖深、回填处理。沿裂隙和断层挖深1.0 m，清水冲洗后以200#混凝土填塞，然后坝基浇筑1.0 m厚的混凝土垫层。但是，未进行防渗处理。

水库运行后，坝基开始出现渗漏。当库水位达到362.0 m时，桩号0+127、高程348.5 m和桩号0+143.3、高程341.7 m处坝脚分别出现明流，两处明流合并后渗漏量达

0.01 m^3/s。

左岸坝下约200 m处有一泉眼，观察发现该泉的动态随库水位变化而变化。当库水位362.0 m时，泉水流量0.05 m^3/s；库水位达379.0 m时，泉水流量为0.35 m^3/s。经弱碱溶液连通试验证实，该泉水与库水相通，为库水沿坝基岩体裂隙、断层而产生的渗漏。

3）绕坝渗漏

大坝左岸岸坡平缓，裂隙发育，岩体破碎，深度0.7～5 m。坝肩高程342 m处有一层间破碎带分布，厚2～40 cm，透水性强。大坝施工帷幕灌浆时，桩号0+000～0+066未予钻灌，运行后坝脚出现明流，说明左岸近坝绕渗严重。

右岸岸坡较陡，基岩较完整，但未进行帷幕灌浆，在桩号0+270、高程352.2 m处，下游坝体与岸坡接触处存在一渗漏点，当库水位达到360.0 m时开始出现渗流，最大渗流量为0.55 L/s，说明右岸坝肩存在接触渗漏。

除险加固工程补充工程地质勘察查明，左、右坝头以外两岸山体鲕状灰岩，裂隙较为发育，多为张裂隙，为良好的渗漏通道，导致绕坝渗漏。

石门水库大坝因施工质量而产生的坝体渗漏，使坝体砌缝中的水泥砂浆在渗透水流的长期作用下产生化学潜蚀和机械潜蚀，其中的钙和砂粒被分离带出坝体，砌缝被"掏空"，破坏坝体结构，危及工程安全。由于坝基、坝肩存在透水的断层、裂隙而造成的坝基渗漏、绕坝渗漏，其危害是在渗透水流长期动水压力作用下，断层、裂隙中充填物的结构被破坏而产生渗透变形，影响坝基、坝肩岩体稳定。

2. 三郊口水库浆砌石重力坝渗漏

三郊口水库坝址位于太行山峡谷香木河上游北沟和西沟两支流交汇处。

大坝由河床溢流坝（堰顶高程638 m、长60 m、最大坝高56 m）及左、右挡水坝（坝顶高程642.4 m）组成，坝轴方向NE28°。

坝基为花岗片麻岩及角闪片麻岩，粒状、斑状结构，片理发育，沿片理开裂、风化，具弱—中透水性。左坝基（肩）岩体为强—弱风化，局部全风化。强风化深度16 m，弱风化深度37 m，弱风化带中有多层强风化层分布。右坝基（肩）岩体主要为弱风化，风化深度40 m，局部强风化，弱风化带中有多层强风化层分布。

坝区有多条断层分布，但规模较小，宽度1.0 m左右，走向以NE10°～30°为主，与坝轴线近平行，延伸不长，断层带为石英岩脉充填，结构致密坚硬。坝基裂隙发育，主要为走向NNW、NEE、NWW和NNE四组，以走向NNW、倾NE或SW、∠60°～80°和走向NEE、倾SE或NW、∠60°～80°两组最发育，裂隙张开一般宽2～4 mm为壤土及岩屑次生充填。

据勘探资料，坝基岩体属弱—中透水性，河床部位中等透水层分布高程568.0～558.0 m（坝基以下14～24 m），其中高程568.0～563.0 m有一局部承压含水层，透水率q=21 Lu。承压含水层水位动态与库水位动态相关，当库水位升高时，承压水位也随之升高。特别是当库水位在619 m（水深37 m）以下时，承压水头较稳定，变化不大；当库水深超过37 m时，承压水位突然升高。左、右坝基（肩）部位中等透水层分布高程580～590 m，局部为强透水性。

大坝修建时，为防渗在坝基设深3.0 m混凝土齿墙及防渗帷幕，但质量较差。左坝肩高程610 m（相当于坝高28 m处）和右坝肩高程625 m（相当于坝高42 m处）以上，清基不彻底，坝肩与风化岩体直接接触。

水库运行20余年,一直未有渗流观测设备和观测记录。但就坝基裂隙发育、岩体破碎、透水性良好,且河床部位有与库水相通的承压含水层分布以及左右坝基(肩)岩体风化,有一定透水性,施工清基不彻底等工程地质条件和施工遗留问题分析,水库坝基、坝肩存在产生渗漏及渗透变形破坏的隐患。

3.野沟门水库非溢流浆砌石重力坝渗漏

野沟门水库位于河北省邢台县野沟门村南将军墓川和宋家庄川汇流下游3 km处,总库容5 040万m^3。

坝址区河谷呈U形,两岸山坡陡立,基岩裸露。大坝为浆砌石坝,由河床溢流连拱坝、重力坝和两岸非溢流重力坝组成。

非溢流重力坝位于溢流坝左、右两侧,为岸坡坝段,左非溢流重力坝长83.0 m,最大坝高41.6 m,右非溢流重力坝长40.0 m,最大坝高40.5 m,坝顶高程405.0 m。由于坝基、坝肩岩体风化,裂隙发育,存在坝基渗漏和绕坝渗漏问题。

左非溢流重力坝段坝基(肩)为混合花岗片麻岩,片理走向NE50°~70°。裂隙发育,为石英岩脉充填。坝基(肩)岩体弱风化,局部强风化,透水率一般为14~48 Lu,具中等透水性。坝肩379 m高程处有顺河向裂隙密集带分布。目前,坝基渗漏和坝肩绕渗严重,在下游山体可见多处渗水汇流成溪。

右非溢流重力坝段坝基(肩)为混合花岗岩,微风化,新鲜坚硬。坝基下游高程374.3~377.0 m和高程377.0~379.0 m处,裂隙密集发育,裂隙宽0.05 m,虽采用灌浆、浇筑混凝土等措施对坝基进行了处理,但在坝下游岩体的节理裂隙中仍可见浸湿现象。

左、右坝肩区的地下水类型为基岩裂隙水。水库建成后,由于水库蓄水和渗漏的影响,地下水的补给条件发生了变化。库水绕坝肩渗漏和沿周边岩体裂隙的补给成为地下水的主要补给来源,两坝肩地下水渗漏点的高程和范围随着库水位的不同而变化。

由上述工程地质条件和水库运行后水文地质条件的变化以及目前的渗漏现象分析,左、右非溢流重力坝段存在坝基渗漏和坝肩绕渗及可能的渗透变形问题。

4.马鞍石水库右岸浆砌石重力坝段渗漏

马鞍石水库位于河南省修武县西北35 km的太行山区,总库容1 057万m^3。

坝址区为V形谷。水库大坝由河床浆砌石单曲拱坝、左岸浆砌石溢流坝和干砌石坝及右岸浆砌石重力坝等4种坝型组成。

右岸浆砌石重力坝长250.6 m,最大坝高24.1 m,坝顶高程424.3 m。坝基为下震旦系石英砂岩夹薄层页岩。地质构造以裂隙为主,较发育为走向NW280°~310°、NW340°~355°、NE20°~50°和NE80°~85°四组,各组裂隙倾角均为80°~90°,宽度一般为3~5 cm,最宽为10~40 cm,多为泥质夹碎石充填。在高程393.2 m处有一层间裂隙及层间挤压破碎带分布,厚5~6 cm。岩体透水率较小,一般为0.002 L/(min·m·m),层间挤压破碎带达0.18 L/(min·m·m)。

右岸浆砌石重力坝段山体基岩面陡峭,坝体与岩面结合不好,大坝砌筑时未对坝肩风化层及一些裂隙进行有效处理,1993年坝体灌浆也未灌到坝边沿。当库内高水位时,右坝端出现渗水明流。

由上述工程地质条件以及目前的渗漏情况分析,右岸浆砌石重力坝段存在坝基渗漏或绕坝渗漏问题。

三、拱坝渗漏问题

(一)拱坝渗漏问题概述

海河流域病险水库拱坝渗漏问题,主要为浆砌石拱坝的渗漏。按其渗漏的形式及产生渗漏的工程地质、水文地质条件主要为坝体渗漏、坝基渗漏和坝肩渗漏。

坝体渗漏,是由于坝体及防渗体施工质量差,导致库水沿着坝体裂缝产生渗漏,坝体渗漏是浆砌石拱坝普遍存在的现象。例如,常峪口水库浆砌石外壳埋石混凝土心墙双曲拱坝,坝高 37 m,大坝外壳砌筑质量差,心墙混凝土强度偏低,致使坝体多处出现裂缝,产生渗漏。海儿洼水库浆砌石双曲拱坝,坝高 26 m,大坝施工质量差,运行后坝体出现多达 40 条裂缝,渗漏严重。马鞍石水库河床浆砌石单曲拱坝段,坝高 65. 1 m,拦河坝由 4 种坝型组成,坝体接缝多,施工期长达 16 年。大坝建成后,由于拱坝坝体砌筑质量差,经高水位运行,坝体多处呈现库水“射流”状,几乎每层拱圈都有渗水现象。

坝基渗漏,是由于坝基存在具有一定透水性的岩土体(如强风化岩层、砂砾石层等)或断裂构造带(如断层破碎带、裂隙密集带、层间破裂带等),在上、下游水头压力下库水沿着坝基透水岩土体或断裂构造带向下游的渗漏。据统计分析,拱坝坝基产生渗漏者不多见,仅海儿洼水库浆砌石双曲拱坝因坝基裂隙发育而产生渗漏。

坝肩渗漏,是库水通过两岸坝肩岩体或岩体内的透水构造,向下游的渗漏。海河流域病险水库中的拱坝,由于施工质量差、坝肩防渗处理措施不够或未作防渗处理,多个工程存在坝肩渗漏问题。例如,常峪口水库浆砌石双曲拱坝,坝高 37 m,右坝肩岩体为强—弱风化片麻岩,裂隙发育,中等透水性,建坝时未作防渗处理,运行后坝肩出现渗漏。南道神水库浆砌石拱坝,坝高 25. 95 m,该坝左、右坝肩岩体风化,裂隙发育,结构破碎,具较好透水性。建坝时,清基不彻底,未作防渗处理,构成了坝肩绕渗带,致使两岸坝肩存在严重的渗漏及渗透稳定问题。

拱坝产生渗漏不仅会造成库水流失,影响水库效益。同时,由于坝体渗漏破坏了坝体的结构,坝基和坝肩渗漏破坏了基础岩体结构,对大坝的稳定不利。特别是坝肩渗漏,严重时可使坝肩岩体变形,从而导致大坝整体的变形破坏。

(二)拱坝渗漏问题工程实例

浆砌石拱坝渗漏包括坝体渗漏、坝基渗漏和坝肩渗漏。

除险加固工程中,常峪口水库双曲拱坝、南道神水库浆砌石拱坝、海儿洼水库双曲拱坝、西湾子水库浆砌石连拱坝等都存在渗漏问题。

1. 常峪口水库双曲拱坝坝体及坝肩渗漏

常峪口水库位于河北省宣化县境内,总库容 214 万 m^3。

坝址区河谷呈 V 形,两岸地形不对称,左岸宽缓、右岸陡峭。

水库大坝为浆砌石外壳埋石混凝土心墙双曲拱坝,由河床溢流坝段和左、右岸非溢流坝段组成,最大坝高 37 m。左岸设重力墩,作为坝肩的人工拱座。

水库于 1976 年兴建,1982 年竣工。由于施工中执行技术标准不严格,坝体质量较差,多处出现纵横裂缝。钻探发现,坝体混凝土强度偏低,多处出现孔洞,孔径 2 ~ 10 mm,

透水率一般为 2 ~9.9 Lu，具弱透水性。坝体存在明显的渗漏问题，影响坝体稳定。

坝基为强风化角闪斜长片麻岩，局部为弱风化，强风化厚度 4.5 ~7.2 m。坝区无较大地质构造，但裂隙发育，岩体破碎，完整性较差，具中等透水性。水库修建时对坝基进行了固结灌浆处理，工程地质条件得到了一定改善，坝基渗漏不严重。

右坝肩岩体大部分为弱风化角闪斜长片麻岩，局部为强风化岩。节理裂隙发育，透水率为 10 ~15 Lu，具中等透水性。

左侧重力墩地基为强风化角闪斜长片麻岩，厚度 7.2 m 左右，底板埋深 27.8 m 左右，岩体破碎，节理裂隙发育，多为缓倾角，少量为陡倾角，透水率一般为 2.8 ~3.35 Lu，为弱透水性。

由上述坝体质量情况和坝基、坝肩工程地质条件分析，坝体因多处出现裂缝存在渗漏问题，影响坝体稳定；左、右坝肩因裂隙发育、岩体破碎存在坝肩渗漏（绕渗）及渗透变形问题，影响坝肩稳定。

2. 南道神水库浆砌石拱坝坝肩渗漏

南道神水库位于河北省涞源县境内，总库容 155 万 m^3。

水库大坝于 1978 年建成，为浆砌石拱坝混凝土心墙防渗，最大坝高 25.95 m。坝体施工质量较好，近 30 年来运行状况良好，未见明显裂缝及渗漏现象。

坝基为花岗岩。河床段地质构造简单、岩体完整。建坝时，清基彻底，坝基直接坐落于新鲜完整基岩上，渗漏微弱。

两坝肩岩石裸露，较发育的裂隙有走向 NW、倾 NE、∠75° ~81°，走向 NE、倾 SE、∠20° ~36°，走向 NE、倾 NW、∠75° ~80°三组，以走向 NE 组最发育。

右坝肩坝顶部为全风化花岗岩，厚度约 1.5 m，坝顶以上岩石表层强风化；下游近坝岩石微风化，裂隙较发育。背水面右坝坡脚处有一条辉绿岩岩脉出露，宽度约 1.2 m，强风化，与大坝斜交。岩脉与大坝接触部位有渗水点，水呈明流渗出，渗水流量约 0.02 L/s。

左坝肩处有两条平行于水流方向的辉绿岩脉出露，上部一条岩脉出露点底高程 123.3 m，岩脉宽度约 1.5 m，走向 NW、倾 NE、∠46°；下部一条岩脉出露高程 117.2 m，低于库水位 5.4 m（勘察期间库水位 122.6 m），岩脉宽度 3.0 m，走向 NW、倾 NE、∠51°，该岩脉在坝后沿走向方向有长约 5 m 露头，强—全风化，破碎严重。由于左坝肩清基不彻底，建库以来岩脉部位一直渗漏比较严重。勘察期间库水位 122.6 m，左坝肩渗漏量约 0.5 L/s。水库高水位时两条岩脉同时渗漏，最大渗漏量 25 ~35 L/s。此外，左坝肩深层岩体节理裂隙发育，下游左岸坡 100 m 范围内有多处出水点，勘察期间渗流量约 0.5 L/s，汛期水库高水位时，水流呈喷射状。

由上述工程地质条件分析，左、右坝肩花岗岩体及辉绿岩脉风化严重、裂隙发育、结构破碎，具有较好的透水性。建坝时，该破碎岩体清基不彻底，且未作防渗处理，构成了坝肩绕渗带，致使两岸坝肩特别是左坝肩存在严重渗漏及渗透稳定问题。

3. 海儿洼水库浆砌石双曲拱坝渗漏

海儿洼水库位于河北省宣化县境内，总库容 187 万 m^3。

水库于 1975 年竣工，最大坝高 26 m。大坝未经正规单位施工，质量较差，经多年运行坝体出现多条纵缝和横缝，共计 40 条，总长 850 m，坝体渗漏严重。

坝址区为 V 形河谷，两岸山体陡峻。坝基为强风化石英斑岩，灰白、肉红色，斑状结构、块状构造。岩体完整性差，裂隙发育，一组为缓倾约 15°、一组为陡倾约 75°，裂隙内少有充填，贯通性较好，具中等透水性，构成坝基岩体内的渗漏通道，导致坝基渗漏。

左、右坝肩为强风化石英斑岩，岩体较为破碎，节理裂隙中等发育，完整性较差。左坝肩有辉绿岩脉分布，水平宽度 10 ~ 25 m，风化严重，强度低，局部已形成崩塌，与坝体接合不紧密。左右坝肩存在绕坝渗漏问题。

坝基地下水类型主要为基岩裂隙水。强风化石英斑岩透水率为 10 ~ 15 Lu，弱风化石英斑岩透水率为 5 ~ 10 Lu，强风化辉绿岩脉透水率为 15 ~ 20 Lu。

由上述坝体质量和工程地质条件分析，坝体由于施工质量差出现多条裂缝，存在坝体渗漏问题，影响坝体稳定。坝基、坝肩岩体风化、裂隙发育、结构破碎、存在渗漏及渗透变形问题。

4. 西湾子水库浆砌石连拱坝坝体渗漏

西湾子水库位于河北省兴隆县境内，总库容 108 万 m^3。

拦河坝为五孔连拱坝，最大坝高 25.5 m、坝顶高程 554.5 m。拦河坝原坝体设计为浆砌料石，内设混凝土防渗墙，后改为外层为浆砌料石，内部为浆砌石填腹石。

水库施工期前后 6 年，施工人员几经变换，材料及施工质量得不到保证，砌石砂浆饱满度不足，混凝土防渗心墙采用人工拌和、人工捣固，坝体施工质量、防渗效果较差。完工后第一年蓄水，库水位达 547.5 m 时，左岸边的一个拱圈在高程 544.0 ~ 545.0 m 处以上出现渗漏。此后坝体各拱圈均发现渗漏情况。渗漏点水流呈喷射状。经检查，坝上游多处砌缝冻胀，个别石块风化，从下游观察，几乎每层拱圈砌体均有渗漏痕迹。

由上述坝体质量及坝体渗漏现象可知，连拱坝坝体存在渗漏问题，严重影响坝体稳定。

5. 马鞍石水库工程河床浆砌石单曲拱坝段坝体渗漏

马鞍石水库位于河南省修武县境内，总库容 1 057 万 m^3。

水库大坝由河床浆砌石单曲拱坝、左岸浆砌石溢流坝和干砌石挡水坝及右岸浆砌石重力坝等 4 种坝形组成。

河床浆砌石单曲拱坝最大坝高 65.1 m，坝顶高程 424.3 m。水库坝型多样复杂，坝体接缝多，前后施工长达 16 年，施工进度不平衡，施工质量差。水库建成后，由于拱坝坝体砌筑质量差，经高水位运行，坝后大面积“射流”，渗漏严重，1984 年库水位达到 418.2 m 以上时观测，拱坝后渗漏量达到 0.09 m^3/s。

为了解决坝体渗漏问题，1986 年对坝体进行了环氧树脂勾缝处理，1993 年进行了坝体灌浆，虽然取得了一定效果，但目前坝体仍存在渗漏现象，渗漏量 0.04 m^3/s。

第三节　拦河坝抗滑稳定不满足规范要求

一、土石坝坝坡稳定问题

（一）土石坝坝坡稳定问题概述

海河流域中已进行除险加固工程的大、中、小型水库计有 256 座。其中，大型水库 22

座,中型水库80座,小型水库154座。这些水库的拦河坝,绝大部分为当地材料坝。初步统计,当地材料坝,即土石坝约有214座,占总数的83.6%,而混凝土重力坝、浆砌石重力坝、拱坝、连拱坝等约42座,仅占总数的16.4%。

数量众多的土石坝,建坝时代久远,已运行多年,其对海河流域的防洪安全、农业灌溉、人畜饮水安全及城市供水均做出了不可磨灭的贡献。但是由于建坝初期的技术条件、施工条件和资金情况均不太理想,使一些工程先天不足,存在缺陷。再加上管理水平低,维修养护资金不到位,致使大部分土石坝工程存在各种病险情况。其中,土石坝坝坡稳定问题比较严重。初步统计,大、中型水库105座中有91座为土石坝,在这91座土石坝中,存在坝坡稳定问题的计有45座。

坝坡稳定问题主要表现在坝体上、下游坡抗滑稳定安全系数不满足现行规范要求。有的工程仅上游坡存在抗滑稳定问题,例如河北省口头水库。有的工程上、下游边坡的抗震稳定安全系数均不满足规范要求,例如河北省庙宫水库、临城水库、西大洋水库、王快水库、云州水库,山西省后湾水库及孤峰山水库等。

通过近些年除险加固工程的实践,初步总结可以看到,海河流域土石坝坝坡失稳所造成的危害是很大的。因水库防洪标准低及其他病险情况,许多水库成为了病险水库。海河流域病险水库多达256座,占水库总量的14.06%。病险水库不能保证工程安全运行,严重影响水库效益的发挥,并且严重威胁下游地区人民生命财产的安全。

经过安全鉴定及病险水库的除险加固实践,造成土石坝坝坡抗滑稳定不满足要求的原因是多种多样的,初步总结可以认为主要有以下几个原因。

1. 施工质量不良

海河流域病险水库大部分修建于20世纪50年代末至70年代中期这一特殊的历史时期。尤其是在“大跃进”年代修坝时设计不到位,施工中采用人海战术,例如,岗南水库修建时,施工人员多达26万余人,且多为农民;岳城水库施工人员也多达30余万人。施工方法也多种多样,例如土料上坝方式在一个工地便有小推车人工上坝、卷扬机拉小车上坝、皮带机上坝、汽车上坝等;铺料有人工摊铺、推土机摊铺、拖拉机拉爬犁等方式;辗压方式有人工夯击、拖拉机辗压、羊足辗、汽胎辗及夯板夯击等。由于这种施工方式使质量控制很困难,往往造成漏辗、接合部形成薄弱环节,致使坝体土不均匀,质量参差不齐。大坝土的物理力学指标达不到设计值。例如,临城水库1958年设计采用的指标在两侧均质坝坡坝身壤土和河床段斜墙壤土为 $\gamma_{干}=17\ \mathrm{kN/m^3}$,$\varphi=23°$,$\gamma_{湿}=19.4\ \mathrm{kN/m^3}$,$c=15\ \mathrm{kPa}$。但是大坝完工后分别在1959年、1960年、1962年、1964年、1974年、1976年及1989年又进行了多次的土工试验,其坝身土 $\gamma_{干}$ 为15.3~16.7 $\mathrm{kN/m^3}$,φ 值为14.29°~20.89°,均低于设计采用值,其主要原因为施工质量不良。另外,大港水库除险加固时对堤身土的检测也表明约有60%以上的样品,其干密度达不到设计要求,且变差很大,说明堤身土很不均匀。黄壁庄水库副坝,天然干密度在辗压坝段低于设计指标的土样占30%。施工质量不好,坝体不均匀是坝坡稳定不达标的重要原因之一。

2. 地质条件

海河流域土石坝基础均为土基,个别坐落于岩基上的土坝(如岗南水库)坝基也为全风化的花岗片麻岩。

海河流域水库坝基覆盖层厚度差别较大,一般在十几米,有的深达100多m。例如,岳城水库坝址区分布的第三系上新统及第四系地层,总厚度为60~130 m。覆盖层组成物复杂且很不均匀。如黄壁庄水库副坝覆盖层深达 70 余 m，其第四系地层中地基土以轻粉质壤土为主，局部存在天然干密度低、天然含水量高及软塑状土，相应地段力学指标偏低，该处具有高压缩性和低强度，是地基中的薄弱环节，对稳定不利。

另外，有些坝基土中存在地震液化土层，在地震时产生液化现象，导致坝坡失稳。例如邱庄水库、大港水库、密云水库、临城水库等均因地震导致滑坡产生。

3. 地震设计烈度改变

原设计时地震设计烈度较低，后因地震烈度改变导致大坝坝坡抗滑稳定安全系数不满足规范要求，如临城水库等。

4. 坝体土强度指标改变

有些工程在设计施工时土工试验做的很少或未做，设计往往根据工程类比或工程经验采用设计指标，实际施工时其坝体土的力学指标达不到设计要求，用现行的规范进行复核时，往往满足不了现行规范要求。如前述临城水库的情况即说明该问题的存在。另外，海河流域土石坝工程均已建成并运用 50 余年，其大坝经沉降压实，其土的物理力学指标还有不同程度的提高。例如，岗南水库在除险加固设计时，进行了坝体土和坝基的勘察和相应试验，经与施工期质检成果对比分析，发现其指标均有提高，见表 2-18、表 2-19。

表 2-18　主坝(均质坝体)壤土试验指标与施工期质检成果对比

阶段	天然容重 γ (kN/m^3)	干容重 γ_d (kN/m^3)	抗剪强度	
			φ(°)	c(kPa)
施工期质检成果	19.6	16.7	25.19	19.0
本期试验建议值	20.3	16.8	25.0	25.0

表 2-19　主坝(黏土斜墙坝)土体成果对比

阶段	天然容重 γ (kN/m^3)	干容重 γ_d (kN/m^3)	抗剪强度	
			φ(°)	c(kPa)
施工期质检成果	18.9	16.2	23.9	25.0
本期试验建议值	20.4	17.5	25.5	32.3

这种现象说明大多数土石坝经过多年沉降、压实，坝体土的物理力学指标有提高向好的趋势，这有利于坝体稳定。但是由于施工质量不好，坝体土不均匀，且存在薄弱部位，致使不少土石坝整体上看还存在病险情况。

5. 养护管理不到位，使其病险情况不断加剧

长期以来，我国水库等水利基本建设中存在重建设、轻管理的情况，管理体制不完善，资金不足，致使有些工程在初期及后期运行中出现的一些缺陷不能及时修复。例如坝体坍坑，渗流不稳定等都不能及时解决，导致小病积累成大病，使大坝成为病险工程。

综上所述，海河流域中拦河坝抗滑稳定不满足规范要求，是由多方面因素造成的。在除险加固工程中，针对各水库的不同情况采取了多方案比选，选择了较为安全经济的加固方案，取得了较好的效果。

(二)土石坝坝坡存在稳定问题的工程实例

1. 庙宫水库大坝

庙宫水库位于河北省承德市围场县县城南 30 km 处的伊逊河干流上,是一座以防洪为主,兼顾灌溉、发电等综合利用的大(2)型水利枢纽。水库总库容 1.83 亿 m^3,工程按 100 年一遇洪水设计,2 000 年一遇洪水校核,设计抗震烈度为 6 度。

拦河坝坝型为均质土坝,主坝长 400 m,最大坝高 44.2 m,防浪墙高 1.2 m,坝顶宽 5 m。副坝长 140 m,最大坝高 2.6 m,坝顶宽 5 m。水库工程等别为Ⅱ等,主要建筑物为 2 级,次要建筑物为 3 级。加固设计按 100 年一遇洪水设计,2 000 年一遇洪水校核,设计抗震烈度为 6 度。

庙宫水库土坝坐落在不对称河谷的河漫滩、一级阶地和二级阶地上。右坝头与岩石陡壁相接,大坝右段基础为原河槽,坝基下覆盖层为砂卵石。大坝左段坐落在二级阶地的第四纪沉积物上。二级阶地为第四纪沉积物,从上至下为粉土、粉土质亚黏土、粉砂、砂砾石,砂中含有卵石和砾石。坝体施工前只对原一、二级阶地表面腐质土层进行了清除,并在一、二级阶地间作了削坡处理。坝基覆盖层下为安山岩,岩体裂隙发育,局部呈破碎带状。

庙宫水库自 1959 年兴建,到 1978 年加高、加固成现状规模至今,大坝共拦蓄致灾洪水 8 次,发挥了防洪、灌溉效益。运用 40 年期间,水库在汛期和汛后的最高水位均低于 779.0 m(水库设计洪水位为 777.19 m,校核洪水位为 780.60 m),故大坝实际上并未经过大洪水的考验。在除险加固设计中,对大坝上、下游坝坡的抗滑稳定安全情况进行了复核,复核中根据《辗压式土石坝设计规范》(SDJ 218—84)和 1993 年关于 SDJ 218—84 修改和补充规定,坝坡抗滑稳定的最小安全系数 k 为:正常工作条件下 $k=1.25$(瑞典圆弧法),$k=1.31\sim1.375$(简化毕肖普法);非常工作条件下 $k=1.15$(瑞典圆弧法),$k=1.21\sim1.265$(简化毕肖普法)。坝体土计算指标采用三轴饱和不排水剪试验成果。坝体土:$\varphi'=29.0°$、$c'=8.0$ kPa,$\varphi_{cu}=26.0°$、$c_{cu}=10.0$ kPa,天然容重 = 17.1 kN/m^3、饱和容重 = 20.1 kN/m^3;坝基土:$\varphi'=32.2°$,天然容重 = 20.0 kN/m^3、饱和容重 = 21.9 kN/m^3。

坝坡稳定计算中,对于下游坝坡采用以下两种工况:

(1)正常工作条件。一是正常蓄水位下的稳定渗流期,上游水位 778.2 m,下游水位 743.6 m;二是设计洪水位下的稳定渗流期,上游水位 777.19 m,下游水位 744.03 m。

(2)非常工作条件。校核洪水位下的稳定渗流期,上游水位 780.60 m,下游水位 744.78 m。对原坝体采用原设计水位按上述工况进行了稳定复核,采用毕肖普法,大坝上游坝坡在各种工况下安全系数均满足规范规定。但大坝下游坝坡(0 + 199 剖面)在排水失效情况时正常工作条件下 $k=1.267<1.31$;非常工作条件下 $k=1.181<1.21$。当时大坝因排水棱体已被淤堵,早已失效,说明大坝下游坝坡存在失稳的风险。

2. 临城水库大坝

临城水库位于子牙河支流泜河南北支流汇流处。坝址坐落在临城县西竖村西南,距京新铁路、京深高速公路约 20 km,控制流域面积 384 km^2,总库容 1.712 5 亿 m^3。该水库是一座以防洪为主,结合灌溉、发电、水产养殖为综合利用的大(2)型水库。工程于 1958

年兴建。大坝为黏土斜墙坝，最大坝高 33 m，坝顶长 1 428 m。其中，两岸坝肩部分为均质坝(合计约 1 050 m 长)。原设计抗震烈度为 6 度，2001 年临城水库抗震烈度由原来的 6 度提高为 7 度，大坝设计抗震烈度为 7 度。

斜墙坝段位于河道冲积、砂砾石层上。总厚度 8 ~ 17 m。砂砾卵石层分为三层：坝基表面为砂层，最大厚度为 7 m，轴线处平均厚度为 5 m，下游为 2.5 m；其下为砂卵石层，南厚北薄至 0 + 700 处；最大厚度 8 m，一般为 3 ~ 4 m；第三层为砂卵石层，遍布坝基的河床底部，北厚南薄，最大厚度 12 m，一般为 5 m。河床覆盖层以下为花岗岩。

南均质坝段，建在花岗岩、煌斑岩上，花岗岩、煌斑岩脉呈全强中化，岩石透水性较差。

北均质坝段的坝基部分建在滩地上，表层普遍分布一层厚度 1 ~ 5 m 的壤土，土质较好，其下为花岗岩。桩号 1 + 100 ~ 1 + 150 段为一冲沟，上部覆盖 8 m 左右壤土，下为 7 m 砂层。冲沟只在坝轴线下游发育，与上游不连通。花岗岩强风化厚度 16 ~ 18 m，属微和极微透水性。

大坝存在的主要问题是：斜墙坝段下游坝坡 122 m 马道以上坝坡较陡，在正常运用和地震情况下坝坡抗滑稳定安全系数不满足规范要求；均质坝段浸润线位置偏高，在各种工况下，均质坝段上、下游边坡的抗滑稳定安全系数不满足规范要求。上游坝坡 129.9 m 高程以上由于坝坡较陡，使土工膜保护层的抗滑稳定安全系数小于规范允许值，保护层有下滑的可能性。大坝在坝坡稳定复核中采用的参数见表 2-20。

采用简化毕肖普法进行坝坡稳定计算，坝坡最小安全系数应满足：正常运用条件下，$k = 1.35$；非常运用条件Ⅰ下，$k = 1.25$，非常运用条件Ⅱ下，$k = 1.15$。

正常运用条件：上游正常蓄水位 125.5 m，下游水位 101.4 m。

非常运用情况：上游校核洪水位 131.96 m，下游水位 103.4 m。

表 2-20　大坝在坝坡稳定复核中采用的参数

坝段	部位	土类	容重(10 kN/m³)				渗透系数 K(m/d)	强度指标		说明
			$\gamma_{干}$	$\gamma_{湿}$	$\gamma_{饱}$	$\gamma_{浮}$		φ (°)	c (10 kN/m²)	
铺盖斜墙	上游	粉壤	1.58	1.87	2.00	1.00	0.004 3	17	0.9	
斜墙段	坝体	代用料	1.55	1.77	1.96	0.96	8.64	31	0	风化石砾石等
均质坝段	上下游坝体	粉壤	1.58	1.87	2.00	1.00	0.004 3	17	0.9	
坝基	基础	砂砾			1.93	0.93	130.16	26	0	
土工膜	上游护坡下	PVC					不大于 0.000 1			膜厚 1.0 mm
防渗墙	坝基	高喷					0.043			厚 20 cm

地震工况:正常运用情况加7度地震。

复核结果表明,0+700断面下游坝坡在现状下为1:2.2时,其122 m马道局部抗滑稳定安全系数不满足规范要求。均质坝段由于绕坝渗漏历害,按7度地震复核,上下游坝坡均不稳定。

二、重力坝抗滑稳定问题

(一)重力坝抗滑稳定问题概述

重力坝是依靠自身重量抵抗水的作用力等荷载以维持稳定的坝,是一种主要的坝型。重力坝的抗滑稳定一般可根据地基的地质条件及坝体的结构和筑坝材料等来研究其具体发生滑动稳定破坏的形态并对其进行稳定分析。重力坝抗滑稳定分析是重力坝设计中重要的工作内容之一。

按可能产生的滑动破坏形式及其地质条件,一般可归纳为坝体本身的滑动破坏、坝体与坝基接触面的滑动破坏、坝基浅层和深层滑动破坏。

如果坝基总体良好,无大的地质构造,一般只对坝与坝基接触面上的稳定进行核算。《混凝土重力坝设计规范》(SL 319—2005)对坝体抗滑稳定计算恢复了抗剪强度公式,并与抗剪断强度公式并列。从SDJ 21—78规范到SL 319—2005规范,历经近30年的工程实践,人们对重力坝抗滑稳定问题的认识是逐渐深化的。这期间人们经历了从只采用抗剪强度公式到舍弃抗剪强度公式而采用抗剪断强度公式进行计算的过程。我国的工程实践证明,坝基岩体条件较好,采用抗剪断强度公式是合适的;但当坝基岩体较差,是软岩或存在软弱结构面时,采用抗剪强度公式也是可行的。这也就是说,在设计时应根据工程的具体地质条件来选取适当的计算公式。因此,SL 319—2005规范恢复了抗剪强度计算公式,与抗剪断强度计算公式并列在规范中,不强调只用哪一个公式。这是我国坝工工程实践经验的总结,是人们认识更全面和深化的体现。

如果坝基深层存在缓倾角结构面,从结构上可根据具体的缓倾角结构面将其概括为单滑动面、双滑动面和多滑动面,对坝体进行深层抗滑稳定分析。深层抗滑稳定计算,采用等安全系数法,按抗剪断强度公式或抗剪强度公式进行计算。

对于浆砌石重力坝,辗压混凝土重力坝,因其层面间往往是抗剪薄弱环节,有些混凝土重力坝因施工缝处理不当或因断面变化处形成应力集中而易产生裂缝处往往也是抗剪薄弱环节,故对坝体某些断面也应进行抗滑稳定分析。若不满足稳定安全要求,则修改断面或者进行特殊的施工处理。

海河流域在20世纪50~90年代充分利用当地材料,修建了一大批浆砌石坝。大型水库中朱庄水库为混凝土浆砌面重力坝,坝高达95 m。中型水库中浆砌石重力坝有24座,小型水库中更有众多的浆砌石坝。在海河流域中混凝土重力坝较少,大型病险水库中仅大黑汀水库挡水坝为低宽缝混凝土重力坝。中型水库河北省响水铺水库为混凝土重力坝,坝高为25.5 m。在海河流域病险水库加固中主要是解决浆砌石重力坝的抗滑稳定安全问题。

(二)重力坝存在稳定问题的工程实例

1. 朱庄水库

朱庄水库位于海河流域子牙河水系滏阳河支流沙河干流上,坝址在邢台市沙河市孔庄乡朱庄村西,距邢台市约 35 km,是一座以防洪、灌溉为主,发电为辅的综合利用大(2)型水利枢纽工程。控制流域面积 1 220 km^2,总库容 4. 162 亿 m^3。水库于 1971 年 10 月动工兴建,1976 年开始拦洪蓄水,1978 年完成主体工程,1985 年 4 月竣工验收。后又进行了归尾工程,1988 年 1 月底通过验收。

朱庄水库枢纽工程由溢流坝、非溢流坝、泄洪底孔、放水洞、发电洞、高低电站及南北干渠渠首建筑物组成。大坝为混凝土浆砌石重力坝,最大坝高 95 m。溢流坝布置在河床段,全长 111 m,建单孔净宽为 14 m 的 6 孔闸。非溢流坝布置在两岸、坝顶全长 433 m,上游侧设 1. 2 m 高的防浪墙。坝基岩层为石英砂岩、页岩,地层倾向下游,石英砂岩中有多层软弱夹层分布,地质构造主要为断层和裂隙。软弱夹层Ⅱ －5 和 C_n72 分布于河床溢流坝坝基下部,走向 NE,与坝轴线小角度相交,倾向 SE∠5° ~10°,构成了倾向下游的缓倾滑动面。F_4断层位于坝脚下游,走向近 EW,倾向南∠75°,构成了坝基下游的临空面。由此,形成溢流坝坝基深层滑动的边界条件,影响坝的抗滑稳定。在非溢流坝段基础上部 Z_1 －Ⅳ层和 Z_1 －Ⅲ层石英砂岩底部有软弱夹层分布,厚度为 10 ~20 cm,埋藏较浅,构成非溢流坝段浅层滑动的边界条件,亦对坝基抗滑稳定有一定影响。

原设计时对坝基岩体及软弱夹层的性状及抗剪强度等进行了现场试验,根据坝基岩体及断层 F_4和软弱夹层Ⅱ －5,C_n72 的工程地质特性,参考试验成果,设计采用的抗剪(断)强度指标建议值如下:

Z_1 －11 层弱风化石英砂岩,f' =0. 50 ~0. 60、c'(MPa) =0. 04 ~0. 05、f =0. 55;混凝土/薄层砂岩,f' =0. 70 ~0. 90、c'(MPa) =0. 60 ~0. 80、f =0. 55;Ⅱ －5 软弱夹层,f' =0. 30 ~0. 35、c'(MPa) =0. 015 ~0. 025、f =0. 29;C_n72 软弱夹层,f' =0. 25 ~0. 30、c'(MPa) =0. 01 ~0. 015;F_4断层(胶结良好),f' =0. 55 ~0. 65、c'(MPa) =0. 15 ~0. 25、f =0. 30。

在 2007 年进行的朱庄水库除险加固工程初步设计阶段,设计单位对大坝深层抗滑稳定进行了复核。复核是根据新的调洪演算成果进行的。20 年一遇洪水限泄时库水位为 255. 15 m,100 年一遇设计洪水敞泄时库水位为 255. 30 m,基本与水库现状库水位指标持平;1 000 年一遇校核洪水敞泄时库水位为 258. 9 m,高于原设计校核洪水位。根据上述成果,遵照《混凝土重力坝设计规范》(SL 319—2005)对大坝深层抗滑稳定进行复核。复核中采用抗剪断公式核算了溢流坝沿坝基软弱结构面的抗滑稳定安全度。

根据地质勘察情况,消力池基岩高角度裂隙发育,岩石层面与裂隙面相互切割,完整性较差,岩石的承载力和水平抗力均较低。为安全起见,设计者将上述地质建议的石英砂岩岩体力学指标低值作为设计选定的地质设计参数。除险加固工程抗剪断强度指标选用值见表 2-21。

表 2-21 除险加固工程抗剪断强度指标选用值

岩层	坝块	部位	f'	c'(MPa)
Z_1 - Ⅱ层石英砂岩	8,9,10	抗裂面	0.90	0.70
混凝土与厚层砂岩	8,10	上加部分	0.90	0.90
混凝土薄层砂岩	9	上加部分	0.70	0.60
混凝土体	8,9,10	抗裂面	0.85	0.80
Ⅱ -5 软弱夹层	8,10	滑动面	0.30	0.015
C_n72 软弱夹层	9	滑动面	0.25	0.01

深层抗滑稳定计算是采用刚体平衡等安全系数法按抗剪断强度公式进行计算的。采用双斜滑动面,坝后尾岩沿岩体最小阻力面滑动,前后滑动面均按平面考虑。

溢流坝坝基 C_n72 软弱夹层在第九坝段(0+315)上加部分施工中已被全部挖除,挖除部分的基础面平行于软弱夹层面,在除险加固阶段,对沿该软弱夹层滑动面的抗剪断强度指标进行了折算,对垂直作用荷载采取分段选用指标,对水平作用荷载,采用滑动面的加权平均指标。经对 0+315 坝段进行深层抗滑稳定复核后得到成果见表 2-22。

表 2-22 0+315 坝段深层抗滑稳定复核成果

断面	荷载组合	计算工况	抗剪断 k'	抗剪 k
0+315	基本组合	(1)正常蓄水位	3.24	1.34
		(2)20 年一遇洪水限泄	2.97	1.16
		(3)设计洪水位	3.08	1.20
	特殊组合	(1)校核洪水位	2.89	1.12
		(2)正常蓄水位+7 度地震	2.74	1.12

上述计算中,考虑到坝体灌浆廊道内的主排水孔存在不同程度的淤堵问题,为安全起见,计算是按主排水孔失效情况进行的。由上述成果中可以看到,在基本组合(2)即 20 年一遇洪水限泄工况下,k'值小于规范允许值(3.0)。可以认为溢流坝段的深层抗滑稳定存在问题,应予以处理。

2. 河南省塔岗水库

塔岗水库是一座以防洪、灌溉为主,结合供水、发电综合利用的Ⅲ级中型水库,控制流域面积 234 km^2,原设计总库容 1 786 万 m^3,兴利库容 954 万 m^3,最大坝高 41 m,防浪墙高 1.2 m。主要建筑物包括主挡水坝,左、右副坝,溢洪道,输水洞及坝后电站等几部分。

主坝位于主河槽,坝型为代水泥砌块石独立体堆石混合坝。坝顶高程为 185 m,坝顶长 157.7 m,最大坝高为 41 m。该坝虽然不是典型的重力坝,但其上游的独立体为挡水承重的主要结构,它是由浆砌石,代水泥砌块石、代水泥砌料石组成的重力式挡墙,其稳定由自身的重量和背后堆石体共同维持。核算其抗滑稳定安全是除险加固工程的主要工作内容之一。独立体按重力坝设计,其建筑在角闪片麻岩岩基上。主坝独立体所用的代水泥实际是用白灰和红土烧结料,用其砌块石、料石,其胶结强度不高,砌缝是抗剪薄弱面。在稳定复核计算中专门对坝体断面本身的稳定进行了复核，结果表明坝体稳定安全系数不满足现行规范要求，在设计洪水位时其上游坝基处出现 35.07 kN/m^2 的拉应力。该坝是浆砌石坝坝体截面处稳定安全不达标的典型。

3. 大黑汀水库混凝土宽缝重力坝

大黑汀水库位于唐山市迁西县滦河干流上，是开发滦河的大型骨干工程。水库主要任务是抬高水位向天津和唐山两市供水，并为滦河下游提供工农业用水。枢纽主要建筑物为低宽缝混凝土重力坝，最大坝高 52.8 m，坝顶总长 1 354.5 m。自西向东布置有西头重力坝、渠首电站、放水洞、西重力坝、河床电站、底孔、溢流坝和东重力坝，共 82 个坝段。其中，底孔坝段设有 8 孔，溢流坝段设有 28 孔。坝顶高程 138.8 m，总库容 3.37 亿 m^3。主坝为 2 级建筑物，基本烈度为 7 度，设防烈度为 8 度。工程于 1973 年兴建，1979 年 4 月下闸蓄水，1986 年竣工。后因坝基主廊道排水孔排出大量异样物质，经多次研究和勘察，发现主坝防渗帷幕已遭到破坏，排水孔排水不畅，严重威协坝体安全。1998 年开始进行了大黑汀除险加固设计工作。

坝基抗滑稳定性分析：经在坝体内钻孔中发现大部分坝基基础混凝土与下部基岩结合不良；物探声波测试发现，基础混凝土波速值一般为 4 410 ~ 4 970 m/s，基岩波速一般为 5 000 ~ 6 500 m/s，而部分钻孔在坝基接触面附近波速明显较低，为 2 900 ~ 4 200 m/s，形成一个相对的低速带，宽度 0.1 ~ 0.8 m 不等，这说明坝基与坝体混凝土接触带是一个薄弱环节。另外，通过压水试验测得坝基接触带属于弱—中等透水性，透水率最大为 39 Lu，平均值为 8.4 Lu，远大于重力坝规范允许的 3 ~ 5 Lu。基于上述情况并结合历次设计所做的野外大型试验成果，采用坝基抗滑稳定计算强度指标：河床电站—溢流坝 26# 坝段的混凝土与微风化片麻岩之间的 $f'=1.0$、$c'(\text{MPa})=0.6$；溢流坝 27# 坝段在重力坝的 $f'=0.9$、$c'(\text{MPa})=0.45$。分别对溢流坝段、底孔坝段、挡水坝段采用抗剪断公式进行抗滑稳定计算，结果发现，溢流坝段、挡水坝段、底孔坝段在帷幕、排水正常时的各种工况下，其抗滑稳定安全系数均满足规范要求。在现状下帷幕、排水均失效时，27# 溢流坝段的抗滑安全系数 $k'=2.64$，33# 挡水坝段的抗滑安全系数 $k'=2.93$，均小于规范要求的 $k'=3.0$。这与前述勘察的坝基与混凝土接触面是一个薄弱环节，且现状下坝的帷幕遭到破坏和排水失效情况是相符的，说明大坝存在抗滑稳定安全问题。这是大坝沿建基面失稳的一个实例。

三、拱坝抗滑稳定问题

（一）拱坝抗滑稳定问题概述

海河流域大型水库没有拱坝，中型水库中有 5 座水库大坝为拱坝，小型水库中有近 15 座水库大坝为拱坝。这些大坝多为浆砌石拱坝或连拱坝。混凝土拱坝中较有代表性的是山西省恒山水库的混凝土双曲薄拱坝，最大坝高 69 m。浆砌石拱坝中较有代表性的为河北省青塔水库的浆砌石单曲拱坝，坝高为 61.6 m。大部分小型水库拱坝均为浆砌石拱坝，一般约为 30 m 高。

海河流域中拱坝抗滑稳定问题，主要表现在部分坝体拱座抗滑稳定安全系数不满足要求。例如，河北省水湖同水库大坝为浆砌石单拱坝，坝高 46.67 m，其右岸拱座抗滑稳定安全系数不满足规范要求；野沟门水库采用溢流浆砌石连拱坝及浆砌石重力坝，其大坝坝体抗滑稳定安全系数不满足规范要求，溢流面存在裂缝，坝体渗漏严重，左右岸绕渗严重，影响坝体稳定。

（二）拱坝存在抗滑稳定问题实例

恒山水库坐落在山西省浑源县县城南 5 km，北岳恒山脚下，在坊城乡唐家村附近，位于海河流域永定河水系桑干河上游浑河支流唐峪河上。水库总库容 1 158 万 m^3，坝址以上控制流域面积 164 km^2，是一座以防洪为主，兼顾灌溉综合利用的中型水库。

大坝为混凝土双曲薄拱坝，最大坝高 69 m，坝基底宽 15 m，坝顶宽 2.5 m，坝顶轴线长 146.2 m。恒山水库于 1958 年建设，1960 年基本完工，后进行加固，1966 年 1 月蓄水运行。

大坝竣工以来，水库一直限制水位运行。经过近 40 年的运行，大坝存在的主要问题是大坝左坝肩抗滑稳定安全系数不满足规范要求；坝体裂缝多，影响坝体的整体性；坝体混凝土力学指标较低，抗渗和抗冻标号不满足设计要求，混凝土表层剥蚀现象严重等。

1. 恒山水库工程地质情况

坝址位于唐峪河上游（距出口 1.5 km）的 V 形峡谷中。两岸山体陡峭，高度大于 130 m，平均坡度 50°～60°，局部近直立状，谷底宽近 20 m。左岸地形呈突出的单薄山嘴，下游临空，加上坝基存在平切断层 F_1、较软弱的薄层泥灰岩、页岩（如 12－(4)层）以及与沿拱坝推力方向一致的高倾角裂隙，是影响左岸坝基稳定问题的关键因素。

坝基地层为寒武系上统的石灰岩、泥灰岩、页岩。石灰岩呈灰色或褐灰色，以中厚层为主，次为薄层，岩性致密坚硬，仅表层有一层风化薄膜。泥灰岩为薄层，并与薄层石灰岩呈互层状，互层厚度 0.1～1.7 m 不等。页岩为黑色、紫红色，单层厚 0.2～0.7 m，岩性软弱易风化。第 12 层为薄层泥灰岩与石灰岩互层，其间夹一层 12－(4)灰质黏土页岩，页岩厚 0.1 m，其底部 2～7 m，在地表以下 10～12 m 范围内全部风化成泥。

2. 拱坝原坝体应力及左坝肩抗滑稳定分析复核

依据现行规范对原坝体应力和左坝肩的稳定进行了复核，其结果表明：

(1)恒山水库在各计算工况下，坝体压应力均满足设计要求。但坝体拉应力除特殊组合中有两种工况外，其余各工况拉应力均不满足设计要求。上游面两坝肩顶部的拉应力最大分别达 2.46 MPa 和 2.53 MPa。

(2)左坝肩在某些工况下，整块岩体抗滑稳定不满足要求。

(3)坝体应力主要受温降控制，左坝肩的稳定主要受温升控制。

对左坝肩稳定分析后表明，在温升情况下左岸坝肩稳定安全系数达不到规范的要求。使用多拱梁法并采用现行规范所计算出的坝体拉应力不达标，问题较严重，控制工况为温降，以坝下游面最为严重。考虑到坝体混凝土本身现已老化，剥蚀严重，裂缝纵横交错，必须对坝体进行全面加固。

第四节　土石坝、混凝土坝坝体结构破损严重

一、土石坝坝体结构破损严重

由于设计缺陷、施工质量不良及养护维修等管理上的不足，海河流域土石坝坝体存在

有各种各样的病害问题,它与国内外大多数土石坝存在的问题相同。主要的问题总结归纳如下:

(1)坝体沉降。

(2)坝体裂缝。

(3)护坡沉陷、大面积损坏或缺失。

(4)防浪墙沉降、裂缝、结构失稳。

(5)坝体排水管、排水棱体淤堵失效,坝体浸润线抬高。

(6)大坝上游坡因冰害严重使其破坏。

(7)大坝下游坡及周边排水系统破坏。

(8)防渗体被击穿及防渗帷幕失效。

(一)坝体沉降

由于大坝填筑质量差,压实度不够,或是地基松散,未予处理,导致大坝沉降过大,影响了防洪高程。例如,天津北大港水库是一大型平原水库,于1976年初步建成,水库东西长约20 km,南北长0.8~8 km,蓄水面积150 km^2,库区占地面积164 km^2,库容为5.0亿 m^3。水库由北围堰、西围堤西南围堤和东南围堤组成,围堤总长35.482 km,原设计最大堤高在6.5~7.0 m。由于堤身填筑质量不好,堤身填筑干密度不满足设计要求,含水量普遍偏大,经探测,堤身土体干密度小于控制干密度的占60.6%,这是经过固结后测得的数据,可见其填筑质量较差。另外,基础清理也不达标。还有受区域性地面沉降影响及地基土的压缩等,使大堤高度比原设计低0.98~1.86 m。

其他如河北省王快水库、岗南水库,天津团泊水库均存在大坝沉降过大的问题。

(二)裂缝

土坝最普遍的病害是裂缝。裂缝可能在渗流作用下发展成渗透变形,也可能发展成滑坡,导致溃坝失事。

土石坝的裂缝根据其成因和形态可分为干缩裂缝、冻融裂缝、滑坡裂缝、塑性裂缝和不均匀沉陷裂缝等类型。在海河流域的病险土石坝中这些类型的裂缝均不同程度地存在。

例如,天津市大港水库围堤就存在大量裂缝,裂缝主要分布在东南围堤和西南围堤,既有横向裂缝又有纵向裂缝,裂缝开展宽度为1~10 cm。分析裂缝产生的原因主要有:一是堤身填筑干密度不满足要求,含水量过大,压实度不够,使之固结速度不同,堤身易产生不均匀沉陷。二是堤基局部有粉细砂层,遇地震产生液化现象。三是基础土质不均匀,使堤身产生不均匀沉陷。四是干旱、日照、风刮产生干缩裂缝,加上日常养护维修不及时,逢雨季雨水冲刷及冬季结冰运行相应加剧了裂缝的延伸及扩大等。

海河流域大部分土石坝均存在不同程度的裂缝产生,例如庙宫、岗南、西大洋水库等。岗南水库在1966年邢台地震时曾在1#副坝下游坝顶产生了长约几十米的裂缝,是由于地震引起的滑坡裂缝。

(三)护坡沉陷,大面积损坏或缺失

该病害在海河流域病险库中大量存在。例如临城水库上、下游坡产生大面积护坡塌陷。庙宫水库主副坝上游坡普遍存在不同程度的塌陷,主坝上游坡塌陷面积达3 780 m^2,

副坝上游坡塌陷面积达 728 m^2。坝顶沿坝坡纵向排水沟,由于受护坡下滑影响多处被挤压变形,甚至断裂。坝体观测设备基本全部破坏。还有的水库上游没有护坡使坝体受损较剧,例如河北省龙潭水库,由于上游坝体培厚工程未完建,无护坡。下游坝坡为干砌石护坡,但坝坡过陡,质量差,也无纵横向排水沟,其坝体损坏严重。

(四)防浪墙沉降,裂缝、结构破坏

该病害在海河流域病险库也普遍存在。例如,岳城水库防浪墙是浆砌预制混凝土块结构,因不均匀沉陷发生多条裂缝;北京斋堂水库原上游防浪墙厚 1.0 m,高 1.2 m,因其重量大,发生沉陷并拉裂坝顶混凝土路面,本身也产生多条裂缝,结构遭到破坏;天津尔王庄水库堤顶防浪墙沉降导致高度不够。

(五)坝体排水管、堆石棱体淤堵失效,提高坝体浸润线

该病害在海河流域病险水库工程中也普遍存在。例如河北省临城水库斜墙坝段下游坝脚原为暗管排水,极易堵塞,1970 年改为浆砌石排水沟,经过 30 多年运用,损坏较严重;坝脚为棱体排水,多年来老化失修、淤堵严重,出现冒浑水现象。另外,坝面排水沟的水全部排入反滤沟,造成反滤沟淤积阻塞,严重影响其正常排水。

(六)大坝上游护坡因冰害严重而破坏

海河流域北部地区冬季寒冷,冰害严重。对水库大坝上游坝坡直接的损害就是由于静冰压力的作用破坏了上游护坡的结构,尤其是混凝土或浆砌石等刚性结构,遭受的损害更严重。从冰对建筑物作用的不同,冰荷载可分为:①冰盖层受温度影响膨胀时产生的静冰压力;②由于水流和风作用于大面积冰层产生的静冰压力;③水库或河流流冰时产生的动冰压力;④水位升降使冻结在建筑物上的冰盖对建筑物产生的竖向作用力,例如水位上升时冰层对土石坝护坡产生的上拔力,水位下降时冰层对护坡产生的下拔力等。

比如天津市尔王庄水库,是天津市引滦工程中一座向天津市区输水的调节水库,工程主要由主堤、副堤、进出水 1 号闸、2 号放水闸和防浪墙组成,主堤长 14 297.038 m,为均质土堤,平均高度为 5.44 m,设计迎水坡为 1:3,在堤顶修筑 1.2 m 高砌石防浪墙,总库容 4 500 万 m^3。工程于 1983 年竣工投入运行。1985 年冬季,水库水位较高时在水库桩号 4 + 000 ~ 7 + 000 之间,由于冰层(厚 0.3 m)沿上游护坡向上爬升,冰压力直接作用于防浪墙上,使该段约 3 km 左右的防浪墙全部被推倒,给工程造成较大损害和损失。

还有如天津市大港水库、河北省闪电河水库等多座水库均存在因冰层破坏上游护坡的问题。

(七)大坝下游坡及排水系统破坏

海河流域众多土石坝因年久失修,使下游坡的排水系统受到破坏,不仅使坝坡受到雨水冲蚀,还因坝体排水沟和排水棱体、贴坡排水淤堵造成浸润线抬高,危及坝体安全。如前述临城水库的问题,还有如河北省口头水库下游排水棱体被矿灰覆盖,已失去排水功能等。

(八)防渗体被击穿,防渗帷幕失效等问题

有些水库因防渗体单薄或施工质量问题,防渗体被击穿,尤其是一些斜墙坝或一些浆砌石坝等。还有大部分采用帷幕灌浆防渗措施的坝,因使用年限长,帷幕幕体长期受高水头的作用使帷幕受到破坏,渐渐失效。例如河北省临城水库、累子水库、河南省汤河水库、塔岗水库等。

二、重力坝坝体结构破损情况

(一)重力坝坝体结构破损情况概述

重力坝坝体结构损害表现在诸多方面,总结海河流域浆砌石重力坝工程结构损害的实例,可以归纳为如下几个问题:

(1)坝顶结构的坡坏。朱庄水库坝顶全长 544.0 m,坝顶高程 261.5 m,坝顶宽 6 m,上游侧设 1.2 m 高防浪墙,下游侧设有护栏。坝顶为混凝土路面,多处出现裂缝,坝顶路面两边高、中间低,排水孔已不起作用,每当有降水,坝面中间积水严重,并使路面形成冻融破坏。坝顶下游护栏和上游防浪墙由于混凝土开裂、崩落,其内部钢筋严重腐蚀,个别部位钢筋已经锈断,护栏已损毁,上游侧防浪墙多处裂缝也受到损毁,存在很大安全隐患。其他一些工程也存在类似问题。

(2)溢流坝机架桥、交通桥等损害。朱庄水库溢流坝机架桥建成于 1979 年,桥长 111.0 m,桥宽 8 m,桥面高程 265 m,为五梁式 T 型梁结构,梁高 1.5 m,梁跨 15 m(净跨 14 m),支撑在闸墩上,支座为弧形钢板支座。机架桥共分 6 跨,每跨设置 2 ×450 kN 固定卷扬机。加固前机架桥 T 型梁存在多条垂直裂缝。另外,承载机架桥 T 型梁的支墩也发现存在裂缝,其中第 5 孔机架桥 T 型梁的支墩裂缝最严重,T 型梁在支墩的下游侧已处悬空状态,其安全状况堪忧。

(3)溢流坝面裂缝多、剥蚀严重、消力池冲蚀历害,剥蚀严重。朱庄水库溢流堰面发现有 185 余条裂缝。反弧段混凝土剥蚀深度达 5 ~7 mm,挑鼻坎表面已完全破坏,对溢流面等抗冲部位混凝土进行测试发现其抗冻标号低,其抗冻性能均小于 50 个冻融循环,远小于 F200 号要求。

(4)闸墩混凝土质量低劣,强度离差系数很大,朱庄水库闸墩牛腿部位混凝土平均抗压强度为 114 ~150 kg/cm^2,远低于设计强度,在闸墩部位进行钻孔取芯测试有个别部位抗压强度仅为 8.3 MPa,远远低于设计要求。

(5)坝体裂缝、廊道、底孔结构破坏、渗水及漏水等。朱庄水库大坝为浆砌石重力坝,坝体上游面设有 2 m 厚的常态混凝土防渗层,经查发现有 22 条裂缝,并见有剥落现象。裂缝宽度均达到了 0.2 mm,其中裂缝宽度大于 0.3 mm 的有 13 条,裂缝深度大部超过 0.6 m,已基本贯穿,导致下游灌浆廊道产生渗漏现象,日久会使混凝土发生溶蚀破坏和加速钢筋锈蚀等。在海河流域大多数的浆砌石重力坝工程,大都存在类似病害,有的比朱庄水库大坝还严重。

不少工程的廊道,底孔均发生结构破坏,裂缝环布、漏水严重。

(二)重力坝坝体结构破损工程实例

除上述朱庄水库大坝坝体结构破损的工程实例外,尚有如大黑汀水库溢流堰面混凝土强度低、施工质量差,坝面出现大面积剥落,裂缝纵横交错;主坝帷幕灌浆质量不良,长久失效,坝内廊道内排水孔内涌出大量黄、绿、红、褐等颜色的溢出物,排水孔因淤堵失效,致使扬压力升高,其抗滑稳定安全系数不满足现行规范要求。

还有如河北省响水铺水库混凝土坝的上下游坝面均产生严重的裂缝,除险加固工程中对主副坝上下游坝面均进行了加固处理。

再如河北省野沟门水库，为浆砌石坝（溢流连拱坝、溢流重力坝、非溢流重力坝），最大坝高为41.6 m。该坝上游面防渗层材料老化，剥落现象严重，溢流坝面存在大量裂缝，局部混凝土剥离。大坝结构破坏严重、严重漏水。

三、拱坝坝体结构破损情况

（一）拱坝坝体结构破损情况概述

拱坝坝体是拱坝工程中最主要的结构，它利用拱的结构原理将水压力通过两个拱端传递给两岸岩体。因此，拱坝本身的整体性及两个拱端是极端重要的结构部件。另外，坝体的防渗性及细部结构的安全均是拱坝工程安全的重要保证。在海河流域中，拱坝大部分是浆砌石拱坝，其存在的主要问题是拱坝本身砌筑体的强度、防渗性及整个密实性不够。由于施工质量控制不当、砌筑材料不足，有的水泥标号不足或以石灰等代用料砌筑，有些工程表现为坝身漏水、坝身出现裂缝、坝身密实度不够等。另外，还有年久失修，混凝土碳化严重、剥蚀历害，损伤较大等。一些基础处理工程如帷幕灌浆失效、廊道、坝顶防浪墙损坏等结构问题也多有出现。

（二）拱坝坝体结构破损情况工程实例

河北省东石岭水库主坝为浆砌石单曲重力拱坝，坝高82.2 m，大坝坝身渗漏严重、两岸坝肩浇渗严重。

河北省野沟门水库为支墩连拱坝和浆砌石重力坝，最大坝高41.6 m，大坝上游面防渗材料老化、剥落严重，溢流坝面存在裂缝，局部混凝土剥落，坝体渗漏严重等。

河北省水胡同水库大坝为浆砌石单拱坝，坝高为46.67 m，坝体存在多处裂缝，坝基、坝肩及坝身漏水。

河北省青塔水库大坝为浆砌石单拱坝，坝高61.6 m，大坝左坝肩、坝身渗漏严重等。

河北省常峪口水库大坝为浆砌料石外壳混凝土芯墙双曲拱坝，坝高37 m，大坝坝体局部最大拉应力不满足规范要求，坝体出现多条横缝和平缝，存在坝体渗漏问题。

河北省西湾子水库大坝为5跨等跨浆砌石连拱坝，坝高25.5 m，坝体渗漏严重，坝体冻裂。

山西省恒山拱坝为混凝土双曲薄拱坝，坝身裂缝多，坝体下游面拉应力超标，出现坝身混凝土碳化严重、剥蚀强烈等。

第五节　泄水及输水建筑物存在安全隐患

一、泄水建筑物存在安全隐患

（一）泄水建筑物安全隐患概述

泄水建筑物是水库工程安全运行的必要组成部分。泄水建筑物能调节和控制汛期洪水，从水库中泄出多余的水。它包括坝顶过水的各种溢流坝（如混凝土坝和浆砌石坝）和土石坝水库中的溢洪道。溢流坝或底孔泄水建筑物，其病险问题与大坝本身的病险问题不可分割，可在重力坝和拱坝病险问题中叙述。

本节主要介绍以土石坝(包括堆石坝)为主要挡水建筑物的大、中型病险水库,泄水建筑物的病险问题。水库的泄水建筑物,主要由河岸式溢洪道或泄洪洞组成,也有同时布置的。海河流域的水库,当设置溢洪道后,又设置孔洞泄水,名为放水洞,一般用作降低水位检修大坝和其他水工建筑物,或是为减少水库淤积用于排沙。多数结合下游灌溉、发电或城镇供水使用的放水洞,其泄量有限,泄洪功能不大。为便于叙述,各类建筑物的病险问题,将结合输水建筑物的问题加以介绍。

此节所述泄水建筑物主要是指溢洪道。溢洪道应由进水渠、控制段、泄槽、消能防冲设施和出水渠组成。溢洪道各部位建筑物应满足各项水力设计条件的要求,在各种地质条件下建筑物的结构要稳定、耐冲刷、防渗漏。溢洪道的地基除要承受运行中产生的各种荷载外,还应保证地基渗流稳定,满足地基变形的要求,不能因渗流失稳造成建筑物的破坏和库水大量渗漏。地质方面除地基外,还有边坡问题。溢洪道一般在山垭口或是坝肩劈坡而建,存在开挖边坡的稳定问题。目前,海河流域的山区水库的溢洪道还不存在高边坡问题,但即使中等或是低的开挖边坡,由于工程在长期的运行中受到自然的或人为的因素影响以及各种荷载的作用,还是存在稳定问题。尤其是未衬砌的或局部衬砌的溢洪道、直接接触水流的断面,存在着边坡失稳的隐患。土质边坡,即使是坚硬的黏土、胶结良好的砂砾石,其边界也是经不住长期水流冲刷的。对于岩质边坡,按规程、规范的要求,其岩坡也应为坚硬完整新鲜或微风化的岩石。

总结海河流域中泄水建筑物的病险问题,大体可划分为五类:一是建筑物结构老化破损;二是地基渗流破坏;三是边坡坍塌失稳;四是建筑物结构不稳定;五是过流断面不足。造成上述病险问题的原因,除因工程老化、年久失修,已达设计使用年限外,还有施工质量问题,未按原设计施工或是原设计有缺欠。

总结海河流域水库的溢洪道损坏问题,病险隐患造成的危害虽不及土石坝那么严重,但已有溢洪道局部的隐患造成下游农田果园损害的实例,其发展后果还是很严重的。但造成这些损坏的成因还只是小洪水、一两次过洪而已。若按设计流量过流,其破坏的能量更大。溢洪道的病害,若不及早治理,最终会造成水库在汛期时洪水失控,除造成溢洪道本身建筑物以及地基的毁损外,甚至会引起垮坝的危险,将对下游人民的生命财产安全造成更大的威胁。河南 1975 年 8 月板桥水库大坝失事,就是由于溢洪道不能正常泄洪造成的。

(二)泄水建筑物病害工程实例

1. 结构老化破损

溢洪道各部位建筑物损坏的原因是多方面因素作用的结果,比较普遍的是耐久性问题。一座溢洪道没泄过几次水或较大的洪水,运行多年后,建筑物结构出现碳化、风化、破损现象,这类建筑物有 20 座,占已统计 40 座大、中型病险水库溢洪道的 50%。

例如河北省邢台地区临城水库为Ⅱ等工程,其溢洪道为 2 级建筑物,由 3 座溢洪道组成,全部坐落在岩石地基上。第一溢洪道实际是 1 座浆砌石重力坝,中部为 80 m 宽溢流堰,堰高 18 m,挑流消能,堰下设两孔钢筋混凝土泄洪洞。上游侧堰内设混凝土防渗墙与堰顶溢流面混凝土相接。地基为微透水性的全风化花岗岩。1996 年 8 月遭遇 100 年一遇洪水时,坝内廊道严重漏水,甚至产生射流。下游坝基遭到淘刷,齿槽裸露,堰面混凝土脱落，左岸滑坡塌方。“96·8”洪水后，堰面采用钢纤维混凝土加固，但又在反弧段产生数条顺水流方向裂缝。堰顶混凝土导墙标号只有R100，表面已大面积剥落。

第二溢洪道为滑雪式溢洪道，控制段为150 m宽的钢筋混凝土宽顶堰，进水渠堰前护底为浆砌石。堰面混凝土表面剥蚀已达450 m^2，浆砌石已冻胀破坏。

河北省的乱木水库溢洪道为3级建筑物，其控制段为驼峰堰，钢筋混凝土材料堰面表层及交通桥墩表层多处严重剥落，钢筋外露，锈蚀严重。同为3级建筑物的山西屯绛水库溢洪道，泄槽陡坡段和消力池底板也出现剥落，冲蚀严重，钢筋外露。

山西省长子县的鲍家河水库的主溢洪道是一座土基溢洪道，其缓坡段未衬砌。陡坡段及挑坎采用钢筋混凝土结构，基础采用井柱桩支承。不仅泄槽衬砌混凝土被严重剥蚀，钢筋裸露，连地基内的井柱桩也由于渗流冲刷，暴露出地表，出现混凝土剥落、钢筋外露的问题。

出现上述问题的首要原因是设计标准偏低，混凝土材料标准除抗压强度标准外，还有抗冻标准、抗渗标准。溢洪道除控制段堰体和进水渠有可能处于长期被库水淹没，其他部位会长时间受阳光曝晒后又遭受低温和冰雪覆盖。混凝土长期处在这种冷热交替的环境中，结构如何抵抗这种变化的影响是需认真考虑的。溢洪道建筑物结构一般偏薄，尤其泄槽段底板厚度只有几十厘米，温度变化影响较明显，抗冻胀能力弱。像上述混凝土表面剥蚀，以致产生混凝土剥落及钢筋裸露、锈蚀，多是由温度产生裂缝加冻胀破坏造成的，而不是冲蚀。因为这些溢洪道过流机会小，过大流量高流速的概率更小。作为临水的混凝土结构，其抗冻、抗渗是非常重要的指标。临城水库溢洪道堰顶导墙混凝土标号只有100#，抗冻指标肯定偏低。包括坝体内防渗墙，不能承受温度变化引起的变形和冻融破坏，结构会出现裂缝，抗冻标号偏低的混凝土在冻胀作用破坏下，会疏松以致剥落。

其次是结构尺寸设计不合理。《溢洪道设计规范》(SL 253—2000)提出“泄槽底板的厚度，应考虑溢洪道的规模及其与坝的相对位置，沿线工程地质和水文地质条件，水力特性、气候条件、水流挟沙情况等因素，并根据类似工程经验进行类比确定。泄槽底板的厚度不应小于0.3 m”。0.3 m是最小结构厚度，即在遭受风化和高速水流磨蚀后，仍能保持不透水性，仍有足够的刚度和强度抵抗外荷载和温度变化引起弯曲的最小厚度。上述结构像桥墩及堰体与泄槽，所处的环境不相同，其破坏机制是一样的。

许多工程即使设计指标不低仍会发生问题，是由施工质量造成的。混凝土浇筑不密实，浆砌石坐浆不饱满，砂浆标号偏低是建筑物耐久性差，达不到设计年限就老化破损的主要原因而且较普遍。

临城水库第一溢洪道采用砌石加混凝土护砌这种结构很容易发生这类损坏，浆砌石结构是不能作为防止渗漏结构来使用的，即使坐浆饱满，其抗渗、抗冻性都较差，其砂浆标号不高。在其结构表面混凝土衬砌尺寸较薄，而且与砌石体结合不密实，易脱离，本身易产生裂缝。作为水头不高、影响不大、设计标准偏低的工程，尚可使用。大、中型工程，安全影响面较大的工程，可尽量避免采用这种结构。

2. 溢洪道的渗流稳定问题

溢洪道地基出现渗流问题的工程有5座，分别是河北省大庆水库、闪电河水库，河南省塔岗水库、弓上水库、石包头水库。

河北省大庆水库溢洪道宽 70 m，全部建在以混合花岗岩为主体的基岩上，控制段地基为弱风化局部强风化。控制段实用堰岩基下分布着 F_1、F_2断层，纵穿溢洪道与溢流堰成直角深入库内。断层破碎带宽 0.5 ~ 2.15 m，实用堰高 8.8 m，基础高程 654.2 m，泄槽宽 25 m，长 116 m，纵坡 0.05，仅在实用堰后设置 30 m 长混凝土护砌。库水位到 660 m 时出现明显渗漏，以致在 1990 年、1991 年两次泄洪，就造成泄槽底板大面积脱落，除水流冲刷作用外，另一个重要的原因是底板下的渗透压力造成底板的失稳。

河南省弓上水库的溢洪道，坐落在黏土心墙坝的坝肩为Ⅲ等工程 3 级建筑物，控制段为实用堰，堰顶高程 498 m，左侧与大坝接合部建浆砌石堰体及边墙，右侧为开挖岩石形成的堰体，贴破式混凝土边墙，地层结构为震旦系石英砂岩与夹紫红色、黄色泥质页岩及砂岩互层，基岩层面普遍发育有波痕、龟裂。石英砂岩裂隙发育，页岩易风化，渗水严重。右边孔堰体还采用开挖基岩混凝土护面的。堰顶以下基岩呈层状结构，受断层切割裂隙发育透水性强。受开挖爆破影响，裂隙更加发育，且未设帷幕，在溢流堰右侧边墙底部可见渗漏现象，漏水量可达 5 ~ 6 L/min，渗透量随库水位而变化。库水从下游渗出，会造成堰体混凝土护面失稳，加剧节理裂隙的发育，造成更大的渗漏。

河南省石包头水库为混凝土土面板堆石坝，其溢洪道在大坝右侧山头垭口处开挖而成，地基为石英砂岩。设计堰宽 80 m，堰长 90 m，堰顶高程 302.5 m。现今仍为自然断面，实际堰宽只有 60 ~ 80 m。在溢洪道中间部位有一顺流向断层结构，宽度 5 ~ 8 m，其间岩石破碎裂隙发育未进行处理。1969 年行洪，断层破碎带被冲了一个深 3 ~ 6 m、宽 5 ~ 7 m、长 10 m 的深沟，仅在下游出口用混凝土做简单封闭。每当库水位超过 284 m 高程时，溢洪道背水坡即出现渗流，渗漏量随库水位升高而增大，渗漏点增多。最大渗漏量可达 80 L/s。

溢洪道作为水库的一部分，承担着泄洪的任务，也还要维护水库的正常蓄水不从此处渗漏，因此《溢洪道设计规范》(SL 253—2000) 对溢洪道的地基有渗流控制的要求，对地基渗透水流的控制是溢洪道安全运行的条件之一。渗流控制，一是控制渗流量，不能过大；二是渗透稳定，不能产生渗流破坏，造成建筑物地基失稳。因此，《溢洪道设计规范》(SL 253—2000) 要求对坝肩溢洪道设置的防渗帷幕应与大坝帷幕衔接形成标准一致完整的防渗系统。像弓上水库溢洪道地基为石英砂岩和页岩且呈层状结构，受断层切割，裂隙发育透水性强。不设帷幕是设计的失误，忽视了设计方案的经济合理性。长期渗漏若只是加剧节理裂隙的发育，造成更大的渗漏还不是很严重，如果在断层破碎带软弱夹层处发生管涌，整个地基会遭到破坏。作为坝肩溢洪道，其位置甚至会危及坝体的安全。

作为远离坝肩的垭口溢洪道，其防渗标准可适当降低，但也应设置防渗帷幕。例如，岩体本身节理裂隙不发育，透水性低可不设防渗。但应做好排水设施，因此应在对溢洪道地质勘察的基础上，加强对溢洪道控制段地基勘察，摸清不利地质构造、透水规律，做防渗设计。溢洪道出现渗漏稳定的问题，一般是控制段地基存在地质构造，没有进行防渗处理，在渗漏出口临时封堵一般不能解决问题，而应在渗漏进口进行封堵。同时应做好防渗设施后面的排水，像大庆水库溢洪道，若在泄槽段做好排水，即使堰基未进行防渗处理，也不致使泄槽底板大面积脱落。

3. 溢洪道边坡的稳定问题

存在溢洪道边坡稳定问题的水库较多，比较典型的有河北省宋各庄水库、大庆水库、龙潭水库，河南省的弓上水库，还有河北省的口头水库、石头城水库、闪电河水库、般若院水库及内蒙古的九龙湾水库。这些水库溢洪道的两侧边坡已局部失稳，山体崩塌，岩石滚落。

像宋各庄水库的垭口溢洪道，右侧边坡基石裸露，但处于滑坡影响带，发育张性裂隙，碎石填充，岩石节理裂隙发育密集。1996 年泄洪时边坡发生过塌滑，后来进行了削坡处理和临时护砌，现状边坡 1:1，边坡稳定分析，安全系数还不满足规范要求，有再次滑坡的可能，会对溢洪道造成阻塞。口头水库溢洪道进口两侧山体的坍塌，已缩窄了进水渠的过流断面，影响了泄洪。

大庆水库溢洪道右岸边坡为弱风化混合花岗岩，局部强风化。深窄式泄槽深约 20 m，基岩表层有 1～2 m 的山麓坡积物，岩性为棕黄色的壤土含碎石，受当时开挖技术水平所限，边坡较陡，起伏较大，多处形成倒坡状态。上部山麓坡积物和破碎岩体，经长期雨雪侵蚀和冻融作用，使破碎岩体进一步破坏，造成坡积物和岩石时常下滑、塌落，堆积于泄洪槽，影响行洪。

河南弓上水库溢洪道右岸山体基岩为层状结构，紫红色、黄色泥质页岩为强风化多呈碎片状，砂质页岩为中风化，石英砂岩微风化。岩体裂隙发育，以竖向裂隙最为发育。控制堰东侧上、下游 30 m 范围内发育大量竖向裂隙，宽 10 cm，上游裂隙表层充填壤土、碎石，下部裂隙大部分张开，下游裂隙大部分未填充。自控制堰往下 25～35 m 范围内，两侧边坡 525. 3 m 高程以上堆积大量坡积物，主要成分为重粉质壤土夹碎石，稳定性差。

河北省龙潭水库溢洪道引水渠为主河道，左侧挡土墙顶为一个宽 2. 0 m 平台，平台外侧山坡采用浆砌石护砌，坡比 1:2。宽 5. 0 m 护坡外侧山体大部分为未胶结好的砾石，厚度 20 m。砾石成分多为白云岩，最大粒径 1. 0 m，滚圆度较好，含泥量较少，局部成岩较差，为松散砾石，右侧坡岸最大高度 20 m，主要出露砾岩及白云岩体。左侧边坡最大高度 40 m，山体松散层为砾岩层和黄土碎石层，厚度 5. 0 m 并夹有不规则松散卵石层，且具有脉状透水通道，遇水后泥化。松散的黄土碎石层和卵石层受雨水冲刷及入渗影响，易产生滑塌。经分析，在连续降雨条件下山体土层处于饱和状态下安全系数只有 1. 02，不满足《边坡设计规范》（SL 386—2007）的要求。

上述边坡稳定（不包括宣泄洪水过流断面边坡的失稳），主要是指开挖溢洪道时两侧山体人工边坡的稳定问题，设计时并未考虑在各种环境条件下的边坡稳定问题，对这些边坡的岩体结构进行分析。只满足施工中临时开挖的边坡没有坍滑，就认为安全了，致使工程运行后出现上述问题。因此，《溢洪道设计规范》（SL 253—2000）提出溢洪道的边坡必须保持稳定，对易风化掉块、易软化、抗冲能力低的稳定边坡也应进行防护。由于岩体结构的隐蔽性，设计者往往对边坡稳定的重要性、复杂性认识不足。其实对于相对较矮的边坡，由于存在失隐的结构也会发生塌滑。原有的山坡，由于溢洪道的开挖，原本稳定的自然边坡坡脚被切割临空。再加上降水影响，会使松散土层，以及有充填物的岩体结构面抗剪强度降低，导致边坡失稳。

上述工程溢洪道边坡基本上都是边坡上部堆积大量坡积物和松散体，其下部为全风化岩层，裂隙密集发育，且张开的裂隙有软弱充填物。在长期雨雪侵蚀、风化作用下，崩塌滑落是不可避免的，局部的边坡失稳束窄了溢洪道的过流断面，会在泄洪时进一步发生大面积边坡失稳，造成更大的安全事故。

4. 溢洪道过流断面不足

溢洪道过流断面不能满足设计泄量要求的问题，除因边坡失稳坍滑，阻塞溢洪道引起的过流断面不足外，主要是未按设计断面去开挖，例如山西省申村水库溢洪道进水渠末端欠挖，致使部分岩石面甚至比控制段堰顶高程还高 2. 5 m。河北省红领巾水库溢洪道不仅控制段堰顶高程没达到设计高程，其出水渠还堆积大量弃渣。般若院水库溢洪道出水渠（泄洪渠）断面狭窄，局部仅 10 m 多宽，实际过流能力不足 100 m^3/s，泄洪时经常会淘刷、崩岸，洪水漫溢冲毁两岸田地。

河北省临城水库三座溢洪道下游出口按地形共用一个出水渠，按 500 年一遇洪水泄量 5 000 m^3/s 的标准设计出水渠。但实际出水渠开挖未达到设计要求，"96 · 8"洪水时溢洪道仅下泄流量 1 016 m^3/s，就是因为出水渠出口右岸山头阻水导致水位抬高，漫出渠道左岸岸滩，直奔老河道，威胁到土坝坝脚。同时造成右岸大量土地淘刷，威胁到下游村庄仅有的一点耕地。

上述问题几乎都是因为施工未达到设计要求造成的事故。说明设计者对溢洪道的重要性认识不足，甚至希望通过宣泄洪水，把欠挖的堆积的松散物质冲掉，就可以达到设计要求断面。但在实际天然的地质构造，以及复杂地形下，水流流态的冲刷结果是不以当事者的愿望而转移的。

5. 溢洪道建筑物的结构尺寸及结构安全问题

溢洪道的结构尺寸和稳定是溢洪道安全运行的重要条件，产生结构尺寸不足和安全稳定安全系数不满足规范要求。要认真对待，仔细分析原设计条件和复核验算工况条件的区别。

根据已收集到的设计报告，提出溢洪道稳定问题的只有两座，一座为山西镇子梁水库，它宣泄洪水采用的是溢洪道和泄洪冲沙闸。其实泄洪冲沙闸是溢洪道的一部分，只是通过堰顶高程加以区分，低堰由于堰顶高程低，具备了冲沙的功能，名为泄洪冲刷闸。安全鉴定认为冲沙闸的抗滑稳定有问题，7 度地震时安全系数只有 0. 97。另一座是河北省闪电河水库，其溢洪道为软基溢洪道，其泄槽陡坡段边墙抗滑稳定安全系数及地基不均匀系数不满足规范要求。

溢洪道边墙是控制水流安全泄洪的防护结构，因此边墙顶部高程应高于泄洪时水面以上，尤其泄槽段边墙，由于泄槽水流流速大，能量大，其安全性很重要。不仅满足抗滑稳定要求、断面结构强度的要求，还要有足够的高度，以防止泄洪水流外溢。因此，《溢洪道设计规范》（SL 253—2000）要求泄槽段边墙高度，应根据计入波动及掺气后的水面线，再加上 0. 5 ~ 1. 5 m 的超高，对收缩段、弯道段等水力条件比较复杂的部位，取大值。

像闪电河水库的软基溢洪道，其陡槽段边墙顶高，虽已高出计算水面线，但仍不满足规范要求的安全超高。

安全超高是必要的，边墙的高度除考虑能量方程计算水面线外，还应考虑泄槽断面变化平面布置弯道产生水深的变化，以及由高流速产生的掺气对水面线的影响。这些计算不是很精确，都是经验公式来控制的大概成果，与实际发生会有一定的偏差。为保证计算成果的安全性，有一定的安全超高是必要的。在设计或是复核计算中，发现这类问题，也是需要改正的。因为一旦边墙高度不足，出现泄流时边墙翻水会造成边墙失稳，若溢洪道靠近大坝、电站厂房等建筑物，会产生更严重的后果。

6. 溢洪道冲刷破坏

海河流域水库溢洪道，可能与修建年代有关，许多溢洪道未修建完整，除泄槽尾部未修建消能防冲设施外，多数未对泄槽进行护砌。像河北省的马头水库、红领巾水库，河南省双泉水库溢洪道都未进行护砌。河南双泉水库溢洪道岸坡出露地层为第四系全新统冲填土、第四系中更新统（Q_3）冲洪积物、二叠系上统（P_2）细砂岩、泥岩、泥质页岩。出露岩石均为中等强风化状态，除控制段宽顶堰为混凝土材料外，其他均为人工河道，两岸岩石风化严重，部分区域边坡岩体已出现泥化现象且坍塌，在泄槽 0+155～0+365 段，底部及岸坡为亚黏土。泄槽宽 30 m，按 50 年一遇洪水，下泄最大流量 884 m^3/s 时，根据《水力计算手册》，石质的渠道泥灰岩页岩的不冲流速也只有 2.0～3.5 m/s，这样的溢洪道是无法承受 10 m/s 平均流速的冲刷的。

《溢洪道设计规范》（SL 253—2000）第 5.2 节，地基开挖曾明确“不衬砌的泄槽，建基面应开挖至坚硬、完整的新鲜或微风化岩层”。未衬砌会加剧基岩冲蚀和两岸边坡的坍塌，造成两岸山体失稳，泄槽水流失去控制。

作为岩基溢洪道未护砌，说明对岩体的抗冲能力认识不足。但作为软基（土基）溢洪道泄槽未衬砌，或者局部衬砌，问题就更大了。山西省于 1976 年修建的鲍家河水库溢洪道是坐落在第四系中更新统棕红及浅红色低液限黏土上，土质均匀，偶含钙质结核，而进水渠、控制段、泄槽边墙置于黄土状粉土及低液限黏土上，却在认为流速较小的泄槽平坡段采用 5 段宽 3.0 m 的浆砌石带间隔护砌。

山西下米庄水库溢洪道，地基为可能产生液化的粉砂地基也仅在进口和跌水消能段进行护砌。这种土质渠道允许的不冲流速是很小的。即使最密实的黏土，孔隙比为 0.3～0.2，密度已达 2.04～2.14 t/m^3，水深 0.4 m 时，不冲流速只有 1.4 m/s。即使水深达到 3.0 m 时，不冲流速也不过 2.1 m/s。粉细砂地基的不冲流速也只有 0.17～0.4 m/s。溢洪道泄槽泄洪时流速那么小是不可能的。

即使做了护砌的溢洪道也应复核其护砌结构，例如河北省马河水库溢洪道的泄槽坡比 0.015，采用浆砌石护砌，在遭遇 50 年一遇洪水时，复核溢洪道设计泄量的流速在泄槽段已达到 6.5～8.0 m^3/s，而按《水力计算手册》中对采用双层浆砌石护砌的渠道容许不冲流速却只有 3.5～5.0 m^3/s，因此仍会对泄槽产生冲刷破坏。像上面提到的河北省大庆水库溢洪道泄槽，虽分析其衬砌混凝土脱落原因与其渗漏有关，但最终大面积脱落出现冲坑，还是因为 1990 年、1991 年连续两次泄洪造成的。在断层破碎带形成冲坑，最大冲坑宽 2.5 m，深 1.0 m，若再次泄洪，冲坑肯定会加深，并会沿断层向下游发展，以至于威胁交通桥的安全，甚至影响到坝体的安全。同样的隐患还有河南省的石包头水库溢洪道。

二、泄水建筑物消能防冲设施存在的安全隐患

（一）消能防冲设施安全隐患概述

溢洪道除承泄水库容纳不下的洪水外，还应将洪水安全导入下游河道，保障枢纽其他建筑物的安全。消能防冲设施是耗散水流能量，安全连接上、下游水流的重要设施。控制段、泄槽段及消能防冲设施是一个正常溢洪道不可缺少的三个组成部分，因此应重视消能

防冲的设计。

消能防冲设施有自己的洪水标准，它有别于溢洪道的设计洪水标准。溢洪道具有保证枢纽主要建筑物的安全功能，因此与大坝建筑物的洪水标准相同。而消能防冲建筑物在溢洪道末端，一般条件下，只涉及本身的安全，宣泄稀遇洪水概率很小，且持续时间又短，因此可低于溢洪道设计洪水标准，例如 2 级建筑物的溢洪道，其设计洪水标准为 5 000 ~ 2 000 年，而消能防冲设施的设计洪水标准只有 50 年，3 级建筑物溢洪道的消能设施洪水标准只有 30 年。这是总结我国一些工程运行的经验提出的，许多工程运行中存在开启少数闸孔泄洪的弊病，其结果是实际单宽流量远超设计单宽流量，有时高达 2 ~ 3 倍。由此增加对下游的冲刷破坏，但尚未出现危及大坝及其他挡水建筑物安全的先例，因此采用小洪水流量控制消能建筑物的设计标准经济、实用。遭遇超标准洪水时，可允许消能建筑物损坏，但不得危及大坝及主要建筑物的安全，易于修复。

在海河流域水库的除险加固设计报告中，对溢洪道的现状及问题论述不多，消能问题论述的更少。这可能与没泄过设计标准下的洪水有关，小流量引起的破坏影响较小，便于修复，没有引起重视。其实在溢洪道设计中，消能防冲设计是比较重要的一项内容，由于上、下游水位相差较大，泄槽末端的流速也相当大，破坏力也大，因此必须通过消能设施耗散水流能量，达到安全连接上、下游水流的目的。

消能方式种类较多，溢洪道的消能要根据地形、地质、水力条件选定。合理选择消能的布置型式，可避免对坝址下游河床和岸坡的严重淘刷、冲刷以及淤积。溢洪道常用的消能方式常用的有两种：一种是挑流消能，另一种是底流消能。

挑流消能是借助于挑流鼻坎使高速水流沿抛物线挑射，在挑射过程中，通过吸附和掺混空气来耗散部分能量，然后将水流抛射到远离泄槽的部位与河床尾水位衔接，对有较强的抗冲蚀性能的坚硬的岩体和具有较高水头的枢纽较为适宜。

底流消能是当急流进入消力池后，受尾水顶托，流态突然转变形成水跃，通过水流内部强烈紊动、剪切和掺混，使部分功能转换成热能和位能，从而达到消能的目的。跃后形成缓流，冲刷能力一般较小。所以，底流消能方式适应各类地质条件，特别是土基或者是软弱岩基，底流消能更为合适。当下游尾水深度不足时，适当降低池底高程以促进水跃产生。当开挖太深不经济时，可在护坦末端修建尾坎或二道坝壅高坝前水位，以促进水跃产生。也可在护坦上设置辅助消能工，如尾坎趾墩和消墩等迫使急流形成强迫水跃。

因此，消能型式与地形、地质和水力条件密切相关。海河流域的病险水库溢洪道的消能防冲的安全问题有以下几点：一是未进行消能防冲设计；二是消能防冲设计不合理；三是未对出水渠进行设计任由下泄水流冲刷。

产生上述安全隐患的部分原因，一是对溢洪道消能防冲重要性认识不足，认为溢洪道不过是设在山谷中的一条渠道而已，能满足下泄设计流量即可。溢洪道在长期运行过程中以较小流量下泄为主，设计泄量从未发生过。二是出于当时的经济效益考虑，采用先冲后护的做法，致使未进行消能防冲的设计。消能防冲设计不合理，除工程投资产生的问题外，也有技术不成熟问题。如在土基和松散地基上做挑流消能的做法，既花了钱又没有解决问题。

消能防冲设施的安全问题是冲刷。产生溯源冲刷的后果，主要是影响溢洪道自身的安全。若任由其淘刷，尤其是土基溢洪道会影响到控制段堰体失稳，就会影响整个枢纽的安全。

消能防冲设计，并不是一定要设计建筑物来保证洪水下泄安全，但要论述清楚能量消散的方法措施，以及抵抗冲刷的能力，冲刷的影响及后果。这也是消能防冲设计的内容。

（二）消能防冲存在安全隐患的工程实例

1. 消能防冲设计不合理

采用挑流消能的地基条件是挑流部位是抗冲刷能力强的坚硬基岩，但是山西鲍家河水库溢洪道坐落在第四系中更新统棕红色及浅红色低液限粉土上，虽在挑流部位为偶含钙质结构坚实黏土，但抗冲刷性不能和坚硬岩体相比。在为支承泄槽陡坡段和挑流段的结构上采用了井柱桩基础，但集中渗流就造成淘刷，以至于桩体裸露。该溢洪道只泄过小洪水，因而发生了冻融破坏，混凝土已剥落露筋。

河北省宋各庄水库溢洪道虽然坐落在基岩上，岩性为中厚层白云岩，局部含薄层白云岩，但溢洪道尾部为滑坡体，碎石土松散体厚 7.0 m 左右，下部为强风化—中等风化白云岩地层。1996 年泄洪（尚不清楚泄洪流量）时，挑出的水流受下游残留岩体影响，侧向折冲形成冲沟。沟内表层出现直径 3～5 m 的巨大块石，松散堆积物厚度 6～16 m，冲沟形成陡峭边坡高度达 10 m，边坡稳定性极差。

乱木水库溢洪道采用挑流消能，但下游地面高程 109.0 m，溢流堰顶高程才 112.0 m，鼻坎反弧段底高程 107.0 m，挑坎顶高程 107.5 m，因此水流挑距很近，而且冲坑位于第四系厚度 4.8 m 砂砾层，下部为强风化太古代花岗片麻岩，经历过“96·8”洪水，冲坑深度已影响溢流堰的稳定。

山西省下米庄水库溢洪道坐落在可能液化的粉砂层地基上，采用挑流消能。虽做了部分护砌，但在 1983 年和 1990 年两次放水洞过流，即使小流量侵入其出口，就已将其挑流部位淘空冲垮全部报废。若溢洪道过流，其影响及损失可能更大。

2. 未设消能防冲设施

未设消能防冲设施，大部分是将溢洪道当作一条泄水明渠设计，未明确其控制段、泄槽段，更未考虑消能方式。像河北省红领巾水库溢洪道位于主、副坝之间，为天然石渠开挖而成。河南省石包头水库于 1959 年开工，中间经历停工续建，但溢洪道至今仍为开挖断面，下游出口被冲成深沟。

即使在渠道进口安装闸门，设置了一段控制段，但其后仍是开挖明渠，也未考虑消能问题。例如河南双泉水库，溢洪道位于大坝左端 150 m，全长 700 m，进口为开敞式，堰顶高程 214.0 m，2003 年改建为平板翻板闸门，过水断面 30 m，泄槽纵坡 1/200 渠槽边坡 1∶0.5，出口为陡坡入下游河道。溢洪道两岸边坡及底部出露为二迭系砂岩、泥灰岩或泥页岩，风化严重，渠道下游部分为亚黏土。比较典型的是溢洪道设计采用泄槽陡坡段水流直接冲刷下游河床或岩体。例如河北省横山岭水库的正常溢洪道及非常溢洪道均采用此种布置形式。或是只采用防冲措施，如河北省的马河水库，溢洪道坐落在强风化花岗片麻岩上，控制段 70 m，在采用浆砌石护砌的泄槽 60 m 处设置 1.1 m 深的齿槽，齿槽下游仍为泄槽，坡比为 0.015，未设护砌，水流自然跌入高差 13.5 m 的强风化岩体，深 15 m 的天然地基。经历过 1963 年洪水，但由于垮坝，未查清楚此时溢洪道的过流量及冲刷状况，

1964 年改造溢洪道,堰顶高程降低 4. 3 m,又遭遇 1996 年洪水,下泄流量 380 m^3/s。该溢洪道消能防冲的设计标准可按 30 年一遇洪水标准下泄 730 m^3/s 设计,也可按 50 年一遇洪水标准下泄 871 m^3/s 设计,但宣泄设计标准以下小洪水流量,已产生冲刷、淘刷,虽还不会对溢洪道造成破坏,也可以说产生的溯源冲刷还没有达到危及溢洪道建筑物的安全情况。但在设计洪水标准下情况又会如何? 只能待未来洪水冲刷后,再视情况进行防护。在设计洪水标准下的安全隐患仍未消除。

3. 未对出水渠进行设计

设在山谷里的溢洪道出口经消能后,不能直接泄入河道而造成危害时,应设出水渠。出水渠水流应平顺稳定,不产生冲刷破坏。要解决这一问题,出水渠应有一定断面宽度,使水流不过分集中。渠道轴线方向应顺下游河势,应防止折冲水流对河岸产生危害性冲刷。

实际在工程设计中往往忽略出水渠设计,利用天然山谷接下游河道。如果真不怕冲刷,或冲刷后果危害不大也可以,但实际上并非如此。例如大庆水库溢洪道挑流消能后的水流在宽 60 m,深 1. 0 m 天然河沟通过,此断面仅能过 194 m^3/s 流量,且挑坎右侧岩壁向左侧形成偏流,下泄洪水不能直接进入主河槽,造成回流冲刷坝脚。

河北省大(2)型工程临城水库,先后修建三座溢洪道,共用一个天然山谷作出水渠。山谷临近河道有两个出口,为防止近坝的出口水流危及坝脚,作一土坝堵住这一出口,另一山谷出口为 16 m 宽的天然卡口,两侧均为风化岩体。1963 年大洪水将小土坝冲垮,造成洪水淘刷了坝脚及坝后反滤排水。1964 年加固工程中,将小土坝改建为浆砌石导流坝,坝高 18 m,坝顶高程 108. 0 m,出水渠断面按 2 300 m^3/s 泄量标准开挖。1970 年工程扫尾欲按 500 年一遇洪水下泄 5 000 m^3/s 标准进行开挖,并通过水工模型试验验证尾水渠最高水位为 110. 8 m(导流坝已加高至 110. 0 m),实际出水渠并未按设计要求开挖。"96 · 8"洪水中,由于出水渠右岸山头阻水导致渠道水位抬高,泄量 1 016 m^3/s 时出水渠出口水位 103. 5 m,导流坝水位 105. 26 m,造成洪水漫出左侧岸滩,奔向上游河道,仍威胁大坝坝脚及排水反滤的安全。渠道出口右岸未设堤防,造成右岸淘刷,威胁下游彭家泉村仅有一点耕地的安全。

河北省横山岭水库也是一座大(2)型工程,其设计采用正常溢洪道和非常溢洪道集中在一起布置,均采用驼峰堰,但堰顶高程相差 5. 5 m,堰顶过流净宽分别为 15 m、78. 5 m。溢洪道未采用消能设施,而是采用陡槽泄入南北向山谷。在溢洪道仅下泄 310 m^3/s 流量(20 年一遇洪水溢洪道泄 800 m^3/s 流量),主坝左岸距坝脚不远的苹果园被回流冲毁。因此,应对出水渠进行设计,顺应水势,采用一定的工程措施将下泄洪水安全导入河道。

三、输水建筑物存在安全隐患

(一)输水建筑物存在的安全隐患概述

输水建筑物大部分坐落在坝体内(包括部分排沙泄洪洞和放水洞)或是坝肩下,一般由进水渠道、进水塔、涵管(洞)出口闸室和出口渠道组成。进水口一般设闸控制输水量,也有采用涵卧管形式取水,如鲍家河水库和申村水库。也有在出水口设工作闸门而在进口设检修闸门。

输水管道有预制、现浇混凝土管道或是浆砌石箱涵,也有采用隧洞结构型式,如河北省红领巾水库和山西省后湾水库的输水洞、大庆水库放水洞。

采用进水塔引水的形式比较多,根据与坝体或库岸的相对位置,进水塔的结构也多种多样,有塔式、岸坡式、竖井式,竖井式设在山体或坝体内与上、下游的管(洞)相接。

出水口的结构形式与水流流态和输水的功能有关,有的出口直接连接到发电管道或是灌溉渠道即可,有的出口还要作消能处理后,才能引入用水渠道。根据进、出口位置及所处地形条件还需设置明渠,并加以衬砌防护边坡的稳定。

输水建筑物也存在进出口渠道边坡的稳定问题,比进、出口建筑物的结构安全和稳定更重要的问题是坝下埋涵(洞)的渗漏和结构安全。

1. 输水管道的结构安全

输水管道的渗漏以及破损开裂的漏水后果是非常严重的,它直接影响大坝的安全。产生这类问题的原因很多,如材料的耐久性、材料的强度、施工质量、管道接缝止水材料的强度及耐久性、地基不均匀沉陷等。材质引起隐患的典型工程是山西省下米庄水库,其输水管道为砖砌拱涵。漏水危害比较典型的现象是坝体出现塌陷,如河北省的闪电河水库。坝下埋涵的危险在于坝体浸润线以下坝体的细颗粒通过渗漏通道不断进入管道内,造成管涌发生土体失稳,或者库水通过管道渗漏通道直接将高水头作用于坝体内部,超出各种土所能承受的渗流坡降,从而发生渗流变形,造成坝体失稳。

输水管道的结构破坏以至于坝坡塌陷不仅使其丧失功能,也会引起垮坝。还有一种坝下埋涵结构隐患的是未在管身设置止水环,易引发接触渗流。

2. 进、出口建筑物的安全隐患

输水建筑物进、出水口的病患最主要的问题是进、出水口渠道两侧边、翼墙的坍塌,以及进水口的淤堵,丧失输水、放水功能。由于输(放)水功能不同,库内取水的高程也不同,为尽量取用低水位或利用最大水头,灌溉洞、放水洞、发电引水洞进口高程都较低,当未考虑多年运行后库内的淤积问题时,就会产生淤堵。进口渠道的边墙的坍塌会造成取水流量的减少,并把边坡石料冲入管道内(除非坍塌把进水口堵死,或是影响到闸门的开启),还不至于丧失其全部功能。进口渠道在正常蓄水情况下,大部分应处于水下,除因闸门运行引起流速突然变化,或是水位突降引起边坡两侧水压失衡外,不会发生坍塌。由于渠道两侧边翼墙的护砌多采用浆砌石结构,在水位变动区,其抗冻能力有限,再加上砌石质量问题,其耐久性是较差的,在水流的冲刷作用下破损局部破坏不可避免。

出口渠道的破坏往往是由于出口流速较大,又未设消能设施而造成的,也有冻融破坏的影响,多与设计采用的结构措施、材料性能和施工质量、运行条件有关。

进水口建筑物为钢筋混凝土结构时的稳定问题不大,只有河南小南海水库输水洞进水塔出现倾斜问题。结构破损影响进水塔结构安全问题的是山西省十里河水库冲沙泄洪洞和输水洞的进水塔。

由于进水塔地基沉陷,引起与涵洞连接处损坏,出现的病险问题仍应归于进口建筑物的损坏,如河北的临河水库和河南小南海水库的输水洞,其进水口的结构特点是下部为竖井、上部为塔式。

进、出口的安全隐患对输水的功能影响较大,除因沉降引起进口连接段的破坏外,对枢纽整体的安全影响较小。

(二)输水建筑物安全隐患工程实例

1. 输水涵洞的漏水问题实例

输水涵洞存在漏水问题的工程相当普遍,尤其是浆砌石结构的埋涵,最容易产生渗漏问题。河北省的闪电河水库的灌溉洞为 1.8 m×1.4 m 浆砌石拱涵的明流洞,基础为 Q_4^{al} 细砂层,洞顶漏水严重的原因有两个:一是砌石施工质量,二是沉陷缝填充材料。设计报告提出油毡、沥青填充物年久老化,造成分缝处漏水导致上游坝坡塌陷,实际上,这种材料即使不老化也没有强度,起不到止水的作用。

河北省马河水库的放水洞位于大坝左侧,全长 93 m,断面为 1.3 m×2.05 m 浆砌石马蹄涵洞,地基为强风化片麻岩。洞身 3/4 段漏水,在靠近上游 20 m 段,洞壁可见残留土料,说明坝体土料已被带入洞内。更为典型的是水库的灌溉洞,两个灌溉洞分别位于大坝左、右两侧,流量只有 1 m^3/s,洞长 66 m,为矩形无压涵,尺寸为 0.6 m×1.6 m,水深 1.2 m,洞身材料为 1∶3.5 水泥砂浆的浆砌块石,盖板为 0.5～0.6 m 宽的条石。该坝为黏土斜墙坝,涵与坝之间接合部没有任何结构措施,库水很容易通过结构缝渗漏进入洞内,并带入大量坝体土料,进口坝坡曾多次出现塌坑。

山西省十里河水库的冲沙泄洪洞位于主坝右侧,为 2 孔 3.2 m×4.5 m 浆砌石涵洞,内衬 40 cm 混凝土。灌溉洞位于大坝右端与副坝接合处,为 1.6 m×2.0 m 无压涵洞。地基为全新统冲洪积结构松散的卵石混合土地层上。洞体伸缩缝漏水,坝体土可能被带入洞内。

河南省双泉水库输水洞,为 1.2 m×1.8 m 的白灰砂浆砌石拱形洞,砌缝及沉陷缝渗漏严重,洞壁与坝体有接触渗流冲刷问题,会危及坝体安全。

河北省临城水库输水洞位于大坝左端,为现浇 ϕ1.8 m 钢筋混凝土圆管,分缝间距 22.5 m,分缝止水材料为 2 mm 厚的镀锌铁片,坐落在风化花岗片麻岩基上,管身设混凝土刚性支座。1973 年汛后高水位检查发现有 4 条伸缩缝漏水,其中一条较严重,最大漏水量 0.97 L/min。

山西省郭庄水库泄洪排沙洞位于大坝左岸 200 m,是一条穿过砂卵石、粉细砂、重砂土和夹有中粗砂、中细砂透镜体的亚黏土地层的隧洞。在 1976 年建设过程中,洞径 3.5 m×3.5 m 浆砌石门洞形箱涵,出现不同程度的沉陷和裂缝。洞壁和洞外土体之间形成连续通道,有渗漏现象。

2. 输水涵洞的结构安全隐患实例

涵洞结构安全隐患类型较多,前述结构分缝漏水是一种类型。此处主要介绍结构损坏方面的问题,包括隧洞的围岩稳定问题。河北大庆水库的放水洞位于大坝左岸,全长 160 m,为 2 m×2.2 m 钢筋混凝土城门洞型无压隧洞。大部分围岩为混合花岗岩,仅中间段为黑云母角闪斜长片麻岩,其间有伟晶、辉绿岩脉侵入。围岩以弱风化为主,局部洞段为强风化,节理裂隙发育。已衬砌混凝土质量差,剥蚀严重,未衬砌段岩体运行中裂隙发育部位有岩石塌落。发生类似问题的还有河北省的石板水库。

有些工程实际运行中改变了原设计运行条件,如无压洞改为有压运行,致使原结构衬砌发生破坏。例如河北省红领巾水库的输水洞,位于大坝左坝头,洞径 2.0 m,洞长 164.1 m,采用 0.25 m×0.25 m×0.15 m 混凝土预制块衬砌,为无压洞。前 50 m 围岩为震旦系中统雾迷山组灰岩,含燧石条带白云质灰岩,微风化节理裂隙不发育,后 114 m 围岩为紫红色－灰白色角砾岩，角砾成分为隧石、硅铁质胶结，微风化，节理裂隙发育，岩体完整性较差。输水洞实际按有压运行。预制混凝土砌块连接质量不好，洞壁裂缝破损严重，泄洪时会因内压过大开裂，洞内水外渗向山体。

浆砌石涵洞除出现沉陷缝漏水问题外，砌体裂缝也是不可避免的。河南双泉水库的输水洞采用白灰砂浆砌块石出现砌缝漏水。山西郭庄水库泄洪排沙洞浆砌石，在 1976 年建设中就发现砌体裂缝有渗漏现象，采用内衬 40 cm 钢筋混凝土，将 3.5 m×3.5 m 门洞形衬砌成 2.7 m×2.7 m 马蹄形断面，仍发现有漏水现象。2005 年检查洞身仍多处出现纵、横向裂缝，缝窝麻面、露筋、止水出露、接缝错台等缺陷多有发生，并伴有集中渗漏问题，设计报告提出是由于衬砌厚度不均匀造成的未免不全面。

有的工程在浆砌石洞内加衬钢结构以求解决砌体的渗漏问题。例如河南塔岗水库的输水洞，原为 1.6 m×2.4 m 浆砌石明流涵洞，穿越浆砌石独立体堆石混合坝体。经多次改造在涵洞内装有 ϕ0.9 m 压力钢管，仍受坝体渗水影响，钢板锈蚀严重，锈蚀量达 2～3 mm。结构强度仍受到影响。

河南省石包头水库有两条输水洞：一条输水洞位于大坝右侧，用于供水、发电、灌溉；一条输水洞位于大坝左侧，主要用于灌浆，均穿越浆砌石斜墙干砌石与堆石混合坝体内。供水发电洞原为砌体廊道式的明流洞，多次过流，洞进口段被冲坏。1973 年将明流洞改建为压力钢管，内径 0.9 m 钢管壁厚 5 mm，由于水仍能通过坝体渗漏入输水洞内，钢管常年浸水锈蚀严重，锈蚀量 2～3 mm。由于通气孔堵塞不能正常工作，输水洞进口段和洞内管壁气蚀严重。灌溉洞采用压力短管接浆砌石明流洞，断面为城门洞型，砌石厚 40 cm，在运行中发现洞身在穿越坝体浆砌石防渗面板和干砌石独立体接合部出现一环向裂缝，最大宽度发展至 200 mm。其原因是坝体两种材料压缩性存在明显差异，该部位结构未设沉降缝。根据坝体竖向位移沉降观测数据分析，灌溉洞高程以下坝体在浆砌石面板部位累计沉降为 9.9 mm，而干砌石体部位为 128.6 mm，沉降差为 118.7 mm。厚 40 cm 的浆砌石输水洞是无法承受这么大的变形的。

即使已采用钢筋混凝土结构的输水洞也存在结构强度不满足规范要求的问题，如山西省后湾水库的输水洞。

1958 年修建的河北省临城水库输水洞为现浇钢筋混凝土圆管，直径 1.8 m，壁厚 0.5～0.6 m，坐落在花岗片麻岩基上，每段洞身外设有 2.0 m 高的截渗环，管身下部设混凝土刚性支座。1960 年发现洞壁有 4 条环形裂缝，曾先后采用水泥砂浆、环氧砂浆剔槽补强，又再次裂开。1973 年汛后高水位检查又发现 4 条伸缩缝漏水，其中一条较严重，最大漏水量 0.97 L/min。1977 年将输水洞内衬钢管，回填灌浆处理后，管道缩至 ϕ1.5 m，降低引水流量，减少电站出力 20%。1991 年检查发现内衬钢管不圆，钢板接头错位，开焊钢板与混凝土洞壁脱空，钢板腐蚀严重。表层剥落起不到防渗作用。于是拆除钢板凿除砂浆，恢复 ϕ1.8 m 洞径，采用橡胶条压缝锚固处理。2003 年现场检查，发现橡胶压条锚固开裂，环向缝略有发展，距洞出口 60 m 有一冒水“泉眼”。

河南省小南海水库输水洞于 1959 年建成，位于大坝右岸坝头山脚处，系坝下埋设钢筋混凝土蛋形管道，坐落在闪长岩弱风化带上，洞径 3.05 m，管道长 30 m，总长 245.5 m。自 1963 年发现洞身有 10 条裂缝始，开槽填塞砂浆封闭，灌浆处理未见成效，裂缝还有所发展。1988 年检查洞身裂缝已达 12 条,1992 年灌浆处理。2006 ~ 2007 年两次检查,发现处理过的裂缝又多数发生开裂,并伴有渗水现象。

有些输水管道结构中裂缝产生的原因还比较明确,还有一些裂缝发生的原因挺复杂。像临城水库的输水洞,反复处理仍出现问题,说明没有分析清楚产生裂缝的原因。分析清楚原因,才能避免治表不治本,使加固方案及措施更加合理。

3. 输水洞(管)进、出口建筑物的安全隐患工程实例

输水洞进、出口建筑物包括两部分结构:一是指进水塔、出口闸室等建筑物,二是指进水口前的引渠和出口的渠道。进、出口渠道的边坡失隐,结构损坏,也会危及输水洞失去它的功能。

例如河北省红领巾水库输水洞的进、出口,山体坡度较陡,岩体破碎,岩石滚落,堵塞输水洞进、出口。进口部分两侧浆砌石墙体老化开裂,已不稳定,危及进口及闸室安全运行。

马河水库放水洞出口接浆砌石衬砌明渠,由于出口流速大,无消能设施,部分渠道浆砌石护底、边墙已遭冲刷破坏。已设消能防冲设施的工程也有损坏的,如乱木水库的放水洞出口消力池及下游干砌石海漫被冲毁,影响洞身安全。其原因一是消力池结构尺寸不能满足底流消能水流条件要求,二是施工质量存在一定的问题。

弓上水库一级输水洞进口淤积严重,已无法正常使用。

还有一些工程,渠道和闸室(进水塔)都出现了问题。典型的是河北省石头城水库,其东、西输水洞进水口浆砌石翼墙坍塌,进口被淤平,闸门无法开启输水。闸室混凝土强度为 C15,在张家口地区,C15 混凝土的抗冻标号偏低,尤其是水位变动区部位混凝土冻融破坏严重,混凝土最大剥蚀深度达 25 mm。

进水塔和闸室结构破损问题,典型的是山西十里河水库的冲沙泄洪洞和输水洞的进水塔。塔体和排架柱的混凝土剥蚀严重,钢筋外露,锈蚀严重,鉴定结构强度不满足要求,设计报告分析主要原因是冻融破坏,耐久性差。其实主要原因是混凝土的质量差,不是混凝土抗冻标号不足,就是施工质量差。

进水塔稳定出现问题,比较典型的工程是河南小南海水库,其输水洞为坝下埋设钢筋混凝土管道,坐落在闪长岩弱风化地基上,进水口为坝内竖井式上接岸塔结构。在进口重建过程中,竖井下游侧与井底接合部接连出现 4 条水平环向裂缝,且随井塔倾斜而发展和变化。虽经环氧树脂等化灌处理,并在塔井上游侧设反压平台,但处理后的裂缝仍有发展,预埋裂缝观测仪器失灵,竖井安全隐患并未得到彻底解决。

第六节　土石坝震害严重

海河流域属于地震高发区,1966 年邢台地震、1976 年唐山地震均给我国造成很大损失和灾难。地震对土石坝的危害较大,通常可以归纳如下。

一、裂缝

裂缝是土石坝最普遍的震害。土石坝的防渗体如黏土心墙、斜墙或均质土坝受震害

后主要发生纵横向裂缝，严重的裂缝会发生漏水，有可能导致大坝发生渗透破坏。

岗南水库位于河北省平山县滹沱河上，为黏土斜墙坝，最大坝高 64.5 m，1#副坝位于主坝左岸为均质坝。1966 年邢台地震时，1#副坝下游坝肩处发生长达几十米长的纵向裂缝，应属于地震裂缝。

陡河水库位于唐山市郊，距唐山地震震中 19 km，坝址地震烈度为 9 度。陡河水库于 1956 年建成，原设计按 8 度设防。主坝长 1 700 m，副坝长 4 415 m，主坝河槽段坝高 22 m，一级阶地坝高 15 m。大坝为轻中壤土均质坝。1976 年发生地震时，水库最大水深 12.5 m。震后，土坝受到严重破坏，有滑坡和宽而深的纵横裂缝和暗缝，有大量的竖向和水平位移，防浪墙倒塌，坝身左右扭曲，上下起伏。事后经调查统计，全坝有横缝 100 多条，其中主坝 95 条。缝宽一般 0.1 ~ 1.0 cm，少数 1 ~ 3 cm，贯穿整个坝顶，少数延伸到上游坡，多密集于坝两端和坝高变化之处，缝深 2 ~ 3 m。纵缝是主要震害。主坝全长上、下游坡有两组连续的纵缝带，近似对称于坝顶两侧，每组宽 2 ~ 9 m，由 2 ~ 5 条裂缝组成，最大一条缝塌陷宽度 2.2 m，此缝深入坝基，缝中充填砂石。副坝纵缝多接近坝顶，深度较浅。

北大港水库位于天津市北大港，是一个平原水库，由四周均质土围堤形成水库，土堤平均高 7 m 左右。1976 年唐山地震时，大堤出现多条纵横裂缝。

二、滑坡

由于受地震反复上下震动及左右前后震动，坝体的加速度反应、速度反应和位移反应越来越强烈，指向坝坡外的惯性力和指向坝坡内的惯性力不断反复加大，当坝体土料震动抗剪强度抵抗不住下滑力时，便最终导致坝坡塌滑。有些工程施工质量差，坝体辗压不密实或不均匀时，坝体产生渗漏，使下游坝坡经常处于湿润饱和状态，遇地震时更容易产生滑坡。

陡河水库在唐山大地震时，主坝及副坝下游坡都出现弧形缝，副坝弧形缝使下游坝脚隆起并外移，是滑坡迹象。开挖发现，坝体有暗缝，上窄下宽，缝内充填坝基细砂软泥，说明坝基向上下游坝脚流动挤出，将坝拉裂。

密云水库位于北京市密云县，距唐山地震震中 150 km，坝址地震烈度为 6 度。白河主坝坝型为黏土斜墙砾石坝，坝高 66 m，坝长 960 m，坝体砂砾石料及斜墙上游保护层砂砾石料中，粒径大于 5 mm 的黏粒含量为 50% ~70%，小于 5 mm 的细粒平均粒径 0.24 mm，不均匀系数 3.7。设计没有提出相对密度要求，施工单位实验室做了最大、最小孔隙比试验，按设计干密度换算为相对密度仅 0.6。施工时铺料层很厚，只用拖拉机辗压。保护层与斜墙接触面附近砂砾料尤为疏松。设计按 8 度设防，8.5 度校核。但只考虑了地震惯性力对滑动稳定的影响，没有考虑在疏松砂砾石的地震附加孔隙水压力及疏松砾石抗剪强度降低的因素对滑动稳定的影响，在 6 度地震时就发生了滑坡。大坝坝基为砂卵石及卵石覆盖层，厚 40 余 m，用混凝土防渗墙及水平铺盖防渗。

地震时，强震仪实测顺河向坝基地面加速度为 53 cm/s^2，坝顶加速度为 128 cm/s^2，沿坝轴线向坝脚地面加速度为 39 cm/s^2，坝顶加速度为 160 cm/s^2，竖向加速度在坝脚地面为 50 cm/s^2，在坝顶为 66 cm/s^2，强震历时 114 s。震后发现，坝上游面滑坡，滑坡体顶缘在水面线附近，滑坡体长 900 m，面积 60 000 m^2，体积 150 000 m^3。滑裂面沿着保护层与斜墙接触面发展,局部深入到斜墙内,滑坡体堆积在上游坝脚外 40 m 范围内,远者达 100 m,距坝愈远,颗粒愈细。

三、液化

液化主要是指饱和砂土地基受地震作用而产生振动孔隙水压力,当振动孔隙水压力超过上覆有效荷载时,即发生喷水冒砂现象。土石坝坝基因土石坝荷载很大,不可能发生喷水冒砂现象。坝踵、坝趾的地基有较大的固结应力比,也不会喷水冒砂,只有离开坝踵、坝趾一定距离的饱和砂基才会因地震喷水冒砂,导致坝基下砂层向喷水冒砂处涌,因而发生坝坡塌滑或坝体下沉。实际工程中因地基存在地震液化土层而导致的事故是不少的。在海河流域中如前述陡河水库中一级台地地基上部 5 ~ 7 m 为可塑至软塑状黏性土夹 1.5 m 厚中细砂透镜体及淤泥层,以下为厚 20 m 的中细砂层,再下为黏性土与中细砂互层,最深达 300 m,中细砂相对密度较低,属液化土层,地震时此段坝脚喷水冒砂较多。

天津市大港水库位于天津市北大港独流减河侧,由土堤围成,库容 5.0 亿 m^3,土堤为黏土、壤土、砂壤土,为均质坝。堤基均为全新统上部陆相、海相,地下水埋藏浅,砂壤土、粉细砂的黏粒含量为 4.8% ~7.8%,在 7 度地震时为液化土。1976 年唐山地震时,围堤局部地段有喷水冒砂现象。河北省临城水库位于子牙河系滏阳河支流泜河南北支汇流处,坝址坐落在临城县西竖村西南。主坝为黏土斜墙坝,最大坝高 33 m。在坝后 0 + 670 ~0 +870段高程在 98 ~102 m 中砂地层中存在地震液化问题。

四、震陷

土石坝和坝基受到地震反复作用时,土体会发生振动压密,或者坝坡发生鼓凸,坝踵、坝趾地基发生隆起,或者因坝踵、坝趾以外的砂基液化(喷水冒砂),使坝基砂土向喷水冒砂处流动涌出。这些都会导致坝顶因地震而沉陷。如果震陷大于安全超高,则有库水漫顶的危险。如前所述,陡河水库主坝在地震后最大竖向位移达 1.64 m,有 10 个断面处坝顶竖向位移超过 1 m。坝顶最大水平位移 66 cm。坝坡向上、下游侧凸出 10 ~60 cm。

其他震害还有地震涌浪、库区滑坡等。

第七节　金属结构及电气设备老化、年久失修不能正常使用

一、金属结构设备老化、年久失修不能正常使用

(一)概述

我国现有水库中绝大多数水库不管大、中、小型水库的修建年限均已超过 30 年或更长,工程本身进入老化期,加上水库管理体制不全,资金不足,加快了水库金属结构设备的损坏速度和程度,使金属结构设备陈旧老化,年久失修,不能正常使用。据不完全统计,海

河流域22座大型病险水库中,金属结构及机电设备陈旧老化,年久失修,不能正常使用的有21座,占95.5%,83座中型病险水库中,金属结构及机电设备老化失修,不能正常使用的有60座,占72.3%。

(二)金属结构及机电设备存在的主要问题

1.闸门(包括拦污栅)

(1)门叶(或栅叶)结构严重锈蚀,影响安全运行。

(2)闸门止水橡皮的老化、撕裂及压板螺栓断裂、缺损,致使闸门严重漏水,影响闸门正常运行。

(3)滚轮和轮轴锈死,或原安装不当产生卡阻,甚至抱轴现象,不能正常使用;闸门采用胶木滑块,闸门漏水非常严重。

(4)门槽(栅槽)埋件腐蚀严重,轨道磨损,门和门槽之间间隙过小,使闸门升降发生困难。

(5)闸门制造质量差,原埋件安装误差较大,致使闸门漏水严重。

2.启闭机

(1)原设计无安全装置(如开度显示仪与负荷限制器等),且安全装置大部分损坏。

(2)由于油封老化使减速器或轴承漏油严重。

(3)由于安装不当使开式齿轮接触不均,加大了齿轮磨损。

(4)制动器未安装调准好,使制动带磨损,制动器制动时磨擦片打滑,影响安全运行。

(5)螺杆启闭机因螺杆长细比过大以及由于无过载或行程限制的安全设备而使下压力超载或由于安装和导向不当致使螺杆压弯。

总之,由于金属结构设备陈旧老化,年久失修,不能正常使用,已很难满足安全运行的要求。根据每个水库安全鉴定报告及水利水电工程金属结构报废标准,必须对大、中、小型病险水库金属结构设备进行更新改造,消除隐患,确保水库的安全运行。

(三)产生的主要原因

修建年限均已超过30年或更长,工程本身进入老化期,金属结构设备陈旧老化,年久失修,不能正常使用;同时水库管理体制不全,资金不足,加快了水库金属结构设备的损坏速度和程度。

(四)工程实例

金属结构及机电设备不能正常使用通过以下水库为例予以说明。

1.尔王庄水库金属结构及机电设备存在的问题

尔王庄水库位于天津市宝坻县南端大白庄乡与尔王庄乡境内,引滦明渠中段右侧,隶属于天津引滦工程尔王庄管理处,水库于1982年开始兴建,1983年7月竣工,是一座以调蓄为主,兼有蓄洪、供水作用的中型平原水库。

该水库的南侧和北侧分别设有1#涵闸和2#涵闸,由于这两闸已建成并使用了近20年,金属结构及启闭机设备存在设备落后、陈旧和老化问题。

(1)水库1#涵闸和2#涵闸设工作闸门3扇,孔口尺寸为2.5 m×2.5 m-5.5 m(宽×高-设计水头,下同),闸门止水的橡胶水封老化,紧固橡胶水封的螺栓、螺母锈蚀严重。

(2)水库1#涵闸和2#涵闸共设有2.5 m×2.5 m－5.5 m检修闸门3扇,闸门止水的橡胶水封老化,紧固橡胶水封的螺栓、螺母锈蚀严重。

(3)1×160 kN固定卷扬启闭机。原设计无开度显示仪与荷载限制器。

(4)固定卷扬启闭机钢丝绳锈蚀严重。

2. 云州水库金属结构及机电设备存在的问题

云州水库位于河北省张家口市赤城县云州镇北3 km处,距赤城县城20 km,系潮白河主要支流上的一座以防洪为主,结合灌溉、发电的大(2)型水利枢纽工程。水库建于1971年,1972年水库初建完成。云州水库设有金属结构设备的建筑物主要包括泄洪洞、发电输水洞等。

1)泄洪洞

(1)进口事故检修闸门。

事故检修闸门为后封水平面滚轮闸门,闸门孔口尺寸为4.0 m×9.7 m(宽×高,下同),闸门分3节,每节闸门均设置4个简支轮。上节闸门顶部设有充水阀,闸门的操作方式为动闭静启。启闭设备为2台固定卷扬启闭机,容量为1 000 kN,设计扬程为13 m;启闭机通过拉杆与闸门连接。

事故检修闸门的主轮转动不灵活,水封磨损严重。闸门反轨、门楣、底坎等埋件的外露表面锈蚀较严重。在设计水位(1 035.07 m)条件下闸门不能动水关闭。

事故检修闸门的启闭机设备为固定卷扬启闭机,存在以下问题:①设计水位条件下,启闭机的容量不能满足闸门动水关闭的运用要求。②高度指示装置已损坏,无荷载限制器。

(2)进口工作闸门。

工作闸门位于事故闸门的下游侧,为前封水平面滚轮闸门,门处孔口尺寸为4.0 m×8.0 m,闸门分3节,每节闸门均设置4个简支轮。闸门的操作方式为动水启闭。启闭设备为2台固定卷扬启闭机,启闭容量为1 500 kN,设计扬程为13 m;启闭机通过拉杆与闸门连接。

闸门的主轮转动不灵活,水封磨损严重。闸门反轨、门楣、底坎等埋件外露表面锈蚀较严重。设计水位(1 035.07 m)条件下闸门已不能动水关闭。

工作闸门的启闭机设备存在以下问题:①高度指示装置已损坏,无荷载限制器不能正常使用。制动器通电后不能打开,也不能正常使用。②工作闸门的启闭机为非高扬程启闭机,闸门通过多节拉杆与启闭机相连接,工作闸门常年处于水下,工作环境恶劣,闸门检修不便,闸门主轮注油检修困难,铜套锈死,使主轮不能转动,从而使启闭机超载。

泄洪洞为云州水库唯一的正常泄洪设施,泄洪洞工作闸门能否在水库的泄洪过程中正常使用,将直接影响到大坝的安全,其重要程度极高。

2)发电输水洞

发电输水洞工程是在进口设置1扇平面事故检修闸门,采用固定卷扬机启闭;出口设置1扇平面工作闸门,采用螺杆启闭机启闭。发电输水洞闸门及其启闭机设备于1972年建成,使用30多年,闸门、埋件、启闭机的制造、安装质量差,存在问题多。

(1)进口事故检修闸门。

闸门为后封水平面滚轮闸门。闸门处孔口尺寸为2.5 m×3.0 m,闸门设置4个悬臂轮。启闭设备为1台固定卷扬启闭机,启闭容量为2×425 kN。启闭机直接与闸门连接,无拉杆。闸门的操作方式为动水启闭。

事故检修闸门及其埋件锈蚀严重;主轮转动不灵活,水封磨损严重,原埋件安装误差较大,闸门漏水严重。

事故检修闸门的启闭机设备存在以下问题:①启闭机的减速机为蜗轮蜗杆式,漏油严重,蜗轮轮齿出现破损,机架变形,设备陈旧、老化严重。②滑轮轮缘损坏,运行中曾出现钢丝绳跳出滑轮槽导致闸门卡阻的事故。③卷筒为单联光卷筒,钢丝绳多层缠绕,钢丝绳排列混乱。④钢丝绳卷筒侧面仅用两个压板固定,压板距离较小,钢丝绳端部固定不牢固。⑤无高度指示装置,无荷载限制装置。⑥闸门启闭速度太慢,启闭速度仅为0.14 m/min。

(2)出口工作闸门。

出口工作闸门为前封水平面滚轮闸门。闸门处孔口尺寸为2.0 m×2.5 m,闸门设置4个悬臂轮。启闭设备为1台固定螺杆启闭机,容量为500/150 kN。闸门的操作方式为动水启闭。

工作闸门及其埋件锈蚀严重,闸门门叶和埋件焊缝均有开裂现象;主轮轮轴变形较大,主轮转动不灵活,闸门启闭不畅,水封磨损严重;原埋件安装误差较大,闸门漏水严重。由于电站由发电输水洞的中部分出岔管引水,电站机组事故停机时,将产生水锤。原设计未考虑水锤压力,一旦机组事故停机产生水锤压力,出口工作闸门的强度将不能满足要求,可能导致闸门破坏。

工作闸门的启闭机设备存在以下问题:①箱体漏油严重,已不能存油,不能电动启闭闸门,只能手动,边操作边加油,启闭速度小,设备陈旧、老化严重。②超载限制器已损坏,不能使用。③高度指示装置已经损坏,不能使用。④螺杆长度偏小,在螺杆底部加了一根短拉杆,启闭机的闭门力不能保证,强制关门将导致启闭机超载。

3. 朱庄水库金属结构及机电设备存在的问题

朱庄水库位于海河流域子牙水系滏阳河流域沙河干流上,是一座以防洪、灌溉为主,发电为辅的综合利用的大(2)型水利枢纽工程,大坝为浆砌石重力坝。水库建于1971年,1985年竣工验收。朱庄水库枢纽工程由溢流坝,非溢流坝,泄洪洞底孔,放水洞,发电洞,高低电站及南、北干渠渠首建筑物组成。以下对溢流坝、泄洪洞底孔及发电洞存在的问题进行说明。

1)溢流坝存在的问题

朱庄水库原溢流坝共6孔,每孔净宽14 m,每孔设有14 m×12.5 m-12 m的露顶式弧形工作闸门1扇。弧形闸门启闭设备为6台2×450 kN固定卷扬启闭机。操作方式为动水启闭。弧形闸门前未设置检修闸门。

弧形工作闸门及其启闭机设备于1979年建成,投入运行近30年,存在的主要问题是闸门止水老化、漏水严重，闸门和埋件严重锈蚀。尤其是3#～6#闸门，涂层已基本脱落，闸门上主梁及其以下部位多为较重锈蚀，有的是严重锈蚀，局部有的已锈损。同时，不仅闸门制造质量差，焊缝外观质量亦差，主要受力焊缝局部存在少量的制造缺陷，但未发现裂纹缺陷。在设计水头12.0 m情况下，闸门的部分构件主梁的最大折算应力均已超过材料的允许应力（见《朱庄水库大坝安全鉴定报告辑》及《朱庄水库水工金属结构安全检测报告》）。

启闭设备的启闭系统无过负荷保护装置，无行程开关及闸门开度指示装置，原高度指示装置已损坏。启闭机运行时，抱闸偏心跳动。机械零件表面及减速器内齿轮副普遍存在锈蚀。开式齿轮副、卷筒、钢丝绳润滑状况不良，减速器及齿轮连轴器密封圈老化，存在渗漏现象。部分制动器的制动带已破损。部分启闭机电动机绝缘电阻不满足安全运行要求。经安全复核，启闭机的电动机、制动器、减速器、开式齿轮副等，在许多方面存在安全隐患，均不能满足安全运行要求。

2）泄洪洞底孔存在的问题

泄洪洞底孔共3孔。进口设3扇平面滑动事故检修闸门2.2 m×4.75 m－45.93 m，启闭设备为3台1 250 kN固定卷扬启闭机，闸门操作方式为动闭静启。在事故检修闸门后设有2.2 m×4.0 m－45.93 m潜孔弧形工作闸门，闸门为主横梁直支臂圆柱铰结构，弧门面板曲率半径为8 m。支铰高程216.5 m，闸门启闭设备为3台750 kN/400 kN摇摆式螺杆启闭机。闸门操作方式为动水启闭。

（1）底孔弧门和启闭设备存在的问题。

底孔弧形工作闸门整体外观形态基本良好，表面涂层老化、局部脱落，闸门止水装置老化破损，闸门漏水严重。导向轮多已经锈死不能转动。闸门整体较重锈蚀，局部严重锈蚀或锈损。主要受力焊缝局部存在少量的制造缺陷，但未发现裂纹缺陷。

闸门制造质量较差。9#、10#孔闸门面板不平度较大，最大为6.5 mm，超过现行规范 ≤3 mm。8#孔闸门的上部顶封部位，面板中间凸向下游，安装时虽用渐变后度封水垫进行了调整，经多年冲刷老化，渐变后度封水垫早已失效，致使弧门顶部漏水严重。

埋件制造及安装质量较差。8#、9#底孔弧门顶封座板埋件铸造时，在顶封座板部位有气孔沙眼，安装时，虽用环氧树脂进行了处理，从1979年到现在近30年冲刷锈蚀，孔眼更大，致使弧门漏水严重。埋设式顶水封型式不合理，侧轨埋件安装后检测，向下游位移较大，9#孔侧轨位移最大，向下游位移14 mm，超出现行规范允许位移值（±3 mm）。埋件整体较重锈蚀，局部严重锈蚀或锈损。

启闭机运行环境恶劣，减速器上油封严重漏油，运行维护困难。蜗杆两端支承处轴承磨损严重。启闭机安全连轴器锈蚀严重，致使安全连轴器失去调节作用，存在安全隐患。启闭机电动机绝缘电阻不满足安全运行要求。在实测水头（31.06 m，下游无水）情况下，得出闸门最大启门力超过启闭机的额定容量，说明启闭机运行时阻力增大已经影响到水库安全运行。经复核，启闭机的电动机不满足安全运行要求。

（2）事故检修闸门及启闭机设备存在的问题。

事故检修闸门整体外观形态良好，表面涂层基本良好，整体一般锈蚀，局部严重锈蚀。闸门胶木滑块及止水橡皮磨损，闸门漏水非常严重。闸门吊杆多数存在较重或严重锈蚀。

焊缝外观质量较差，主要受力焊缝局部存在少量的制造缺陷，但是未发现裂纹缺陷，闸门制造质量较差。

埋件整体一般锈蚀，局部严重锈蚀。事故检修闸门、埋件与弧形工作闸门、埋件的制造及安装质量均较差。

事故检修闸门启闭机设备老化现象严重，设备整体状况较差。电动机功率和制动器制动力矩以及减速器的承载能力均偏小，都不能满足安全运行要求。启闭机系统中过负荷保护装置和行程控制开关均已经失去作用，存在安全隐患。减速器内齿轮副齿面及开式齿轮副小齿轮存在明显磨损。

3）发电洞存在的问题

发电洞洞径4.1 m，共1孔。进口设1扇拦污栅，拦污栅分为上、下2节，尺寸为4.5 m×6.6 m－4 m（宽×高－水位差），闸门采用定轮式支承，拦污栅启闭设备为1台2×80 kN固定卷扬启闭机。拦污栅后设1扇3.5 m×4.1 m－42.98 m平面滑动事故检修闸门，启闭设备为1台2×1 000 kN固定卷扬启闭机，闸门操作方式为动闭静启。拦污栅、闸门及其启闭设备于1977年建成，并投入运行。

（1）拦污栅及启闭机设备存在的问题。

拦污栅启闭机钢丝绳已经锈断，同时水库运行至今30多年，从未提栅清污和提栅检修，不能再继续使用。

（2）事故检修闸门及启闭机设备存在的问题。

事故检修闸门整体外观形态良好，表面涂层基本良好，整体一般锈蚀，局部严重锈蚀。闸门胶木滑块磨损严重，导向轮多已经锈死不能转动，有的存在严重磨损，止水橡皮老化，局部已经破损；闸门制造和焊缝外观质量较差，主要受力焊缝局部存在少量的制造缺陷，但未发现裂纹缺陷。该闸门在运行中，曾两次一侧拉杆脱节，出现侧轮碰掉事故，闸门滑块损伤严重，埋件不锈钢轨头脱落约4 m长两段：在设计水头（42.98 m）下，闸门的主横梁、边梁的最大应力均已经超过材料的容许应力，闸门的其余构件的强度和刚度均满足要求。闸门主材料为A_3F，按现行规范，材料不符合要求。检测报告结论认为：综合考虑闸门材料不合格，部分构件的强度已不能满足安全运行要求，且闸门制造质量较差，闸门运行已近30年等指标因素，根据《水利水电工程金属结构报废标准》（SL 226—1998），现有闸门应报废更新。

启闭机减速器齿轮副齿面损伤、磨损，挤压变形现象严重，减速箱底座锈坏漏油。减速箱内齿轮磨损成尖角，箱底发现磨损、脱落的大块三棱体铁屑。轴承盖顶坏，减速器不能正常工作，左端减速器中间轴左支承处有一道裂纹，存在安全隐患。荷载限制器、行程开关及闸门开度指示装置损坏，存在安全隐患。开式齿轮副、卷筒及钢丝绳无润滑。经安全复核，启闭机的电动机、制动器、开式齿轮副均不满足安全运行要求。

（五）结论和建议

根据以上各工程实例，水库的金属结构设备在水库除险加固之前，普遍存在的问题是可靠性低、设备陈旧老化、隐患故障多，年久失修，使水库不能正常运行，同时水库的修建年限均已超过30年或更长，符合《水利水电工程金属结构报废标准》（SL 226—1998），必须对工程的闸门和启闭机进行维修或更新，消除隐患，确保水库的安全运行。

二、电气设备老化、年久失修不能正常使用

（一）概述

在水库除险加固之前，海河流域内水库的输水和泄洪设施以及坝区等电气和监控设施普遍存在的共性问题是可靠性低、设备老化、性能落后、隐患故障多，具体表现主要如下。

1. 外来供电可靠性低

水库的泄洪和坝区设施的外来供电电源（由电力供电部门提供）的可靠程度比较低，水库内供电主变压器和配电设备布置简陋，普遍采用杆上变台的简易设施，很多水库的电源线没有专用供配电架空线路，有的甚至从附近农村线路"T"接过来，在泄洪等紧急情况下，电源很不可靠。特别是像石头城水库（属于中型水库）等处的用电，甚至是由附近农村配电变压器低压侧的生活用电引接的，电源非常不可靠，电压波动范围和电压降都比较大，电能质量差，维修工作量比较大，不能适应水库的正常运行，更不能为紧急泄洪用电提供保证。

2. 水库供配电的系统设计不合理

水库供配电的系统设计不合理主要是泄洪电气负荷标准等级偏低，供电半径过大，可靠性差，电压波动大，电能质量差。由于海河流域自 1963 年以来再没有发生过大洪水，特别有一些水库近几年蓄水较少，没有经历过紧急泄洪，对泄洪设施的用电设备紧急泄洪预案均缺乏实际考验，甚至容易存有侥幸心理，因此对水库泄洪设施用电的电气负荷标准设置比较低，与水库中其他负荷用电的电气负荷等级同等看待，没有突出泄洪负荷用电的重要性，甚至泄洪配电点的电气负荷标准要低于水库主系统电气等级。属于大(2)型水库的横山岭水库、口头水库等很多大型水库以及大多数中型水库，作为涉及水库安全最主要的泄洪配电点不仅只设置 1 根供电电缆，而且泄洪设施的供配电电缆敷设路径和施工质量、运行条件比较差；不仅电能质量差，而且电缆容易受到损伤、水浸或进潮气，加速了老化，使泄洪设施的配电处于不大可靠的状态。一旦在汛期泄洪配电点的供配电电缆出现意想不到的临时故障，会造成泄洪困难。例如横山岭水库，负荷分散，相互之间距离远，但整个水库仅只在管理处设置一处配电降压站，造成水库内重要负荷点与配电降压站之间的距离，远远超过了低压供配电半径，能耗多、电压降大、启动条件差；泄洪配电点只有从农电引接一回线到管理处的配电变压器，泄洪现场离水库变压器低压侧的距离比较远，只有一根供电电缆，在闸门启闭时需要切除其他次要负荷，水库高水位时不仅线路压降大，电动机启动困难，而且可靠性也比较差。

3. 电气线路和设备老化

由于投运年久，相当多数量的电气和控制设备已超期服役，普遍存在电气线路和设备老化、可靠性降低和操作失灵等问题，严重影响安全运行，可靠性低，存在很大的电气隐患，安全鉴定评定等级很低。例如，朱庄水库变压器多处漏油，金属部件锈蚀；口头水库甚至有 1 台小变压器老化，损坏严重已不能使用。朱庄水库的开关设备老化，触头接触不良

甚至主刀烧毁等问题，而开关的操作机构磨损卡壳现象又导致经常操作失灵、误动和拒动，高压跌落式熔断器已严重锈蚀和损坏，无法操作，电缆老化严重，泄漏电流严重超标，耐压达不到要求。启闭机电气设备受潮，严重经常失灵和损坏，电动机经常出现故障。

4. 电气设备陈旧、简陋

在水库除险加固之前仍然还使用着大量老式电气设备产品，这些早已列入国家淘汰产品，型号陈旧、技术落后、耗能高、产品质量差，特别是变压器为高耗能淘汰产品。例如口头水库，甚至还在使用20世纪六七十年代的老系列S6等型号变压器淘汰产品。

5. 电气控制设备落后

由于坝区和输水、泄洪设施配套的电气设备普遍不能满足现行规范和节能减排的要求，没有自动化或者自动化水平极低，不少部位缺乏必要的电气和控制设备，或电气和控制零部件不配套，操作不便，或者设备简陋、损坏等原因，不少水库的启闭机要靠手动控制启闭，有些甚至无法正常运行。例如口头水库，输水洞进出口配电及操作设备均无配电盘且布线凌乱；泄洪洞电气设备全部损坏，灌溉闸不能电动操作，水库原有闸门均采用手摇启闭。又如朱庄水库放水洞启闭机，因原来的电气设备不完善，也只得靠手摇控制启闭。

6. 接地系统不完善

接地不可靠，甚至有的水库的大坝廊道和各启闭机室无防雷接地设施；对电气防火和消防措施不完善，大型水库缺乏电缆阻燃的防火措施，一旦电气设备或电缆因老化等原因，容易发生电弧打火而导致电缆延燃或串燃，扩大事故范围。这些都体现了对电气安全不够重视，存在着发生雷击、触电或火灾事故的隐患，个别水库的设备和设施易被雷击损坏。

7. 照明设施缺陷多

动力照明用电气线路因老化和受潮，朱庄水库等一些大中型水库很多电气线路造成多处漏电并经常发生短路、断路及烧毁，灯器具缺乏或损坏、简陋；像石头城等水库的大坝没有照明设施。

8. 通信落后

一些水库与上级调度之间采用普通电话通信，在通信手段、通信质量和管理水平、维修力量等各方面比较落后，不能保证水库正常运行调度和防汛调度的重要信息传输的要求。例如口头水库的管理处，现虽有电话、电台等通信设备，但因没有通信铁塔，使得通信传输质量很差。又如作为中型水库的石头城水库，与上级调度之间仍然只是采用普通电话通信方式进行联系。

9. 水情测报系统故障多

一些大型和重要中型水库水情测报系统的测点测报设备和信息传送系统设备年久失修，测报系统的自动化水准和管理水平都比较低，维修力量薄弱；即使有些水库已经有了水情自动测报系统，由于设备不配套和管理水平低等因素也不能形成一个完整的水情自动测报系统。例如口头水库，在2000年装设了雨情自动测报系统，雨情设备分别采用两家产品，一直不能很好地兼容，故障较多，现中心站已无法接收下设站点的信息，各站外置设备及水库水位计损坏严重，雨情自动测报系统软件需更新升级。

10. 监控设备不完善

原来已经配置了保护、监视控制设备的有些大型水库，普遍存在着监控功能不够完善，自动化水平低。例如口头水库原有闸门启闭时没有同步启闭开关、行程开关、开启高度指示等，无开度指示仪表。像朱庄等很多水库的大坝泄洪、放水和排水全为现地人工目测操作，或者配套电气零部件不完善，预想的功能无法实现，更难实现远方监控。大型水库和重要的中型水库缺乏视频监视系统，或者视频监视系统普遍不够完善、不配套。例如口头水库，虽然现已有视频监视系统一套，但有些重要部位却没有摄像机，难以发挥应有的效果。

（二）工程实例

现以属于大(2)型水库的口头水库作为典型例子，除险加固前不具备可靠的供电电源及双电源，原来只有来自口头变电站 1 条 10 kV 进线作为供电电源，10 kV 为单母线接线，一进二出，其中有二回主变（二台）出线。在负荷较大时由大变压器承担闸门启闭以及管理处、水文站用电，而在负荷较小时则由小变压器承担管理处、水文站的用电。由于后来经过多次防汛检查发现供电电源很不可靠，因此在 2005 年又新增加了一台 120 kW 柴油发电机组，作为应急备用电源。

口头水库原有的旧变压器采用在户外杆上布置，分别为 100 kVA 和 30 kVA 容量，属于 S6 老系列淘汰产品，早已超期服役，损耗大，老化损坏严重，其中 30 kVA 容量变压器已不能使用；输水洞进出口配电及操作设备均无配电盘且布线凌乱，无开度指示仪表，泄洪洞电气设备全部损坏，灌溉闸不能电动操作。泄洪配电点都只设置有 1 根供电电缆，各配电点的电缆电线都布线凌乱、严重老化，个别接近破损。

在口头水库除险加固之前，虽然已有视频监视系统和雨情自动测报系统各一套，但视频监视系统中有些重要部位没有摄像机。其中雨情自动测报系统为 2000 年装设，采用超短波通信方式，下设 5 个监测站，由于雨情设备分别采用两家产品，一直不能很好地兼容，因此故障较多，使中心站已无法接收下设站点的信息，各站外置设备及水库水位计损坏严重，雨情自测报系统软件需更新升级。口头水库管理处虽有电话、电台等，但没有通信铁塔，通信质量很差。

又例如朱庄水库，除险加固前枢纽用电变压器容量明显不足，坝区供电变压器老产品，能耗高，多处漏油；隔离开关老化，经常操作失灵，刀卡片常烧毁；电缆年久严重老化，耐压达不到要求；溢流坝弧门没有同步启闭开关、行程开关、开启高度指示，操作不便，溢流坝弧门和泄洪底孔启闭机电气设备受潮严重，经常失灵和损坏，电缆因年久受潮绝缘降低、发热明显；放水洞启闭机电气设备不完善，靠手动控制启闭；溢流坝段内排水泵及其电动机经常出现故障；坝内廊道内电气线路因老化和受潮造成多处漏电并经常发生短路、断路及烧毁，照明简陋、灯器具缺乏或损坏；大坝廊道和各启闭机室无防雷设施，接地简陋；大坝泄洪、放水和排水全为现地人工目测操作，无完善的配套电气零部件，也无远方监控设施。由于许多测报点年久失修，没有形成一个完整的水情自动测报系统。电气设备运行近 30 年，为淘汰产品，年久失修，可靠性低，存在很大的电气隐患。

第三章　病险水库加固工程

第一节　提高防洪标准工程

海河流域病险水库除险加固中，提高防洪标准的措施主要有：大坝加高、增加水库泄洪能力，或同时加高大坝和增加水库泄洪能力、改变防洪调度原则等。

一、大坝加高工程

大坝加高是海河流域病险水库除险加固中提高防洪标准的一个重要措施，涉及的坝型主要有土石坝、浆砌石重力坝和浆砌石拱坝。大坝加高的工程措施主要分为两类：一类是加高坝顶，另一类是增加坝顶防浪墙的高度或新增坝顶防浪墙。

（一）土石坝加高工程

1. 陶清河水库均质土坝加固坝顶、增加防浪墙

山西陶清河水库位于长治县海河流域浊漳河南源支流陶清河上，是一座以防洪为主，兼顾灌溉、养殖等效益的年调节水库。水库枢纽控制流域面积615.3 km^2，1959年10月兴建，1960年4月竣工。

水库枢纽主要由大坝、溢洪道、输水洞等组成。总库容3 432万 m^3，属中型水库，工程等别为Ⅲ等，主要建筑物为3级，次要建筑物为4级，临时性建筑物为5级。永久性挡水建筑物和泄水建筑物正常运用洪水标准为50年一遇，非常运用洪水标准为1 000年一遇。设计洪水位975.27 m，校核洪水位977.26 m。

安全鉴定结论：水库实际防洪能力低于20年一遇洪水标准，不满足规范要求。

除险加固工程：①坝顶换土，1962年防汛临时加高大坝975.9 m以上土体，土料物理力学指标不合格。对该高程以上土体更换合格土料上坝，并分层夯筑，使各项指标达到规范要求。处理高度为2.5 m，坝顶由2～3 m加宽到5.5 m，坝顶高程为977.9 m。②增加防浪墙，根据水库防洪要求，在坝顶上游侧设钢筋混凝土防浪墙，墙顶高程为979.25 m，墙体高2.55 m，埋深1.3 m，并与坝体紧密结合，满足挡水防渗要求。

加固后水库建筑物正常运用洪水标准为50年一遇，非常运用洪水标准为1 000年一遇。

坝体加高典型断面为0+285 m断面，见图3-1。

2. 乱木水库均质土坝加高防浪墙

乱木水库位于河北省临城县，泜河支流赛里川上，水库总库容1 410万 m^3，是一座以防洪、灌溉为主，兼顾养殖及林业生态等综合利用的中型水库。主体工程为Ⅲ等，主要建筑物大坝、溢洪道、灌溉放水洞为3级建筑物。设计洪水标准为100年一遇，校核洪水标准为1 000年一遇，设计洪水位117.18 m，校核洪水位118.60 m。1958～1959年兴建。

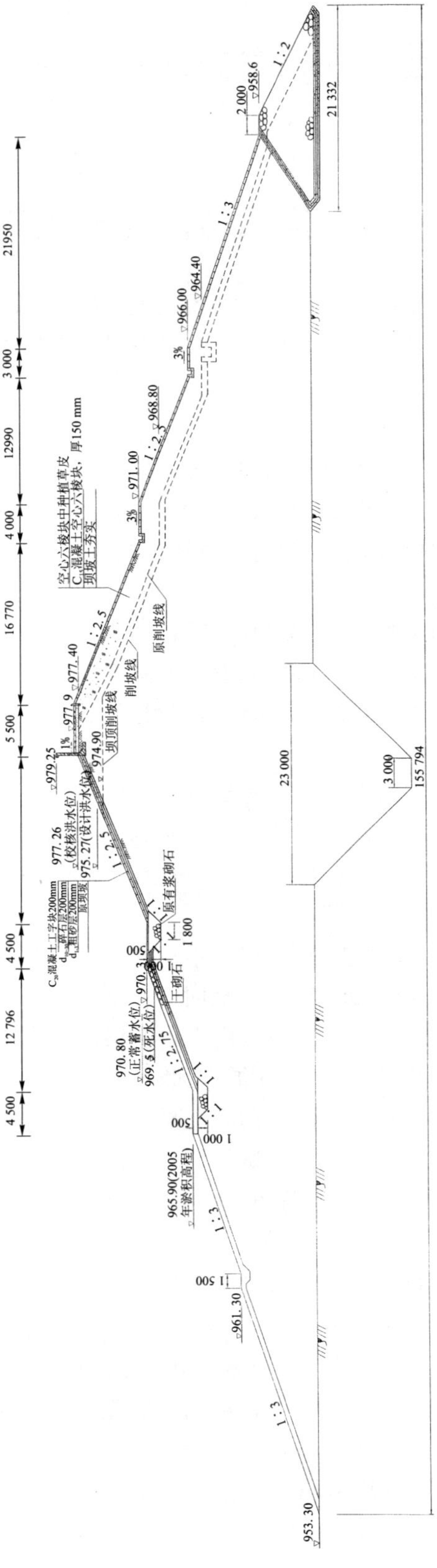

图3-1　大坝横剖面图（0+285）

水库枢纽由主、副拦河坝，溢洪道，灌溉放水洞等组成。

安全鉴定结论：水库现状正常运用洪水标准为 50 年一遇；非常运用洪水标准不足 500 年一遇，不满足规范规定的1 000年一遇校核标准。

除险加固方案：因防浪墙破损严重，起不到应有作用，在不计防浪墙作用前提下，水库现状正常运用洪水标准为 50 年一遇，非常运用洪水标准不足 500 年一遇。为了提高水库防洪标准，使其正常运用洪水标准达到 100 年一遇，非常运用洪水标准满足1 000年一遇，计算结果表明，只要加固坝顶 80 cm 高的防浪墙就能满足水库防洪要求，没有必要加固坝顶。乱木水库主坝为粉质壤土均质坝，坝顶宽4.5 m，最大坝高19.4 m，坝顶高程119.4 m，坝长 193 m，修复后的坝顶高程120.2 m。

坝体典型断面见图 3-2。

3. 北大港水库围堤加高工程

北大港水库位于天津市境内，地处海河流域大清河、南运河、子牙河水系的独流减河下游左岸，总库容5.03亿 m^3，是一座以蓄供水为主，兼有防洪、灌溉、养殖等综合效益的大(2)型平原水库。1954年开工建设，1980年建成。

水库主要由围堤、穿堤建筑物等组成，正常蓄水位6.16 m。

安全鉴定结论：①围堤现状堤顶高程不满足设计蓄水位7.0 m 时的堤顶高程要求。按现状堤顶高程核算水库最高蓄水位为5.3 m。②北围堤作为独流减河右堤，其现状堤顶高程只能满足独流减河现状过2 000 m^3/s 流量时的防洪要求。当独流减河泄洪超过 2 000 m^3/s 流量而向北大港水库分洪时，分洪水位高于水库现状控制最高水位5.3 m，水库现状不能承担分洪任务。

除险加固方案：加固堤顶高程至8.8 m，为保证远期水库应用加高的可能，以及考虑水库堤坡填筑质量很差的现状，确定加高后堤顶宽度8.0 m。对遭受风浪、雨水的冲刷和冰冻侵蚀破坏严重的围堤实施护砌。

北大港围堤加高典型断面见图 3-3。

(二)浆砌石重力坝加高工程

1. 老虎沟水库浆砌石框格硬壳填渣坝加高

老虎沟水库位于河北省兴隆县，是滦河水系洒西河支流，总库容1 328万 m^3，是一座以防洪为主，兼顾灌溉、发电等综合利用的中型水库。1970年兴建，1981年建成。

水库枢纽由拦河坝、泄洪洞、输水洞、电站等组成。

安全鉴定结论：水库现状洪水标准尚不足 500 年，达不到规范要求。

除险加固方案：为提高水库的防洪能力，满足设计规范要求，将老虎沟水库的校核防洪标准由现状不到 500 年一遇提高到1 000一遇。在保持现状溢流坝段宽度、堰顶高程不变的条件下，拦河坝两岸非溢流坝段加高0.5 m。为提高坝体的整体性，采用加砂水泥浆对坝体上下游侧浆砌石墙之间的堆石体进行填充灌浆，使其形成整体。

老虎沟坝体加高典型断面见图 3-4。

2. 石门水库砌石重力坝坝体加高

石门水库位于河南省淇河支流上，水库库容1 090万 m^3，是一座以防洪、灌溉为主的中型水库。设计洪水标准为50年一遇，校核洪水标准为500年一遇。1958年兴建，1973

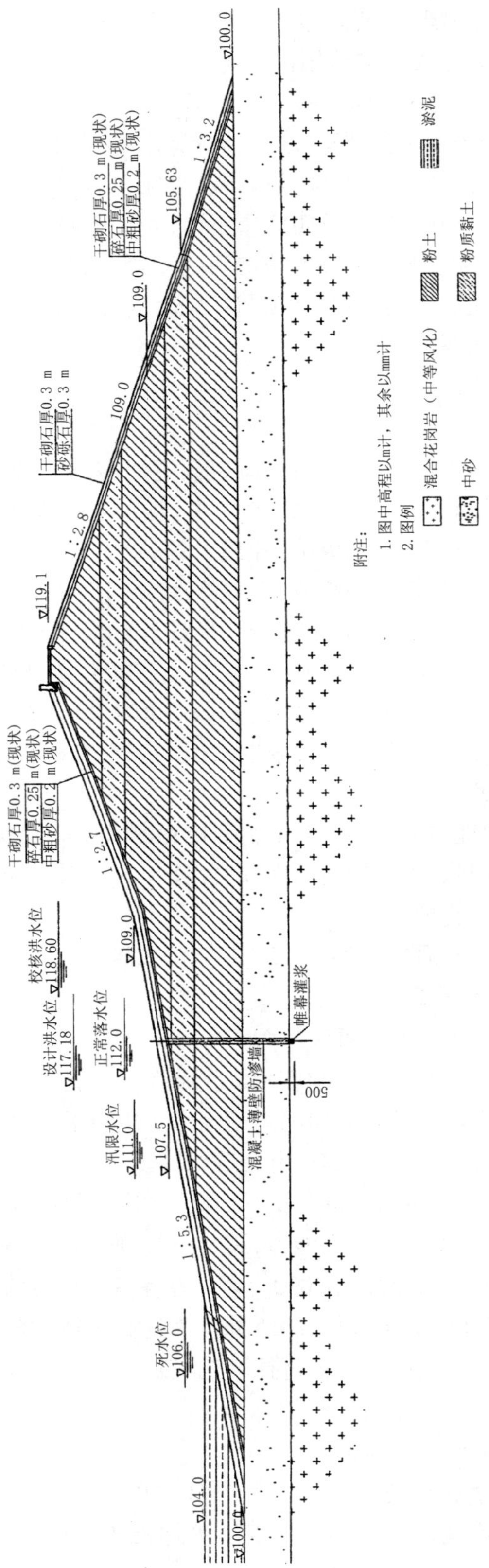
▽100.0
1:3.2
干砌石厚0.3 m(现状)
碎石厚0.25 m(现状)
中粗砂厚0.2 m(现状)
▽105.63
▽109.0
109.0
干砌石厚0.3 m
砂砾石厚0.3 m
1:2.8
▽119.1
干砌石厚0.3 m(现状)
碎石厚0.25 m(现状)
中粗砂厚0.2 m(现状)
1:2.7
▽109.0
校核洪水位
▽118.60
设计洪水位
▽117.18
正常蓄水位
▽112.0
汛限水位
▽111.0
▽107.5
帷幕灌浆
混凝土薄壁防渗墙
500
1:5.3
死水位
▽106.0
▽104.0
▽100.0
附注：
1. 图中高程以m计，其余以mm计
2. 图例
混合花岗岩（中等风化）
粉土
淤泥
中砂
粉质黏土

图3-2　主坝设计断面图

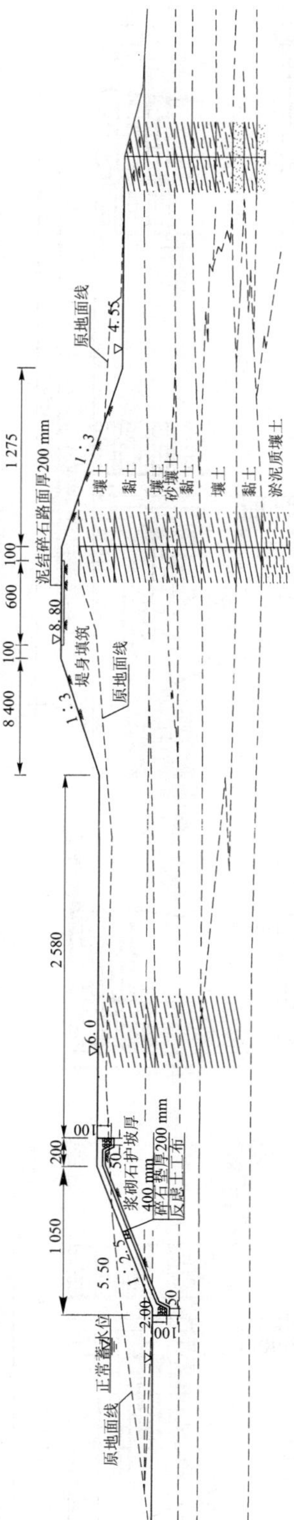

图3-3　桩号7+000断面图

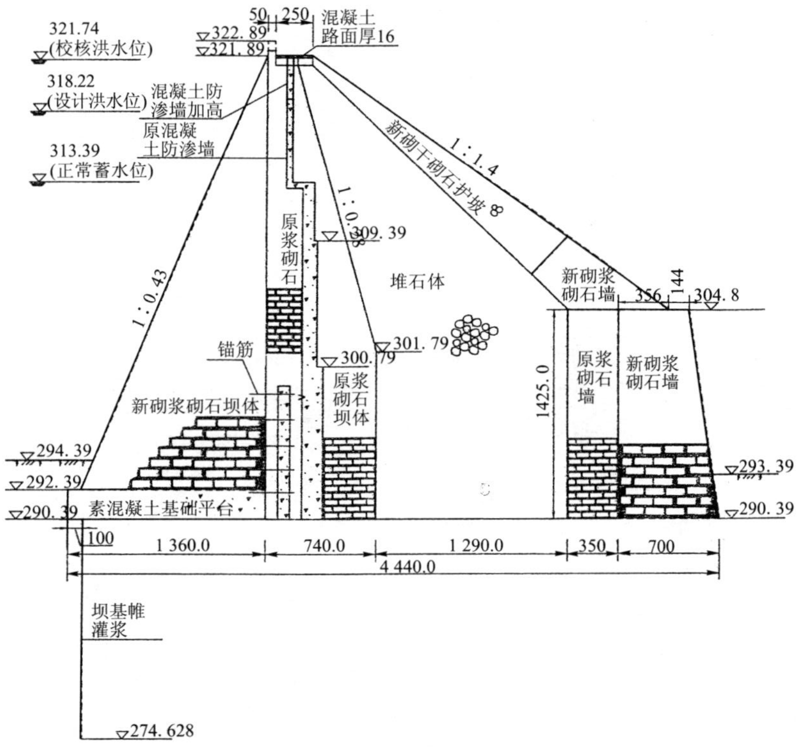

（a）左岸非溢流坝

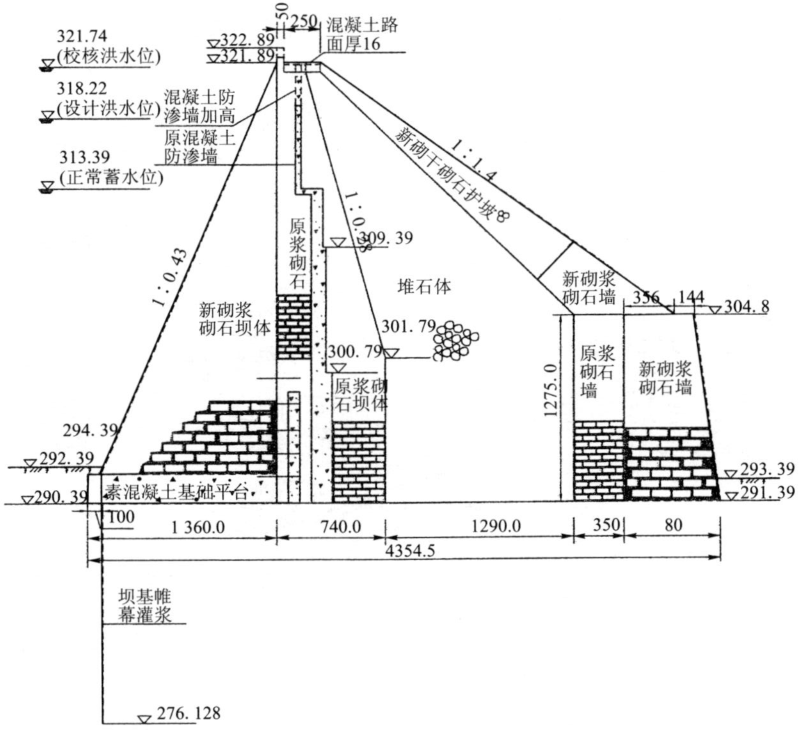

（b）右岸非溢流坝

图3-4　非溢流坝标准剖面图

年10月扩建。

水库拦河坝为浆砌石重力坝，包括溢流坝段和非溢流坝段。

安全鉴定结论：水库50年一遇设计洪水位385.02 m，高于现状水库最高允许库水位384.32 m，防洪标准未达到50年一遇设计、500年一遇校核标准，不满足规范要求。

除险加固措施：非溢流坝段需加高4.5 m，自高程382 m加高至386.5 m。左坝段144.5 m，坝顶宽7 m，右坝段68.5 m，坝顶宽6.5 m，上、下边坡分别为1∶0和1∶0.09，坝体加固采用浆砌石砌筑。

（三）拱坝加高工程

1. 三郊口水库浆砌石拱坝加高

三郊口水库位于河南省辉县的淇河支流香木河上游，属海河流域漳卫河水系。水库库容3 102万 m^3，是一座以防洪、灌溉为主，结合供水、发电等综合利用的中型水库。设计洪水标准为50年一遇，校核洪水标准为500年一遇。设计洪水位46.8 m，校核洪水位649.45 m。1973年7月动工兴建，经过分期施工，1984年最后完工。

水库枢纽包括溢流坝、挡水坝、泄洪洞、灌溉发电洞等。

安全鉴定结论：水库现有防洪标准不足50年一遇，远低于规范要求的500～1 000年一遇防洪标准。

水库大坝为浆砌石重力拱坝，最大坝高56 m。

除险加固工程方案：在已完成的633 m高程断面上，迎水坡按现有小断面的1∶0.02坡度加高至坝顶，背水坡按1∶0.67坡度加高至坝顶649.5 m，坝顶宽5 m。坝顶设1 m高防浪墙，加高材料均采用浆砌石砌筑。坝体上游面与原坝部分上游面衔接，进行挡水坝加长。坝基开挖至强风化带下限2 m，坝基上游铺设1.5 m厚混凝土铺盖。

2. 马鞍石水库浆砌石单曲拱坝大坝加高

马鞍石水库位于河南省修武县，是海河流域卫河支流纸坊沟上游的一座以防洪、灌溉、供水为主的中型水库，总库容1 057万 m^3。

马鞍石水库由四种坝型、一个蓄泄节制闸、两个输水洞组合而成。主挡水坝为浆砌石单曲拱坝，现状大坝坝顶高程424.3 m，最大坝高65.1 m，左、右两端各建一高约25 m、宽22 m浆砌石重力墩。

安全鉴定结论：500年一遇校核洪水标准坝顶欠高0.31 m，大坝防洪标准不满足规范要求。

除险加固措施：马鞍石水库500年一遇校核水位424.61 m，高于水库现状允许最高库水位424.21 m，也高于现状坝顶高程424.3 m，需要加高挡水坝高程至424.7 m，加高0.4 m，防浪墙顶高程加至425.9 m。

本次加固采用M10浆砌毛石进行大坝加高和防浪墙砌筑。坝顶宽与原各坝段一致，左挡水坝8.9 m，拱坝和右挡水坝均为5.3 m。防浪墙为矩形断面，全长203.6 m，宽均为0.8 m，墙高1.2 m，墙顶高程为425.9 m，防浪墙应与坝体整体砌筑。

二、加大泄流排沙建筑物规模

改扩建泄水建筑物的泄流规模是海河流域病险水库除险加固中提高防洪标准的另一

个重要措施，主要有新建泄洪洞、溢洪道改扩建、新建非常溢洪道等。

（一）溢洪道扩建工程

屯绛水库位于山西省浊漳县，南源支流绛河上。水库控制流域面积405.3 km^2，总库容4 164万 m^3，是一座以防洪为主，兼顾灌溉、供水等综合利用的中型水库。1958年1月动工，1963年建成。

水库枢纽由碾压式均质坝、溢洪道、灌溉泄洪洞、坝下引水洞等组成。水库现状防洪标准满足100年一遇设计洪水标准和近期非常运用500年一遇洪水标准，不满足1 000年一遇校核洪水标准，不满足规范要求。

除险加固措施，采用溢洪道扩宽方案，保持堰顶高程969.0 m不变，堰顶净宽由18 m扩宽至22.5 m，最大泄量由682 m^3/s增加至978.7 m^3/s。满足1 000年一遇校核洪水标准要求。

（二）溢洪道改建工程

1. 临城水库

临城水库位于河北省邢台，子牙河系滏阳河支流泜河南北支汇流处。水库控制流域面积384 km^2，总库容1.712 5亿 m^3，水库主要任务是以防洪为主，结合灌溉、发电等综合利用的大(2)型水库。1958年8月兴建，1960年8月蓄水。

水库枢纽工程由拦河坝，输水洞，泄洪洞，一、二、三溢洪道，电站等建筑物组成。最大库容1.7亿 m^3，工程等别为Ⅱ等，主要建筑物为2级，设计洪水标准为100年一遇，校核洪水标准为2 000年一遇。

除险加固措施为改造溢洪道方案，拆除第三溢洪道挡埝。

2. 关河水库

关河水库位于山西省源关，海河流域漳河北源干流上。水库控制流域面积1 745 km^2，水库总库容1.41亿 m^3，水库是防洪、灌溉、发电等综合利用的大型水库。1958年8月开工，1960年9月竣工。

水库枢纽由大坝、溢洪道、排沙泄洪洞、引水发电洞组成。设计洪水标准为100年一遇，校核洪水标准为2 000年一遇。水库现状校核洪水标准为1 000年一遇，不满足规范要求。

除险加固措施，将溢洪道泄槽下挖，使泄量满足2 000年一遇洪水标准。

3. 南道神水库

南道神水库位于河北省涞源县唐河之流，汇水面积12 km^2，是以防洪灌溉为主的小(1)型水利枢纽工程，总库容167万 m^3。

水库于1975年10月开工，1978年6月竣工。水库大坝为浆砌石单拱溢流坝，坝顶长97.26 m，坝底长17.79 m，溢流坝段坝高23 m，非溢流坝段坝高25.95 m，坝底宽7 m，溢流坝段坝顶厚2 m，非溢流坝段坝顶厚1.5 m。

水库现状防洪标准复核结果：300年一遇洪水位为136.67 m，比水库大坝运行最高洪水位135.21 m高出1.46 m；30年一遇洪水位为135.75 m，比水库允许最高洪水位134.94 m高出0.81 m。

除险加固措施：降低堰顶高程1.5 m，至高程131.76 m。堰面采用克－奥Ⅰ型曲线，下接直径2.7 m圆弧段连接挑流坎，挑流坎伸出坝体1.5 m，挑射角度为35°。

(三)新增非常溢洪道工程

黄壁庄水库位于河北省鹿泉市,海河流域子牙河水系两大支流之一的滹沱河干流上,控制流域面积23 400 km^2,水库的任务是以防洪为主,兼顾城市供水、灌溉、发电和养殖等,总库容12.1亿 m^3的大(1)型水库。主要建筑物有主坝、副坝、重力坝、正常溢洪道、非常溢洪道及新增溢洪道为1级建筑物,其他次要建筑物为3级。水库设计洪水标准为500年一遇,校核洪水标准为10 000年一遇。

水库校核洪水标准采用频率10 000年一遇洪水,但是水库的现状防洪标准仅能达到1 000年一遇(按新的古洪水成果,水库的现状防洪标准为2 000年一遇),与10 000年一遇防洪保坝标准差距较大。

水库枢纽建筑物主要由主坝、副坝、重力坝、正常溢洪道、非常溢洪道、电站等组成。主坝为水中填土均质坝,最大坝高30.7 m;副坝也为水中填土均质坝,最大坝高19.2 m;重力坝为常态混凝土坝。

提高防洪标准的工程措施为增加非常溢洪道方案。当水库达到10 000年一遇校核洪水标准时启用新增的非常溢洪道。新增非常溢洪道位于原11孔非常溢洪道右岸,由进水渠段、闸室段、护坦段和尾渠段组成。新增溢洪道共设5孔,为带胸墙式孔口,尺寸为12 m×12 m,闸墩厚4 m,闸室总宽76 m,堰顶高程108.0 m。闸室下游设陡坡段与尾部挑坎连接,闸室段总长56.11 m。

(四)新建泄洪排沙洞

1.马头水库

马头水库位于河北省保定市,系大清河系,水库控制流域面积49 km^2,总库容1 000万 m^3,水库的主要任务是以防洪为主,结合灌溉的中型枢纽工程。工程等别为Ⅲ等,主要建筑物拦河坝、溢流堰、输水洞为3级建筑物。水库设计洪水标准为100年一遇,校核洪水标准为1 000年一遇。设计洪水位47.5 m,校核洪水位49.06 m。1957年12月兴建,1960年投入使用。

根据除险加固初步设计洪水复核结论,现状水库整体防洪标准不满足规范要求。正常运用条件下,100年一遇设计最高洪水位低于允许的最高洪水位。非常运用条件下,500年一遇洪水位小于主坝的允许最高洪水位,与副坝的允许最高洪水位基本齐平,1 000年一遇最高洪水位低于主坝的而高于副坝的允许最高洪水位。

为了提高水库的防洪标准,从经济和技术上选择了对溢洪道、出口衬砌,新建输水洞参与泄洪。

由于溢洪道地质条件差,抗冲能力低,为了提高抗冲能力,保证边坡稳定,溢洪道保持现状总体型式不变,进口段和出口段分别做长30 m浆砌石护底、护坡,护坡边坡系数1∶1,厚度0.5 m,底部设0.6 m宽、1.0 m深的齿墙。护底厚0.5 m,进、出口护砌段的上、下游两侧均设深1.0 m、宽1.0 m的齿墙。

输水洞布置在大坝左坝头,洞径1.5 m的圆洞,衬砌采用钢筋混凝土,厚40 cm。隧洞进口高程34 m,采用塔式进水口,塔高15 m,交通桥长16 m,分2跨,每8 m一跨。进口设置工作闸门和检修闸门。闸室长度6 m,后接5 m的渐变段,渐变为直径1.8 m的圆洞。圆洞总长83 m。隧洞出口采用顶部和两侧收缩的方式渐变为1.4 m×1.4 m的方洞,隧洞出口高程为33.23 m。隧洞纵坡 1∶200 出口通过 10 m 的扩散段接深 2 m、宽 3 m 的明渠。明渠出口采用消力池消能，与下游河道连接。

2. 内蒙古九龙湾水库

九龙湾水库位于内蒙古自治区丰镇市红砂坝镇河畔村西 300 m，饮马河上游，属海河流域，距下游丰镇市约 20 km，控制流域面积 156 km^2，水库总库容为1 693万 m^3，是一座以防洪为主，兼顾灌溉等综合利用的中型水库。水库始建于1959年，1961年建成蓄水。大坝为黏土心墙坝，主要建筑物有大坝，左、右溢洪道，输水洞等。水库等别为Ⅲ等，主要建筑物级别为 3 级，次要建筑物级别为 4 级。因水库淤积严重，除险加固初步设计将原输水洞进行封堵，在左坝肩距左坝端约 163 m 处新建一条 4 m×4 m 泄洪排沙洞，以增大泄洪排沙能力，减少水库淤积。泄洪排沙洞由进口压力段、无压洞身段、明渠扩散段和尾部消能段四部分组成。泄洪排沙洞单孔布置，设计底高程1 351.50 m，最大泄量263.5 m^3/s。

三、同时加高大坝和增加水库泄洪能力

同时加高大坝和增加水库泄洪能力，是海河流域病险水库除险加固中提高防洪标准的一项综合工程措施。

（一）岳城水库

岳城水库位于河北省邯郸市西南 60 km，是海河流域漳河上的一个控制性工程，控制流域面积18 100 km^2，水库的主要任务是防洪、灌溉并结合发电。1959年 10 月兴建，1976年建成。

水库原设计防洪标准为 100 年一遇洪水，校核洪水标准略高于1 000年一遇洪水，总库容13.0亿 m^3。水库由大坝、溢洪道、泄洪洞、电站等组成。

大坝为均质土坝，主坝全长3 570 m，最大坝高53.0 m，副坝有 3 座，全长2 200 m，最大坝高 30 m。溢洪道位于主坝左侧主、副坝连接处，9 孔，净宽 108 m，原设计最大泄量8 530 m^3/s。泄洪洞为坝下埋管，共 9 孔，最大泄量3 530 m^3/s。

由于水文（洪水）成果的加大及水库运用方式的改变，水库防洪标准由1 000年一遇降为 300 年一遇，超过 300 年一遇洪水，炸开 2# 小副坝泄洪。

为提高水库防洪标准，1983年 9 月完成了《岳城水库提高防洪标准初步设计报告》。大坝加高方案：坝顶从原157.0 m 高程加高至159.0 m 高程；设计中比较了大坝全断面压坡和局部压坡两种型式，当水库水位为156.1 m 时，溢洪道限泄8 530 m^3/s（原设计泄量），加大泄洪洞的泄量，可将设计防洪标准提高至 500 年一遇；超过标准时需炸开 2# 小副坝。

经审查，确定采用大坝全断面加高方案，并要求在可能条件下，争取大坝多加高一些，以便水库能防御1 000年一遇洪水，减少炸开 2# 小副坝的机会。

技施设计中，经过方案优化，为使防洪标准接近非常运用洪水标准2 000年一遇，在溢洪道超泄条件下，按库水位加风浪高与防浪墙顶齐平，在大坝加高到159.5 m 基础上再将防浪墙加高、加厚。2 000年一遇洪水位为159.03 m，溢洪道泄量为12 820 m^3/s，较设计流量超泄1 820 m^3。风浪及爬高为1.68 m，相应高程160.71 m，安全超高0.59 m，防浪墙顶高程161.3 m。为此，将原设计防浪墙加高0.6 m，使水库防洪标准可达2 000年一遇，水库库容达 13 亿 m^3。当入库洪水超过2 000年一遇时，再炸开 2# 小副坝泄洪，以确保主体建筑物安全。

大坝加高工程于1987年9月开工,1991年完成。

(二)内蒙古九龙湾水库

九龙湾水库由大坝、左岸溢洪道、右岸溢洪道、输水洞等组成,大坝为黏土心墙坝,建于深厚砂砾石基础层上。设计总库容1 693万 m^3。

大坝安全鉴定结论:水库防洪标准低,水库现状防洪能力为50年一遇,低于规范规定的标准。

除险加固设计方案:一是对大坝进行加固,加固后坝顶高程为1 373.40 m,坝顶宽度为5.0 m,坝顶设钢筋混凝土防浪墙,厚0.3 m,墙顶高程1 374.40 m。二是溢洪道进行扩建加固,将现状左岸溢洪道由14.5 m 加宽至28.0 m,堰顶高程为1 366.0 m,堰型为驼峰堰;将现状右岸溢洪道由4.4 m 加宽至18.0 m,堰顶高程为1 366.0 m,堰型为宽顶堰;大坝加高3.2 m,坝顶高程1 373.4 m。三是对原输水洞进行封堵,在其左侧新建一条4 m×4 m 的泄洪排沙洞。

加固后水库设计洪水标准为100年一遇,校核洪水标准为1 000年一遇。

第二节　拦河坝防渗加固工程

一、土石坝防渗加固工程

(一)概述

海河流域病险水库中土石坝坝型现状防渗布置主要有:①无防渗措施;②防渗措施不到位或措施不当,例如原水平铺盖达不到防渗效果、防渗措施施工质量差等;③清基不彻底,造成接触渗漏;④悬挂式垂直防渗深度不够等。

土石坝防渗加固以垂直防渗为主,若采用水平防渗,其施工难度大(需放空水库),防渗效果难以保证。海河流域病险水库除险加固中最常见的工程措施主要有:①坝基和坝体高压喷射灌浆防渗墙;②坝基灌浆防渗帷幕;③普通混凝土防渗墙及塑性混凝土防渗墙等。

1. 高压喷射灌浆防渗

高压喷射灌浆的形式目前分为旋喷、摆喷和定喷三种。旋喷喷射时,喷嘴一边提升一边旋转,形成柱状凝结体;摆喷喷射时,喷嘴一边提升一边摆动,形成哑铃状凝结体;定喷喷射时,喷嘴一边提升一边喷射,喷射方向始终固定不变,形成板状凝结体。定喷适用于粉土、砂土;摆喷、旋喷适用于粉土、砂土、砾石和卵(碎)石地层。高压喷射灌浆技术具有可灌性好、可控性好、连接可靠、适应地层广深度较大、施工场地要求不高、可用于软基加固等多种优势。

2. 坝基灌浆防渗帷幕

防渗帷幕是在大坝基岩中建造的一道连续的、完整的、较大坝基岩渗透性低的、平面上呈条带状、立面上形似舞台上的帷幕的防渗结构。根据工程具体情况,还要求幕体的渗透性达到一定低的标准。

在岩石地基上筑坝,为了防止坝基渗漏,多采用灌浆方法建造防渗帷幕,简称灌浆帷幕,利用这种防渗措施并结合排水是减少大坝基岩渗漏、降低扬压力的主要和有效的方法。

灌浆帷幕和排水设计的基本原则是先灌浆以防渗,后排水以降压。也就是说,先通过灌浆帷幕将基础岩石渗漏减少到一定程度后,再做排水,这样对基岩的防渗和稳定最为有效。这种措施一般可以分为以下三种情况:

(1)透水性强的地区,灌浆帷幕防渗效果一般均较显著,宜采用以“阻”为主,结合排水的措施。

(2)透水性弱的地区,灌浆帷幕防渗效果一般不会很显著,因渗漏量不大,故宜采用以“排”为主,结合少数量的帷幕灌浆的措施,详见本章第七节。

(3)特殊地质条件地区,例如断层、挤压破碎带、泥化夹层等,有时岩石透水性虽不大,但为了防止管涌,确保基岩的渗透稳定,仍常采用“阻”“排”并重,或以“阻”为主,结合排水的措施。同时在排水孔中,应采取专门措施,以防止细颗粒土流出。

根据实践经验,在透水性比较大的地区,防渗帷幕常能使坝基幕后扬压力降低到约 $0.5H$(H 为水头);而防渗帷幕结合排水措施,常可使坝基扬压力在帷幕后主排水孔处降低到 $0.2H \sim 0.3H$。

3. 塑性混凝土防渗墙防渗

混凝土防渗墙是水工建筑物中较为普遍采用的一种地下连续墙,是透水体防渗处理的一种有效措施,混凝土防渗墙与地下连续墙具有同样的施工技术。

(二)土石坝坝基防渗加固工程

1. 后湾水库坝体高压定喷灌浆与坝基基岩帷幕灌浆防渗处理

后湾水库大坝为均质碾压土坝,最大坝高 26 m,坝长 300 m,大坝左岸为土质岸坡,右岸为基岩岸坡。根据后湾水库多年观测资料,在左岸黄土台地边缘及大坝桩号 0 + 233 m 处存在两处集中渗流,而且渗漏量略有增大趋势。加之水库建库以来,曾经发生过大坝裂缝,虽经几次加高培厚,但仍存在局部坝体质量较差、坝体渗透性差异较大、浸润线较高的问题。通过对两处集中渗流和库水位进行同位素分析,两处渗水均为水库渗漏水。集中渗漏量不但与库水位高低有关,还与库水位的持续时间、渗流滞后等因素的综合效应有关。经过对现状大坝渗流形态进行分析,在现状设计洪水位和校核洪水位条件下,坝体和坝基最大出逸渗透比降均大于允许渗透比降,存在渗透稳定问题。

根据后湾水库地质勘察资料,结合目前土坝防渗加固的措施,对坝基进行帷幕灌浆处理,主要解决坝基及黄土台地渗漏问题;对坝体与坝基接触部分采取高压定喷灌浆处理,主要解决黏土质砂、卵石混合土造成的接触冲刷问题。

坝体高压定喷灌浆与坝基基岩帷幕灌浆在基岩面自然结合,搭接部位防渗效果好,而且高压定喷灌浆钻孔可与坝基基础帷幕灌浆钻孔结合,节约投资。

坝体与坝基接触部分土体防渗采用高压定喷灌浆防渗,定喷灌浆孔采用帷幕灌浆孔扩孔,位置沿下游侧帷幕灌浆轴线,厚度0.4 m,孔距 2 m。

坝基防渗采用帷幕灌浆,帷幕灌浆顶部及定喷防渗墙底部衔接于基岩面上。防渗帷幕共设两排,中间部位位于上游马道,两边部分位于坝轴线,其中下游侧帷幕灌浆孔与定喷灌浆孔共用,孔口不一致时进行扩孔即可,帷幕灌浆孔排距均为2.0 m,呈梅花形布置,深度为 11 ~ 15 m。

2. 彰武水库置换型混凝土防渗墙防渗

彰武水库大坝为均质土坝，副坝位于主坝西侧。主坝最大坝高28.7 m，副坝最大坝高7.6 m；坝顶总长1 350 m。坝基为贯穿大坝上下游的砂砾石层，深7～12 m，砂砾石级配不良，卵石、砾石偏多，砂偏少；左岸一、二级阶地表层为弱透水性的壤土，其下伏层为强透水的砂卵石的砾岩层。大坝水平防渗采用水中倒土铺筑的黏土铺盖，铺盖与原河槽之间未设反滤层。左岸台地自然铺盖为含钙质结核的壤土和黏土，下部为砾岩层和砂页岩，水库上游坝脚在运行中多次发生塌坑，坝后排水廊道中有渗流量突然增加的异常现象。

现状铺盖缺失反滤层，采取补救措施弥补缺陷继续利用困难太大，因此坝基防渗加固采用垂直防渗。根据多年运行观测，坝基渗透薄弱部位在主河槽和主副坝接合处，副坝位于安阳河左岸的二级阶地上，虽然基础下部胶结松散的砾岩属强透水层，但基面高程已经达到132.0 m，高于正常蓄水位1.0 m，最大坝高仅7 m，渗流对大坝稳定安全影响不大，垂直防渗仅做主坝和主副坝接合段。为了取得较好的防渗效果，避免出现接触冲刷，使垂直防渗体顶部伸入坝体，底部伸入基岩0.5 m。

垂直防渗采用混凝土防渗墙，墙体顶部自大坝上游坡123.0 m高程平台，向副坝延伸渐变至132.0 m高程，造孔全长690 m，防渗墙底部嵌入相对不透水层0.5 m。混凝土防渗墙深度0～22 m，主坝段平均深20 m。墙体厚度为0.5 m。材料采用塑性混凝土，设计指标为：弹性模量600～900 MPa，28 d抗压强度 ≥ 2.3 MPa，渗透系数 $<(1\sim9)\times10^{-8}$ cm/s。

（三）土石坝坝体防渗加固工程

1. 天津市尔王庄水库围堤高压喷射灌浆防渗墙加固处理

尔王庄水库是一座中型平原水库，围堤全长14.3 km，堤身为均质土堤，最大堤高5.44 m。

堤身土体主要为黏土、粉质黏土，稍湿，坚硬－硬塑－可塑，土质不均。堤身土体具中等压缩性，透水性很不均一，一般为弱、微弱透水性，局部达中等透水性，渗透系数 $1\times10^{-3}\sim1\times10^{-4}$ cm/s。堤身粉质黏土填筑质量较差，实测干密度平均值约1.40 g/cm^3，远低于1.60 g/cm^{3}填筑控制值要求。围堤土渗透变形类型为流土和管涌，松散性堤段允许坡降：粉土、粉砂为0.05～0.07；粉质黏土为0.14。

现场检查围堤普遍存在渗透稳定问题，下游一、二级马道及戗台面有不同程度的积水现象，浸润线逸出点较高。在围堤桩号3＋748～3＋835的下游堤坡出现渗漏现象，多处戗台面有渗流积水，桩号8＋000～14＋000堤段渗漏问题严重，曾发生多处管涌破坏，其中桩号8＋930和9＋030两处最为严重，渗漏量达10 L/s和4～5 L/s。

另外，堤身土体不均匀，清基不彻底，堤身、地基的不均匀沉陷，造成地基渗漏，坡脚有明流出现。渗漏导致围堤下游坡的明渠段护砌挡墙大面积坍塌、破损，损坏率高达70%，并导致明渠护坡出现较大面积的塌坑。

为解决尔王庄水库围堤渗透稳定、基础渗漏问题，防渗加固从降低渗流的破坏能力，降低堤身浸润线和渗流出口比降入手，比较了黏土铺盖防渗、上游铺塑防渗、混凝土防渗墙、深层搅拌桩和高压喷射灌浆防渗墙等加固方案。

防渗加固最终采用高压喷射灌浆防渗墙方案，此方案具有墙体整体连续性，弹性模量低，适应变形能力强，防渗效果满足要求；施工简单，不需要开槽，可避免其他截渗方法因开槽出现的塌孔、土层中的孔洞无法夯实等问题；施工功效高，工程造价相对较低。

围堤堤身填土及其下层的粉土层、粉砂层渗透系数较大，为$2.48\times10^{-3}\sim3.30\times10^{-3}$ cm/s，其下以黏土、粉质黏土为主，渗透系数为$8.4\times10^{-6}\sim7.0\times10^{-5}$ cm/s，为弱透水层，为提高防渗墙防渗效果，满足渗透稳定要求，采用高压喷射灌浆全封闭防渗墙方案，将墙体底部嵌入粉质黏土层内 1 m，墙深为19.5 ~34.5 m。

2. 黄壁庄水库副坝水中填土均质坝坝顶组合垂直防渗

黄壁庄水库副坝为水中填土均质坝（部分坝体为碾压式均质坝），坝顶长6 907.3 m，最大坝高19.2 m。1961年 2 ~3 月，水库试运行至库水位 115 m 时，副坝下游坝脚以外发生管涌流土破坏和局部滑坡。

处理措施：坝体组合垂直防渗方案即接合坝顶裂缝处理将坝顶临时开挖一定的深度形成足够宽度的工作面，然后进行防渗墙施工，防渗墙穿过坝体及坝基覆盖层使副坝的防渗形式由水平防渗改成垂直防渗，以彻底解决副坝存在的各种问题。水库副坝长达 7 km，经济论证确定垂直防渗范围为桩号 0 +120.5 ~5 +700（中间含电站重力坝段长136.5 m），总长5 443 m，其中桩号 0 +120.5 ~0 +436 段坝基覆盖层为壤土和砂层，最大墙深小于 30 m，采用旋喷防渗墙，长 179 m。桩号 0 +436 ~5 +700 为混凝土防渗墙，长5 264 m。桩号 6 +400 ~6 +800 段砂砾石层采用摆喷防渗处理。防渗墙轴线位于副坝 A 轴线上游 3.4 m 处。防渗墙顶高程为坝体内高程125.5 m，底高程为深入岩层深1.0 m 考虑。其中，桩号 2 +960 ~3 +632 段利用含碎石红黏土层作为防渗墙底的相对隔水层，防渗墙底深入该层2.0 m，不再嵌入基岩。混凝土防渗墙面积30.95万 m^2，高压旋喷防渗墙0.51万 m^2，高压摆喷防渗0.24 万 m^2，防渗墙总截渗面积31.69万 m^2，防渗墙深度绝大部分在 60 m 以内，最大为66.5 m。混凝土防渗墙墙厚 80 cm，坝体部分采用塑性混凝土弹性模量1 000 MPa，渗透系数 10^{-7} cm/s。施工完毕后将原浆砌石防浪墙改成混凝土防浪墙，恢复至原防浪墙顶高程130.4 m。

3. 岳城水库大副坝涌砂处理

大副坝位于岳城水库左侧，全长1 439 m，原为碾压式均质土坝，大坝加高时将坝轴线向下游平移13.0 m，坝顶高程159.5 m，坝顶宽8.0 m，最大坝高32.5 m。下游坝坡用砂粒料全断面压坡。

1）涌砂情况

岳城水库自1961年蓄水后，当库水位超过 140 m 时，大副坝桩号 0 +850 的横向排水管便出现涌砂现象。自1963年 8 月出现涌砂至1977年，库水位超过 140 m 共 9 年，累计涌砂约 200 m^3。

1976年 9 月 17 日，当库水位达148.23 m 时，在桩号 0 +903 坝轴线下游65.5 m 处出现一塌坑，平行坝轴线坑长1.9 m，垂直坝轴线宽1.6 m，深1.1 m。经对塌坑探查，发现塌坑下部砂砾料的细料已经大部分流失。

1996年 8 月 4 日库水位超过140.0 m 后，桩号 0 +850 横向排水管有微量涌砂。至 10 月 16 日库水位147.63 m 时，桩号 0 +700、0 +800、1 +000 横向排水管也有不同程度的涌砂，排水明沟底部共 42 处涌砂点。涌砂总量为 5 ~7 m^3，其中桩号 0 +980 横向管涌砂量占总量的 70% ~80%。涌砂的成分为褐色河沙、浅黄色粉细砂、泥质细砂和反滤料。采用反滤料对排水暗管进行封堵后，排水管停止涌砂。11 月 4 日库水位144.7 m 时，桩号 0 +600、1 +000 横向管又出现涌砂，1 +000 涌砂较多，并且是浑水，涌砂量约0.3 m^3。

2）涌砂原因

涌砂原因如下：

（1）排水暗沟及排水管出逸比降大。

（2）排水暗沟排水管四周反滤料偏粗。

（3）漳河砂砾料缺少中间粒径，为管涌土，允许比降仅为0.07 ~0.1。

（4）横向排水管破坏严重。

3）处理方案

采用上游增设混凝土防渗墙，下游改建排水系统方案。

为保证防渗墙的防渗效果，须将防渗墙底伸入第三纪黏土层内1.0 m；防渗墙顶伸入坝体内小于坝高的 1/10，且不小于2.0 m；防渗墙顶部距坝坡反滤层底最小厚度不小于3.0 m。

防渗墙从桩号 0 +250 至 1 +300，中间为折线变化。防渗墙总长度为1 183.0 m，厚0.8 m，防渗墙的高度根据地质剖面确定，0 +250 m 处墙高34.0 m，0 +800 处墙高45.5 m，1 +300 处墙高60.5 m，平均高度约45.0 m。

由于防渗墙施工过程中，混凝土在水下浇筑至规定高程结束后，其顶部混凝土质量差，需作专门处理。从坝坡上按 1∶0.75坡度在防渗墙两边开挖至设计墙顶下1.0 m，防渗墙两边各留0.5 m 施工场地。将墙顶质量差的混凝土凿除，然后回填坝体壤土，分层压实。按设计将设计反滤体恢复，回填土与原坝体壤土要求衔接，以防止水流渗入影响防渗效果。

（四）土石坝坝肩防渗加固工程

1. 关河水库水中倒土均质坝左岸绕渗帷幕灌浆处理

关河水库为水中倒土均质坝，坝顶长 687 m，最大坝高33.6 m。大坝左坝肩含细粒砂土，厚度约1.1 m，层底高程980.11 ~988.34 m，沿坝轴线方向由上游向下游降低，坡度为 2 度。砂土层的砂粒含量35.5% ~36.6%，粉粒含量56.5% ~57.6%，黏粒含量6.9%，砂层干密度1.45 ~1.77 g/m^3，空隙比0.518 ~0.848，不均匀系数为6.78 ~10.05，相对密度 0.36；标贯击数 14 ~16 击。另外，下伏基岩的渗透性亦较强，在孔深25.3 ~47.1 m 以上透水率达10.3 ~110 Lu，平均40.35 Lu，取大值平均值71.38 Lu，相当于平均渗透系数 K = 0.85 m/d，属于中等—强透水层，也存在渗漏问题。

大坝左坝肩存在渗漏问题。采用帷幕灌浆处理措施。灌浆轴线顺左岸坝肩布置，共布置一排灌浆孔，孔间距 2 m，灌浆长度 305 m。以排沙泄洪洞为界，右侧向大坝方向 180 m，沿坝轴线布孔；左侧向库岸方向 125 m，从左岸沿东西方向布孔。垂直灌浆范围为，上部自 Q_2土层下的砂层以上 2 m 开始，下部在排沙洞的左侧至透水率 5 Lu 界限向下延伸 3 m，在排沙洞的右侧，考虑坝前淤积厚度已达 15 m，灌至962.0 m 高程。灌浆材料采用纯水泥浆液，灌浆压力不大于2.5 MPa。

2. 陶清河水库右坝肩渗漏填充灌浆处理

长治县陶清河水库为碾压式均质土坝，坝长 435 m，最大坝高24.1 m。据地质勘察成果，坝体两侧山腰为较好的红色粉质黏土和黄土所包围，但坝右岸在施工中只作了表面处理，未作截水墙，高水位时会引起绕坝渗漏和接触渗漏。运行情况也证实，在库水位高于

966.3 m 时,大坝右坝肩下游出现渗水现象。

根据渗漏现象,采用充填灌浆处理方案,并在上游坝体与岸坡基岩接触处设黏土铺盖以减少渗漏。在下游坝体与岸坡基岩基础处设反滤排水通道,安全排出渗漏水,以保护坝体安全。

充填灌浆:大坝右岸布置灌浆孔 4 排,排距 2 m,共布置灌浆孔 50 个,灌浆孔深入坝基,总深度 408 m。

二、浆砌石重力坝防渗加固工程

(一)概述

浆砌石重力坝防渗加固措施主要有坝体坝基灌浆帷幕截渗、钢筋混凝土防渗面板截渗等。

(二)浆砌石重力坝坝基防渗加固工程

(1)老虎沟水库浆砌石框格硬壳填渣坝坝基渗漏处理。

河北省老虎沟水库为框格硬壳填渣坝。坝长 107 m,坝高 29 m。根据坝基地质钻孔资料,坝基为强风化白云岩,岩石节理裂隙比较发育,岩芯不完整,多呈块状或短柱状,单位吸水量比较大,为0.216 L/(min·m·m);混凝土防渗墙与坝下基岩接触部位有缝隙,混凝土与基岩接合部位的基岩段透水性为:钻孔 LZK2 单位吸水量0.848 L/(min·m·m),透水明显,达不到规范要求。

(2)老虎沟水库框格硬壳填渣坝帷幕灌浆设计,由于坝体内没有设置廊道,防渗帷幕布置在坝体上游。拟在坝体浆砌石重力墙前浇筑一个混凝土基础平台,防渗帷幕轴线布置在平台上,帷幕轴线距离坝面1.5 m,帷幕线沿基岩面上升到坝顶端部。

为保证防渗帷幕与原坝体防渗心墙形成防渗整体,须对浆砌块石重力墙与墙前混凝土平台接触的范围内进行灌浆,灌浆孔垂直于墙面,孔深入坝体防渗心墙混凝土 20 cm,孔间距1.5 m,排距1.5 m,分 3 排成梅花形布置。灌浆后采用砂浆锚杆与墙前混凝土基础平台连接。

防渗帷幕的深度,原则上应深入相对不透水层,对于相对隔水层埋藏较深,帷幕孔深一般可采用0.3~0.7倍坝高。老虎沟水库的最大坝高为31.5 m,属于中坝,按照规范要求帷幕灌浆深度达到的基岩相对隔水层的单位吸水量不大于0.03 L/(min·m·m),从钻孔资料看,坝基不存在相对隔水层,分析确定,帷幕钻孔深度深入基岩 15 m。根据岩石的风化程度、破损情况,采用单排铅直孔,拟定帷幕灌浆孔间距2.0 m。灌浆时逐次加密施灌,并根据地质条件的变化和实际吃浆量,调整灌浆孔的深度和间距。

(三)浆砌石重力坝坝体防渗加固工程

1. 石门水库浆砌石重力坝坝体、坝基渗漏处理措施

石门水库砌石重力坝,坝长236.5 m,坝高 51 m。坝体渗漏,坝体上游混凝土防渗面板,经开凿及物探检测,全坝面浇筑粗糙,不同部位存在不同程度蜂窝麻面。特别在伸缩缝部位,局部宽度有 4 cm 范围几乎全是砂土,强度很低;伸缩缝局部没有灌注沥青,止水错动,当库水位达到359.0 m 时,桩号 0+143.3,高程341.7 m 处坝脚开始出现渗流,其原

因是止水失效。

坝基渗漏，当库水位达到362.0 m时，桩号0+127，高程348.5 m处坝脚开始出现明流；桩号0+143.3，高程341.7 m处坝脚开始出现明流，两处明流汇合后，流量达到0.01 m^3/s，库水位达到380.0 m时，流量为0.016 m^3/s。

左岸坝下约200 m处有一个泉眼，当库水位达到362.0 m时，泉眼开始冒水，水量0.05 m^3/s，出水量随库水位而变化，当库水位达到379.0 m时泉水流量为0.35 m^3/s。坝下泉水流量较大，与库内形成通道，原帷幕灌浆未能起到阻截作用，不仅造成库水大量损失，也对坝基渗流稳定不利。

石门水库砌石重力坝，坝长236.5 m，坝高51 m。大坝左岸岩石破碎，帷幕灌浆时桩号0+000～0+066未钻灌，坝脚出现明流，致使左岸近坝绕渗、坝基接触渗漏严重。右岸虽岩基完整，但未进行帷幕灌浆，在桩号0+270、高程352.2 m处，下游坝体与岸坡接触处存在一渗漏点，当库水位达到360.0 m时开始出现渗流，最大渗流量为0.55 L/s，以上现象说明右岸局部存在接触渗漏通道。根据地勘成果，左、右坝头以外两岸山体鲕状灰岩风化带，裂隙较为发育，尤其裂隙多为张裂隙，为良好的渗漏通道，造成绕坝渗漏带。

1）坝体防渗措施

石门水库砌石重力坝，坝长236.5 m，坝高51 m。在原钢筋混凝土面板前新浇筑一道顶厚0.4 m、底厚0.9 m的钢筋混凝土面板，作为坝体的防渗屏障。该方法处理措施彻底，整体性强、防渗性能好，外观整齐，施工方便，浇筑质量容易掌握。

2）坝基防渗措施

灌浆帷幕是坝基垂直防渗中应用最多的一种方法，在坝基透水性较大、可灌性较好的条件下，能有效地减小渗透流量和流速，同时能起到部分降低扬压力的作用。垂直方案选用坝基帷幕灌浆，原防渗帷幕因其防渗性能已经基本丧失，因此重新布置帷幕灌浆孔。根据石门水库基础情况，0-010～0+046坝段孔深深入基岩5.0 m，0+000向左灌至左岸山体边，长10 m。平均钻孔深度17 m；在0+064处钻孔穿过坝体17 m，深入基岩24 m，至341.0 m高程，穿过位于342.0 m高程的破碎岩层，向左孔深逐渐变浅，到0+046处深入基岩5.0 m，该段平均钻孔深度29 m。

0+064～0+264段帷幕深度控制在0.5倍坝高范围内。在0+146的断层处，另加2个向左倾斜的钻孔，与垂向夹角为66°，孔深10 m。

右坝段0+264～0+305，为了便于和廊道帷幕有效连接，在0+264处深入基岩25 m，向右逐渐变浅至0+305处深入基岩5 m，平均钻孔深度41 m，因右岸岸坡陡峭，拟在右坝头布置10个垂直于右岸山体坡度的钻孔，以便坝肩与山体紧密接合，形成联系封闭的帷幕。

2. 马鞍石水库干砌石坝段坝体、坝基防渗处理

马鞍石水库由四种坝型组成。主挡水坝为浆砌石单曲拱坝，现状大坝坝顶高程424.3 m，最大坝高65.1 m，左右两端各建一高约25 m、宽22 m的浆砌石重力墩。左重力墩向左为浆砌石溢流坝，最大坝高15.5 m。溢流坝段以左为浆砌石斜墙干砌石挡水坝，最大坝高10.1 m。右挡水坝为浆砌石重力坝，最大坝高24.1 m，大坝全长250.6 m，其中拱坝坝顶弧长57.6 m，拱坝左右重力墩各长13 m，左挡水坝长75.0 m，右挡水坝长45.0 m，溢流坝长47.0 m。

水库左挡水坝施工质量差，坝体渗漏严重。坝体坐落在山体坡积物上，坡积层下为砾岩层、石英岩层，经探测，坝下有渗水通道。

坝体防渗处理：左岸干砌石挡水坝其上游的浆砌石挡水墙，不能起到防渗作用，因此在坝体上游设置混凝土防渗面板，厚度0.4 m，底部417.2 m 高程处厚度为0.6 m，垂直向下至楔形槽底414.2 m 高程厚度为1.5 m。

坝基防渗处理：左岸干砌石挡水坝基础为第四系松散堆积物，上部为少量钙质结核和大块孤石组成的重粉质壤土，下部为砾岩层，一般厚度 26 ~ 33 m。砾岩层又分上、下两层，上层钙质胶结，成岩相对较好，透水性较小，下层为未胶结的松散砾岩层，是强透水带。砾岩层最大单位吸水率180.3 L/(min · m · m)，最小2.95 L/(min · m · m)。经地质勘察，与左岸挡水坝斜交的渗水通道有 4 条，其中两条穿坝基而过，另外两条位于左坝端 40 m 外，是绕坝渗流的主要通道。1988年和1992年两次对左岸干砌石坝进行了坝基帷幕灌浆。由于多种原因，渗漏问题未能得到解决。

根据水库地质情况以及坝基渗漏分析，认为该水库左岸挡水坝的坝基渗漏问题仍应采用基础帷幕灌浆方案最为合理。虽然对于砂砾石层的防渗采用高喷处理比较有效，但考虑此处砂砾石层相对较薄，下部为较厚的砾岩层，高喷不易进行，因此除险加固仍然采用基础帷幕灌浆方案解决坝基渗漏问题。

帷幕灌浆总长度为 95 m，布置 2 排垂直孔，排距 1 m，孔距1.5 m，呈梅花形布置，共 138 个孔。设计要求防渗帷幕的透水率小于 5 Lu。防渗帷幕左岸挡水坝段砾岩层最深底高程378.2 m 处坡积物与砾岩层总厚度一般为 35 ~ 38 m。自溢流坝至左坝头段，长 75 m，孔底高程深入石英砂岩 5 m，平均钻孔深度38.5 m；自左坝头至公路段，长 20 m，为两条渗水通道穿过的位置，基底岩层比较破碎，平均钻孔深度取51.5 m。

三、拱坝防渗加固工程

（一）概述

拱坝防渗加固措施主要有坝体坝基灌浆帷幕截渗、坝肩帷幕灌浆截渗及钢筋混凝土防渗面板截渗等。其处理方法和作用均与前述相同。

（二）拱坝坝基防渗加固工程

现以马鞍石水库浆砌石拱坝坝基防渗处理为例予以说明。

1. 渗漏原因

马鞍石水库由四种坝型组成。主挡水坝为浆砌石单曲拱坝，现状大坝坝顶高程424.3 m，最大坝高65.1 m，左右两端各建一高约 25 m、宽 22 m 的浆砌石重力墩。

因马鞍石施工工期长，坝型复杂多样，坝体接缝多，由小型水库逐渐扩建为中型水库。在水库运行过程中，各坝段均有不同程度的漏水现象，当库水位达421.7 m 时，拱坝419.2 m 高程以下几乎全部渗水，412.2 m 高程以下更为严重，局部呈射流状，平均渗水量达 0.14 m^3/s，由于渗水的长期侵蚀，拱坝背水面附着 1 ~ 3 cm 厚的黄色钙质沉淀物。1986 年对拱坝419.2 m 高程至356.2 m 高程的迎水面实施环氧砂浆勾缝处理，但防渗效果不明显。1993年为解决右岸重力坝及拱坝坝体的渗漏问题，以及增强右侧重力墩的稳定性，对右岸重力坝、右侧重力墩及拱坝的右半部进行了灌浆，灌浆轴线距防浪墙内侧1.5 m，共计灌浆长度86.5 m,钻孔 56 孔,总进尺1 828.6 m。其结果有效地抑制了右岸重力坝坝体的渗漏问题,但由于灌浆孔未设计到左重力墩上,所以拱坝左端及左重力墩仍渗水严重。1999年为了进一步处理拱坝坝段的渗漏问题,使拱坝坝体形成连续的防渗体系,从拱坝中部1994年灌浆线的终点至左重力墩坝段,长度 18 m 坝段内,又布置了 10 个钻孔进行坝体固结灌浆,总进尺367.47 m,通过两期坝体灌浆,右挡水坝与拱坝的坝体渗漏有所改善,渗漏量由原0.04 m^3/s、0.09 m^3/s 降低到0.02 m^3/s、0.04 m^3/s,但由于两次坝体灌浆,均按一排布孔,孔距较大,部分孔钻灌深度不够,致使水库高水位运行时,坝后仍有渗水现象,尤其是拱坝左岸,因两次灌浆均未涉及左重力墩,故左重力墩的渗漏仍比较严重。

右岸山体为下寒武系页岩夹薄层灰岩及泥灰岩,部分的下震旦系石英砂岩,页岩属中等风化,灰岩夹层裂隙较发育。另外,由于山体基岩面陡峭,坝体与岩面接合不好,大坝砌筑时未对坝肩风化层及一些裂隙进行有效处理,局部存在接触渗漏通道,并且1993年的坝体灌浆也未灌到大坝边沿,所以当库内高水位时,右坝端出现渗水明流,因此应对右坝肩绕坝渗漏进行处理。

2. 坝体、坝基防渗措施

在坝体布置灌浆孔,直接对坝体进行灌浆,并将灌浆孔深入基岩以下 5 m,从而形成一个完整的防渗体。在右挡水坝、拱坝及溢流坝坝顶布置 2 排灌浆孔,解决坝体渗漏问题,在右挡水坝坝肩进行帷幕灌浆,解决右坝肩绕渗问题。

右挡水坝坝长 45 m,总布孔 60 个,右坝端设计向山体打一宽 3 m、高2.5 m、深 10 m 的灌浆平洞,共布置 13 个孔。

拱坝长57.6 m,布孔 76 个。左、右重力墩长均为 13 m,各布孔 18 个。

溢流坝段全长 47 m,共计布孔 56 个。

浆砌石拱坝与重力墩及溢流坝均坐落在较完整的紫色石英砂岩上,河底基岩全部出露,质量坚硬,节理不发育,岩层成水平向,坝基地质条件较好,重力墩基底高程398.2 m 左右,右岸浆砌石重力坝建在泥灰岩(质软、易风化,遇水后易产生泥化)上,约在397.2 m 高程以下为石英砂岩。坝体灌浆自坝顶向下,至石英砂岩岩层以下 3 m,平均钻孔:右挡水坝段 23 m;右重力墩 26 m,拱坝段 40 m,左重力墩 26 m;溢流坝段 21 m,右坝肩灌浆平洞自高程424.7 m 向下,深入石灰岩层 3 m,平均钻孔深度为 22 m。

(三)拱坝坝体防渗加固工程

1. 海儿洼水库拱坝坝体防渗处理

海儿洼水库拦河坝为浆砌石外壳,埋石混凝土心墙的薄壁双曲拱坝。

坝顶上游弧长92.5 m,大坝高 26 m,坝顶宽度 2 m,坝底宽度3.5 m,坝顶中心角117.83°,其中溢流坝段总长 60 m。

经过多年的运行,坝体出现多条横缝,共计 40 条,长 850 m,不仅造成坝体渗漏严重,而且削弱了坝体的整体性,对坝体的安全造成很大威胁;上游坝面水位变动区及下游坝面渗漏水部位,受冻融破坏,条石之间的勾缝已经脱落。坝基多为强风化石英斑岩,岩体节理裂隙较发育,透水率为 10 ~ 15 Lu,具中等透水性,存在坝基渗漏问题,左右坝肩岩体较为破碎,节理裂隙中等发育,完整性及稳定性较差,存在坝肩稳定及绕坝渗漏问题。

加固处理措施采用钢筋混凝土坝体贴面措施,即在坝体迎水面新浇一层钢筋混凝土防渗面板，防渗面板从坝基46.0 m高程开始向上浇筑，到72.00 m高程结束，坝底部贴面厚0.8 m，顶部贴面厚0.3 m，面板混凝土采用C20W6F200聚丙烯纤维混凝土。在面板迎水面布置一层ϕ12@200的钢筋网，设置连接锚筋与坝体牢靠连接。

2. 常峪口水库拱坝坝体、坝基和绕坝防渗处理

常峪口浆砌料石外壳埋石混凝土心墙双曲拱坝坝顶长134.2 m，坝顶宽2.0 m，坝底宽10.0 m，坝顶中心角125°20′，最大坝高37 m，溢流坝段总长80 m。

经过多年的运行，坝体出现多条横缝和水平缝，坝体渗漏较为严重，削弱了坝体的整体性，对坝体的安全造成很大威胁；上游坝面水位变动区及下游坝面渗漏水部位，受冻融破坏，条石之间的勾缝已经脱落。

左坝肩重力墩基础为角闪片麻岩，岩体破碎，节理裂隙发育，存在地基渗漏和绕坝渗漏问题。

加固处理采用钢筋混凝土坝体贴面措施，即在坝体迎水面新浇一层钢筋混凝土防渗面板，防渗面板从坝基1 055 m高程开始向上浇筑，溢流坝段浇筑至坝顶1 088 m高程，非溢流坝段浇筑至1 088.5 m高程。防渗面板厚度为0.3～0.5 m，面板混凝土采用C20W6F200，每立方米混凝土纤维掺量为0.9 kg。防渗面板迎水面布置一层ϕ12@200的钢筋网，钢筋网与坝体连接锚筋相连，锚筋直径为ϕ20，坝体嵌入深度1.2 m，保护层厚度为5 cm。锚筋间距为2 m，呈梅花形布置。防渗面板嵌入坝肩岩体内0.5 m。

常峪口水库坝基岩体大部分为强风化角闪片麻岩，右部为弱风化岩体。强风化岩体厚度4.5～7.2 m，具中等透水性，建坝时经过固结灌浆处理，地质条件得到改善，不存在渗漏问题。右坝肩岩体呈强—弱风化状，节理裂隙发育，具中等透水性。由于受国道开挖的影响，右坝肩渗流增大，地质条件进一步恶化。左侧重力坝段地基为强风化角闪片麻岩，厚度7.2 m左右，岩体破碎，节理裂隙发育，节理面倾角多近水平，少量为陡倾角，虽经固结灌浆处理，现仍存在地基渗漏和绕坝渗漏现象。根据基岩情况，为封堵渗漏水，增强拱座的稳定，对河床两岸坝肩基岩进行帷幕灌浆处理。左坝肩岩石风化严重，山体较矮，因此左坝肩灌浆岩坝头切线方向向前岩石10 m；右岸岩体大部分呈弱风化状，局部节理、裂隙发育，坝顶岩石较为完整，防渗帷幕不必再向外侧延伸。左坝肩防渗帷幕长105 m，右坝肩防渗帷幕长45 m。常峪口坝高37 m，规范要求帷幕灌浆深度达到的基岩相对隔水层的透水率不大于5 Lu，从钻孔资料及试验数据看，左岸坝肩为强风化，岩体破碎，节理、裂隙发育，具有中等透水性；右坝肩岩体大部分呈弱风化状，但局部出露强风化，节理、裂隙发育，具有中等透水性。两坝肩均存在绕坝渗漏问题。综合考虑确定帷幕钻孔深度为12 m。采用单排铅直孔，帷幕灌浆孔间距为2 m。灌浆时采用逐次加密的方法，并根据灌浆地质条件的变化和实际灌浆情况调整灌浆孔的深度和间距。

（四）拱坝坝肩拱座防渗加固工程

1. 恒山水库大坝绕渗处理

1）渗漏原因

水库大坝为混凝土双曲薄拱坝，最大坝高69 m，坝基宽15 m，坝顶2.5 m，坝顶宽2.5 m，坝顶轴线长146.2 m。

大坝基础由寒武系上统的石灰岩、泥灰岩、页岩组成。岩层走向近东西向，倾向上游

偏左岸，倾角平缓。产状走向北东 76°到北西 250°，倾向南东到南西，倾角 13°～20°。F_1断层是一条逆平移断层，由钙质胶结较好的细粒角砾岩和断层泥组成。平切两岸坝基，贯通上下游，断层面倾向上游偏左岸倾角平缓。坝基岩体发育有软弱夹层 11 层（左岸出露标高1 228 m）和 12－(4)层（左岸出露标高1 236 m）。第 11 层厚4.1 m，为薄层泥灰岩与薄层石灰岩互层。12－(4)层由薄层泥灰岩、石灰岩互层并夹有灰质黏土页岩组成。层厚 10 cm，在底部 2～7 mm，地表 10～12 m 范围内完全风化成泥。左坝肩发育有与拱推力方向相一致的高倾角裂隙 T_1、T_3、T_4、T_{34}、T_{35}和与拱推力方向近于垂直的高倾角裂隙 T_{40}、T_{41}等，大坝左坝肩凸形上体上、下游面临空，且单薄，加之发育的裂隙、节理切割降低了岩体抗滑稳定性。

1960～1966年间，对左右岸进行了固结灌浆处理，左岸山头基岩共钻孔 68 个，总灌浆进尺2 073 m；右岸钻孔 54 个，总灌浆进尺1 041 m；坝后固结灌浆共布置三排，灌浆总长424.5 m；通过对坝基的固结灌浆处理，使基岩裂隙及软弱结构面得到了充填，提高了岩体的整体性，减少了岩体的渗漏。同时为减少渗漏，在坝基共布置两排帷幕灌浆，总计 181 孔，灌浆段总长7 801 m。

通过对灌浆资料的分析以及从水库投入运行以来的观察发现，在坝基渗漏方面存在以下问题：

（1）坝基渗水较小，左右坝肩渗水较严重，接触渗水带有钙质和铁质沉淀。

（2）进左岸排水廊道检查，排水孔出水，说明排水效果好，但也说明防渗及基岩固结不好。

（3）左右坝肩接触带均有不同程度的渗水现象，左坝肩更为严重，特别是在坝肩的底部，渗水已形成水流，坝体接缝漏水，析白浆钙质胶结。

运行中的以上问题可以说明如下：

（1）防渗帷幕左右延伸长度偏短。

（2）灌浆质量不好。

（3）深孔固结效果不甚理想。

（4）局部坝段有接触渗水。

2）处理措施

（1）大坝建基面及开挖边坡确定。

结合坝体结构对地基的要求、大坝建基面开挖深度及开挖形状，可利用基岩等高线拟定在弱风化岩体下限、微风化岩体上限，一般开挖深度 2～3.5 m；开挖沿切线方向进行，开挖边坡坡比 1∶1。

（2）左坝肩主要地质构造处理。

左坝肩软弱层面要求为 12－(4)，加固采用混凝土塞，位于左坝肩软弱层面 12－(4)上，离拱座约 4 m。抗滑混凝土塞由左坝混凝土包墙侧进洞，垂直裂隙 T_1、T_4，穿过 12－(4)层断面中央，并穿过 T_4裂隙 3 m。

抗滑混凝土塞沿软弱层面 12－(4)平行布置两孔，孔底高程分别为1 241 m 和1 242.5 m，间距 3 m，断面为矩形，宽2.5 m、直墙高2.5 m。高程1 241 m 抗滑混凝土塞总长22.58 m，其中 12－(4)滑动体内有效长9.3 m，滑动外侧长3.0 m，滑动体里侧长10.28

m。高程1 242.5 m抗滑混凝土塞总长18.7 m。其中,12 -(4)滑动体内有效长9.3 m,滑动体外侧长3.0 m,滑动体里侧长6.4 m。滑动体中的有效截面面积59 m^2,抗滑混凝土塞回填采用C30钢筋混凝土,洞顶并作回填灌浆处理。

(3)坝基防渗帷幕。

从坝基岩层来看,岩体北东和北西两组裂隙极为发育,岩基中软弱夹层稍多,分布明显清晰。原设计拱坝开挖深度较小,拱座未脱离中风化范围。为减少坝基和两岸的渗流,增强岩体的抗渗能力和抗冲蚀能力,降低左坝坝肩地下水位,提高左坝坝肩抗滑稳定能力,根据坝轴线的渗透剖面,同时考虑到坝基渗漏量不大,渗漏主要发生在两岸,加之库前淤积泥沙已至1 234.0 m高程,在一定程度上已起到了防渗的作用,主要对左右岸基础作帷幕灌浆渗漏处理。坝前无施工条件,帷幕线布设在下游,根据坝高及等级,以不小于3 Lu为帷幕灌浆标准,并深入相对不透水层以下5 m,两岸坝肩延伸长度以绕坝渗流较小且不会对大坝和山体产生不利影响为原则。布设方式为:在原坝基础部分,沿与水平面呈85°打斜孔,两岸坝肩延伸段设垂直孔,左岸延伸20 m,右岸延伸16.5 m。灌浆布置为单排,孔距1.5 m,帷幕灌浆孔总孔深1 658.4 m,灌浆段总长度1 253.8 m。

(4)基础固结灌浆。

为使基岩裂隙及软弱结构面得到充填,加强基岩的整体性和均一性,提高基岩的弹性模量,减少坝基的渗透性,对坝基进行全面固结灌浆处理。固结灌浆孔深为6 m,钻孔布置呈梅花形,间、排距均为3.0 m。

固结灌浆在有压重的情况下进行,混凝土压重厚度不小于1 m。

(5)接触灌浆。

对原坝体与基础接触渗水部位结合帷幕灌浆孔作接缝灌浆处理;新浇混凝土与基础接合面进行接触灌浆处理;新坝体与老坝体接缝部位设置接缝灌浆。

(6)回填灌浆。

左坝坝肩软弱层面12 -(4)抗滑混凝土塞顶部布置回填灌浆系统,作回填灌浆处理。

2. 南道神水库溢流坝左坝肩基础渗漏处理

南道神水库大坝为浆砌石单拱溢流坝,坝顶长97.26 m,坝底长17.79 m,溢流坝段坝高23 m,非溢流坝段坝高25.95 m。坝底宽7 m,坝顶溢流坝段厚2 m,非溢流坝段坝顶厚1.5 m。大坝左坝肩处坝基出露两条平行于水流方向的辉绿岩脉,上部一条岩脉出露点底高程123.3 m,岩脉厚度1.5 m,倾向NE80°,倾角46°;下部一条岩脉出露点底高程117.2 m,低于死水位2.25 m,岩脉厚度3.0 m,倾向NE78°,倾角51°,该岩脉在坝后沿走向方向有长约5 m露头,强—全风化,破碎严重,沿强风化破碎岩脉形成渗漏通道。建库初期,在坝前水压力作用下,冲走岩脉碎块间部分风化颗粒,形成渗水通道。1995年前后曾经对左坝肩辉绿岩岩脉用水泥对其进行砌护,但是防守效果不明显。现状左坝肩主要渗漏处在辉绿岩坝后出露段,库水通过岩脉形成的渗水渠道绕过左坝头流出。

除险加固采用混凝土塞方案截断辉绿岩脉表层破碎的渗漏通道。设计将两条辉绿岩脉表层破碎严重的岩石开挖,开挖深度3 m,然后采用混凝土回填,混凝土标号C20,总长60 m。

水库左坝头迎水面与基岩接合处岩石破碎松散,形成大的裂缝,宽度2 m,威胁坝体安全。工程设计对裂缝松散破碎的石渣进行清理,然后对坝肩基岩和浆砌石坝体表面风化部分进行凿除处理,最后用浆砌石砌筑回填。

第三节　拦河坝抗滑稳定加固工程

一、土石坝坝坡抗滑稳定加固工程

针对土石坝坝坡稳定问题,采取的加固措施因各工程具体条件不同而不同,主要的加固方案为放缓坝坡进行贴坡加固。其次是修整坝坡,增补破损护坡。再次是针对大坝下游浸润线过高而导致的坝坡不稳,采取了加强排水、修复排水棱体、加强坝面排水等工程措施,从而降低浸润线,保证了坝坡稳定。

如前述庙宫水库大坝,在加固设计中,针对原下游坝坡抗滑稳定安全系数不满足规范要求的问题,具体加固方案为在原坝基础上采用放缓坝坡贴坡加固方案,即下游坝坡上部一级马道以上坡度不变,为 1∶2.3,一级马道以下放缓后自上而下分别为 1∶3.0、1∶3.0、1∶3.5、1∶3.5。在变坡处设马道,高程分别为774.5 m、767.0 m、760.0 m、753.0 m。四级马道宽均为 2 m。坝后采用堆石棱体排水(带褥垫),排水体顶部至下游坝坡最后一级马道。大坝上、下游护坡均采用干砌块石护坡,并在下游坝坡的四级马道上分别设有纵向排水沟,在两坝头设横向排水沟。坝顶宽 5 m,为泥结碎石路面。经对加固后的坝坡进行稳定分析后的成果显示,该坝经上述加固后,其坝坡抗滑稳定安全系数在各种工况情况下均满足规范的要求。

临城水库大坝针对存在的问题,采取了相应的加固处理措施。具体为:拆除桩号0+000~1+023.6处的防浪墙,放缓上游129.5 m 以上的坝坡,使其不陡于 1∶2.5。经统一考虑,将防浪墙位置下移2.5 m,同时加宽坝顶宽度至6.5 m,将原下游草皮护坡改为干砌石护坡。

对斜墙坝段加固措施为:放缓下游坝坡,使其坝坡坡比为 1∶2.5,贴坡部分坝体采用砂砾料碾压而成,结合大坝放缓坝坡,对下游堆石反滤沟进行拆除重建处理,加固后堆石棱体底宽 18 m,底高程99.9 m,顶高程105.5 m,坝体排水设在堆石棱体顶部,尺寸为 150 cm×80 cm,坝脚排水沟底宽1.2 m。

造成坝段浸润线偏高的原因是坝基覆盖层与基岩接触面存在防渗薄弱环节,下游未采取排水措施。对均质坝段加固措施为:上游采用垂直防渗,在上游坝脚压土工膜齿槽前面浇筑混凝土防渗墙,防渗墙深入风化岩 1 m,防渗墙厚 60 cm,混凝土强度等级 C15,将防渗墙顶部与压土工膜齿槽浇筑为一体。在防渗墙底部进行固结灌溉。在上游坝脚压土工膜齿槽前设一道灌浆帷幕,一排灌浆孔,孔深 7 m,孔距为 2 m。

经上述处理后,大坝上、下坝坡稳定安全系数在各种工况下均满足了规范要求,大坝除险加固工程取得了预期的结果,目前工程运行正常。

二、重力坝抗滑稳定加固工程

(一)概述

各工程的自然地理、地质条件各异,导致大坝抗滑稳定安全问题也不尽相同。因此,在进行加固设计时,各工程均根据具体情况进行具体分析,经技术经济比较后选择加固方案。

病险浆砌石重力坝普遍存在的问题是坝体砌筑质量不好,坝体抗渗性能不良,导致坝体各断面扬压力过大,使其稳定性满足不了要求。对此类问题普遍采用了加强坝体防渗性能的措施。例如河北省朱庄水库对溢流坝面重新进行浇筑处理,对坝体裂缝进行封堵处理。河北省龙门水库拆除原溢流坝,新建了泄洪闸;河北省野沟门水库在大坝迎水面增设混凝土防渗面板,将溢流坝原破损混凝土面板凿除后重新浇筑混凝土堰面;河北省车谷水库溢流坝段深层抗滑不稳定,对溢流坝段采用了预应力锚索加固方案;河南省三郊口水库在大坝迎水面增设了钢筋混凝土防渗面板;河南省石门水库对不稳定溢流坝进行改建,新做了钢筋混凝土溢流面板。

其次是基础处理不到位、坝基防渗帷幕和排水孔失效,造成坝基扬压力过大,使坝体失稳。对此类问题主要采用加强帷幕灌浆,疏通或补加排水孔等措施。例如对河北省朱庄水库左坝肩进行灌浆,对坝基排水孔进行了修复;对河北省野沟门水库坝基采用加强帷幕灌浆;对河北省水胡同大坝坝基也进行了帷幕灌浆;对河北省车谷水库右坝肩进行灌浆;对河北省青塔水库左坝肩进行基岩固结灌浆,对左右坝肩进行帷幕灌浆等。对河南省三郊口水库、石门水库等坝肩和坝基也均进行了帷幕灌浆,减少了坝基扬压力,保证了坝体稳定。

(二)工程实例

1. 塔岗水库

塔岗水库属海河流域卫河支流沧河梯级开发下游的一座Ⅲ等中型水库,坝址位于河南省卫辉市西北部太行山区狮豹头乡塔岗村北200 m(沧河的出山口处)。

塔岗水库1958年4月6日开工,在边测量、边备料、边设计、边施工的原则下,7月19日基本完成主坝、左副坝、溢洪道三项主要工程。8月初开始蓄水,塔岗水库是一座以防洪、灌溉为主,结合供水、发电等综合利用的Ⅲ等中型水库。主坝坝体横剖面分三部分:上游独立体为代水泥砌块石的重力墙,中部为干砌石过渡层,下游为堆石体。独立体和干砌石建筑在角闪片麻岩岩基上,堆石体建筑在砂卵石河床上,坝基未作防渗处理。因主坝基础未采用防渗工程措施,坝基及坝基渗漏严重。坝基扬压力上游为坝前水头,下游点为坝下水位,中间为直线连接。经研究分析,认为大坝独立体稳定问题的原因主要是坝体防渗设施缺乏,大坝本身防渗性能差,导致坝基和坝体断面扬压力过大。另外,砌体是采用白灰和红色黏结料砌筑,层间强度低,且因渗漏而导致砌缝冲蚀,使坝体本身疏松。对此,工程加固时,采用增设坝基防渗帷幕灌浆;坝上游面采用M20高强水泥砂浆对原浆砌条石防渗体勾深缝,并对坝体进行补强灌浆。经处理后大坝稳定问题得以解决,保证了工程安全。

2. 三郊口水库

三郊口水库是一座以灌溉、防洪为主,结合供水、发电等综合利用的中型水库,位于辉县市西北50 km远的淇河支流季水河上游。

大坝坝型为拱形浆砌石重力坝,最大坝高60.4 m,坝顶长400 m,总库容为2 297万m^3,兴利库容1 845万m^3,死库容55万m^3。

大坝工程包括溢流坝、挡水坝。溢流坝布置在河床段,长90 m,堰顶高程638 m,最大坝高 56 m。坝基宽 58 m,633 m 高程坝宽24.01 m,633 m 高程以上为浆砌石小断面,靠迎水面布置,顶宽 2 m,底宽6.0 m。

挡水坝布置在河槽两侧,基岩高程 584 m,坝顶高程642.4 m。坝基宽 57 m,633 m 高程处坝宽26.95 m。633 m 高程以上为浆砌石断面,靠迎水面布置,顶宽2.5 m,底宽8.6 m。坝顶设有厚0.5 m、高1.0 m 浆砌料石防浪墙。

大坝存在的主要问题是:溢流坝混凝土溢流面毁坏严重,633 m 高程截面的抗滑稳定及强度不满足规范要求;坝肩、坝基清基不彻底,岩石风化严重,裂缝发育,未进行基础处理,存在渗漏隐患。

主要加固措施为改建溢流堰,并新做钢筋混凝土溢流面;按 500 年一遇标准洪水,对挡水坝进行加高、加固;对新加坝段坝肩增设防渗帷幕;溢流坝下游河床范围内全面设降压孔至承压水层,解决坝基下承压水问题。挡水坝段的具体加固措施为:在现有挡水坝段 633 m 平台上游侧布置加高坝段,坝顶宽5.0 m,下游接2.5 m 高直立段后由 1∶0.67斜坡与 633 m 平台相接。新加坝段坝基开挖至强风化带下限以下 2 m,做1.5 m 厚 C15 混凝土垫层,垫层上游为 4 m 宽、2 m 深的混凝土齿槽,坝体断面同原有坝段加高部分。大坝防渗采用 2 m 厚 M15 浆砌条石及坝体防渗灌浆,坝体为 M 7.5浆砌块石外镶浆砌条石。防浪墙为厚0.6 m 的 M 7.5浆砌料石。新加坝段坝体排水按埋设无砂混凝土管设计,原有坝段坝体排水由坝顶钻孔至 630 m 廊道,并在 598 m 高程下设坝体排水,排水管间距2.5 m。

新加坝段设置防渗帷幕,帷幕纵向伸入原坝段 10 m,帷幕深 10 m,设两排,孔距 2 m,排距 2 m。

经上述加固后,按《浆砌石坝设计规范》(SL 25—2006)及《水工建筑物抗震设计规范》(SL 203—97)对大坝抗滑稳定及应力进行核算,经核算,挡水坝及溢流坝的抗滑稳定及应力均满足规范要求。

3. 朱庄水库

朱庄水库大坝存在深层抗滑稳定不安全问题。经分析研究认为主要是部分坝基排水孔深度未达到原设计深度,还有就是经过多年运行大部分排水孔淤堵严重,排水效果减低,使坝基扬压力增高,影响大坝稳定。加固时采用在坝体灌浆廊道内对主排水孔进行扫孔和重钻排水孔恢复其排水功能。施工后,坝基排水效果良好,经复核大坝深层抗滑稳定安全系数已满足了规范要求。

4. 大黑汀水库

如前述,大黑汀水库主坝为低宽缝混凝土重力坝,因帷幕失效及排水孔淤堵且坝基建基面处混凝土和基岩面接合不良,基岩表层破碎,致使溢流坝段和挡水坝段的坝体沿建基面抗滑稳定安全系数满足不了规范要求。在加固设计中,设计人员针对该坝产生问题的具体原因进行了详细分析并提出不同的处理方案,经比选后最终提出了切实可行的处理方案。

首先,对坝基进行加固,从勘探钻孔揭露的坝基接触面和基岩表层情况看,接触面胶结较差,局部岩石破碎,渗透性比下部岩石大,基础混凝土有溶蚀现象。分析破坏原因有以下几方面:原接触、固结灌浆施工质量不好;上游帷幕失效导致溶蚀情况加剧;断层和破碎带以及坝基开挖质量差;混凝土浇筑时坝基清理不彻底等。考虑到实际情况,为了保持坝体与基岩的紧密接合，消除渗水通道，减少扬压力，保持地基渗透稳定，减少排水孔溢出物，采用了对接触面进行接触灌浆的处理方案。同时为提高破碎岩体的强度和弹模，加固地基表层岩石，对受开挖爆破影响较大的区域进行固结灌浆。具体方案为利用主廊道、缝腔，采用风钻进行造孔，孔径 50 mm。钻孔沿主廊道下游侧，缝腔上下游两端进行布置，孔距 3 ~6 m。主廊道内采用直孔或倾斜孔，缝腔内采用斜孔。接触固结灌浆孔要求伸入基岩4.0 m。施灌时要求分段灌浆，先灌接触面段，再灌岩石段，灌浆浆液采用 525$^{\#}$普通水和改性水泥。采用较大灌浆压力，一般为2.0 ~4.0 MPa。分二序施灌，按环向分序、环内加密的原则进行。

其次，帷幕加固设计。原帷幕已大部失效，其中西头重力坝至渠首坝段东重力坝段渗漏量较大，对以上坝段进行防渗帷幕补强。河床大部分坝段排水孔溢出物较多，主要原因是原帷幕失效及微生物破坏，故对河床坝段的帷幕也进行补强重灌。下游帷幕的透水率较大，已失去防渗功能，也要对下游帷幕进行恢复。鉴于东西两坝头基本无绕坝渗流，故不对其进行补灌。帷幕补强范围限于坝内廊道的上游主帷幕、下游主帷幕及交通廊道中的帷幕。加固中将帷幕的防渗标准确定为透水率小于 1 Lu。在河床坝段帷幕深入基岩内 25 m，两岸坝段深入基岩 10 ~25 m。上游帷幕倾向上游 10°，孔距 2 m，孔径 91 mm。下游帷幕倾向下游 10°，孔距 2 m，孔深入基岩 12 m。交通廊道的帷幕孔距 2 m，深入基岩 12 m。帷幕施工在廊道内进行。灌浆浆液选用水泥浆液，但为了抵制微生物对帷幕的腐蚀破坏，在浆液中掺入有机金属盐药剂，掺量为0.5% ~1%。经施工证明防渗效果较好。

最后对坝基排水孔进行扫孔和重钻排水孔，保证了排水孔功能。

经上述除险加固后，大黑汀水库已正常投入运行，至今工作良好，其大坝稳定、安全得到了保证。

三、拱坝抗滑稳定加固工程

针对各拱坝工程存在的问题，各工程均具体进行了方案研究，采用了合适的加固方案。例如河北省水胡同水库，针对右岸拱座抗滑稳定不满足规范要求，坝体存在多处裂缝，坝基、坝肩、坝身漏水问题，对坝体进行了加固，对坝基进行基础灌浆，增强拱座处岩石整体性并减少扬压力，满足了拱座稳定要求。野沟门水库针对大坝抗滑稳定不安全，大坝上游面防渗材料老化、剥落严重，坝体渗漏的问题，对大坝迎水面增设混凝土防渗面板，对溢流坝凿除溢流面混凝土并重新浇筑混凝土堰面，对坝基采用帷幕灌浆，减小了扬压力，满足了坝体稳定要求。

下面选取恒山水库拱坝的除险加固工程予以重点介绍。

在加固设计中，根据恒山拱坝左坝肩单薄、整块岩体抗滑稳定不安全和坝体拉应力超标、坝体裂缝较多的具体问题，设计者经过细致分析和论证进行了各方案比选，最后提出了采用坝体和左坝肩同时加固的“标本兼治”的方案，既解决了坝体裂缝的问题，又可减小拱座推力，从而解决了坝肩稳定问题。其设计思路是科学而巧妙的。在设计报告中，设计者是这样阐述其设计思路的：“拱座推力主要来自两种荷载，即拱承担的水压力和坝体温度变化。因此，解决问题的思路应该是减小坝体的温度变化和减少拱的分载作用，可行措施之一即是将拱坝加厚。拱坝加厚之后，原坝体的温度应力可随之降低，梁的分载可以加大,从而减少了水压作用下拱座的推力。但是,温度作用下拱的推力与拱厚有关。整体加厚可能对减小拱座推力不明显,甚至会加大拱座推力。从规范规定的校核方法来看,采用坝下游整体加厚的方法,实际上加大了坝体和坝肩的接触面积,在温升时拱向推力也将随之增加,不利于左岸坝肩的稳定。在温降时,连续的加固拱圈易产生裂缝。因此,在坝后全面加厚的混凝土中设置横缝,横缝留一定的宽度不灌浆,这样可以形成类似支墩的相邻垂直梁系在坝后对坝体进行全面加固,既可使加厚的新混凝土承载部分水压,减小坝体的温度变化,又可使新贴混凝土在温升时不产生拱推力。"

坝体加固采用的具体方案为厚层加厚方案,即在原坝体下游侧坝基加厚宽度为11.04 m,加上原拱坝基宽 15 m,两者共达26.04 m,在原坝顶下游侧加厚1.0 m,坝顶总厚达3.5 m。加厚部分坝体下游面坡度为 1∶0.2,新加混凝土方量为40 699 m^3。拟加固的拱坝特性如下:坝顶轴线长146.2 m,与原坝体接触侧半径58.3 m,坝顶拱圈中心角 137°40′,水平拱圈为等厚度拱,最大厚度位于1 205 m 拱圈(坝顶高程为1 255 m),为11.4 m。在拟加固的坝体中设置横缝,每间隔10.97 ~23.72 m 设置一条。横缝位置与原坝相同,以防止新坝体横缝部位对老坝产生不利影响。本工程坝体加固混凝土采用了自密实堆石混凝土,由大块的堆石和带有小骨料的自密实混凝土构成,堆石占 60%,自密实混凝土占 40%。

左坝肩抗滑稳定加固方案采用了抗滑混凝土塞方案。针对左岸 12 -(4)层是控制左坝肩抗滑稳定最不利的软弱层面的判断,该方案便是在这层软弱面上设置两处抗滑混凝土塞,断面为矩形,宽2.5 m,直墙高2.5 m,洞长分别为22.58 m 和18.7 m。另外,在加厚坝体与坝肩基础面接触部位,在加厚坝体的混凝土中增布一层钢筋网,在基岩面布置锚杆,加厚坝体混凝土钢筋网钢筋直径为 18 mm,间距 20 cm×20 cm,基岩面锚杆采用 ϕ25 钢筋,呈梅花型布设,间距1.5 m,长3.0 m,伸入基岩2.0 m。经上述处理后,大坝坝体应力和左坝肩抗滑稳定安全系数在各种工况下均满足了规范要求,达到了拱坝工程加固的预期目的。

第四节 拦河坝坝体结构加固工程

一、土石坝坝体结构加固工程

根据前述土石坝存在的坝体结构问题及原因分析,海河流域各病险大坝针对该工程的具体问题进行了专门的研究分析并提出了相应的工程措施,本着经济可行,安全可靠,采用新材料、新技术的精神进行除险加固设计,施工上也采取招投标、监理制,确保了加固工程的顺利实施。

对于坝体裂缝问题,大部分采用了大坝劈裂灌浆的新技术工艺,例如山西省陶清河水库大坝、下茹越水库大坝、天津大港水库堤坝等。

对于大坝上、下游护坡的损坏,大部分采用翻修,填平塌陷部位,增加垫层,有的采用土工膜增加防渗,有的采用导冰坎等新型结构解决冰压力对坝坡的损害等。大部分坝体针对排水系统的破坏进行了修复,例如临城水库针对草皮护坡破损的问题改建为干砌石护坡并翻修了排水棱体,新修了坝面排水沟等。

对于防渗系统问题,各工程均根据具体情况采用了诸如加强帷幕灌浆、增加坝肩帷幕灌浆、补打防渗墙等予以处理。例如临城水库针对两岸均质土坝坝体浸润线过高问题专门进行分析研究,根据坝体测压管资料分析及地质工作研究,认为其坝基清理不好,大坝坝基处存在渗漏通道是问题所在。对坝基进行防渗处理,即采用防渗墙并在其下进行灌浆的垂直防渗措施。其他如河南省汤河水库、弓上水库、琵琶寺水库、石包头水库、塔岗水库,山西省米家寨水库、下朱庄水库、双乳山水库、孤山水库,河北省马头水库、临城水库、口头水库等均加强了防渗帷幕。

二、浆砌石重力坝坝体结构加固工程

各工程根据其损害情况不同采用了不同的加固措施。以朱庄水库工程为例简述如下:

(1)坝顶结构的修复加固。

由于防浪墙和下游护拦毁坏严重,靠补强加固处理很难恢复原有功能,故将原防浪墙和下游护拦全部拆除。根据调洪成果对坝顶高程复核后,认为坝顶不需设防浪墙,为安全计,坝顶上、下游均采用钢制栏杆。

坝顶路面采用在现混凝土路面上新浇筑一层 18 cm 厚混凝土,混凝土强度等级为 C30,路面设坡向下游的单向横坡,坡度为 1%,下游路缘设排水孔将路面积水排向下游。

(2)对于机架桥支墩裂缝,采用了化学灌浆 + 碳纤维复合材料补强的方案,而未采用拆除重建的传统方法。这种采用新材料新工艺的措施避免了施工弃渣对环境的影响,造价也较低。这在病险水库钢筋混凝土构造的加固修复中是值得推荐的。

(3)朱庄水库溢流面混凝土抗冻等级低,裂缝严重,在加固中采用了全断面修补法,即将整个溢流面全部凿除,重新浇筑一层高强混凝土,并在新、老混凝土间设置锚筋,在混凝土表面设置温度钢筋网。在海河流域对类似的浆砌石重力坝的溢流堰破坏情况进行加固时多采用此方法,例如大黑汀水库溢流面的加固(大黑汀为混凝土坝)、野沟门水库及河南省石门水库加固等。

(4)对于坝体裂缝、漏水,廊道、底孔结构破坏、渗水等问题,朱庄水库在除险加固设计中经过认真研究采用了安全可靠的方案进行处理,效果较好。简述如下:

①泄洪底孔拱顶裂缝处理。

朱庄水库泄洪底孔布设在河床溢流坝段(八、九、十坝段)的三个中墩中,共设 3 孔,均为混凝土结构,洞身尺寸 3 m×6.2 m,出口下游以曲线段与溢流坝面平顺衔接。其洞边墙和顶拱裂缝相当严重,已成为贯穿缝,裂缝表面有大量白色析出物和渗漏现象。经查共有 23 条裂缝,总长达145.4 m,$2^{\#}$、$3^{\#}$底孔拱顶裂缝较严重,裂缝宽度达 1 mm。国内外修补裂缝的方法有很多,归纳起来主要有充填法、注入法和表面覆盖法等。充填法适于修补较宽的裂缝(一般缝宽大于0.5 mm),充填材料有水泥砂浆、预缩水泥砂浆、丙乳砂浆、BAC 砂浆、环氧砂浆和弹性环氧砂浆等。注入法又分为压力注入法(灌浆法)和真空吸入法,压力灌浆适用于较深较细裂缝,而真空吸入法则是利用真空泵使缝内形成真空,将浆材吸入缝内,适用于各种表面裂缝的修补,而不适用于贯通缝的修补,浆液材料有水泥浆材、普通环氧浆材、弹性环氧浆材等。表面覆盖法利用在微细裂缝(一般宽度小于0.2 mm)的表面涂膜,分部分涂覆和全部涂覆两种,缺点是修补工作无法深入裂缝内部。根据朱庄水库泄洪洞裂缝情况，宽度大于0.4 mm（含0.4 m）的裂缝占70%，部分裂缝甚至达到1 mm。朱庄水库采用充填法对底孔裂缝进行修补，采用的是丙乳砂浆作为填充材料。具体的修补工艺为：沿裂缝两侧人工凿U形或V形槽，顶宽5～10 cm，底宽3～5 cm，槽深3～5 cm；用压缩空气清扫槽内残渣或用高压水冲洗；涂刷界面处理剂（丙乳浆液）；嵌入充填材料（丙乳砂浆）。

②坝体裂缝处理。

朱庄水库大坝为浆砌石重力坝，坝体上游面设有2 m厚的常态混凝土防渗层，上游坝面共有22条裂缝，绝大部分裂缝走向为垂直方向，宽度均达到0.2 mm，其中裂缝宽度大于或等于0.3 mm的有13条，占总数的60%，裂缝深度大都已超过60 cm，已基本贯穿，导致下游灌浆廊道产生了渗漏现象。由于裂缝的宽度及深度均较大，而上游面混凝土防渗层仅有2 m厚，若采用灌浆修补法，浆液可能流窜至坝体浆砌石内部而漏浆，从而影响灌浆效果。所以，对上游坝面裂缝的处理方案同前述，仍采用充填法进行修补。

三、拱坝坝体结构加固工程

针对浆砌石拱坝、连拱坝及混凝土拱坝存在的病害问题，不同工程采用了不同的加固方法，均取得了较满意的结果。

对于坝身裂缝、渗漏严重问题，各工程均采用了经济可行的方法予以加固，主要采用高强砂浆勾缝、对坝体进行灌浆密实，如河北东石岭水库、水胡同水库、常峪口水库等。有的在大坝迎水面增设钢筋混凝土面板，如河南省三郊口水库大坝、河北省青塔水库大坝、河北省野沟门水库大坝。对于坝基渗漏、坝肩绕坝渗漏严重的大坝均增强了帷幕灌浆，补打坝肩帷幕灌浆等，如河北省水胡同水库大坝、青塔水库，河南省三郊口水库等。

对坝身混凝土剥蚀、碳化严重等病害，多以凿除旧混凝土，重新浇筑混凝土护面或新浇溢流坝面等措施予以解决。例如河北省野沟门水库，对溢流坝原破损混凝土进行凿除后，重新浇筑溢流堰面。

现对山西省恒山水库混凝土双曲薄拱坝的加固情况予以介绍。恒山水库大坝情况如前述，对其除险加固情况已作了简要介绍。现仅就其坝体结构问题的处理情况作一简介。

恒山拱坝坝体的加固采用加厚坝体的方案。在原拱坝下游加厚坝体，底部加宽11.04 m，坝顶加厚1 m，总加固混凝土方量近5万 m^3。

新、老混凝土接缝处理方案，在下游面拆除所有原观测设施（栈桥、侧垂线、发电钢管、排砂钢管），新、老混凝土接合面做凿毛处理。为了剔除碳化混凝土，平均凿深4 cm。在老坝面设锚杆，锚杆为梅花形布设，采用 $\phi 25$ 钢筋，长1.5 m（伸入老坝体75 cm），间距1.5 m。加固混凝土浇筑时，在新浇混凝土内布设钢筋网，钢筋直径为8 mm，间距为30 cm×30 cm。在接合缝面布置灌浆设备，待坝体温度下降后进行接缝灌浆处理。关于恒山拱坝上游坝面处理，因恒山水库大坝混凝土碳化情况比较严重，坝体混凝土碳化深度平均值为35.8 mm，碳化深度最大值达到53 mm；大坝混凝土裂缝多，裂缝深度在1 m以内，故急需处理。在采用坝后厚层加固的基础上，对上游面坝面采用“凿旧补新”的办法进行修补，并进行抗冻和防渗设计，决定“凿旧补新”后采用喷涂聚脲弹性体防渗层处理方案。

喷涂聚脲弹性体是国外近10年来，为适应环保需求而研制、开发的一种新型无溶剂、无污染的绿色施工材料。其抗渗性、黏结性、抗拉强度、耐磨性及延伸率等都具有显著的优越性，并且具有施工简单、受环境因素影响小、颜色可调等特点，已在水利水电工程中被推荐应用。恒山大坝上游面采用此涂层设计，喷涂厚度 2 mm，一次喷涂即可完成。在边、角、孔等部位进行局部补强，厚度控制在 4 mm 以内。该新材料和新技术的应用是本加固工程的一个亮点。

第五节　泄水及输水建筑物加固工程

一、泄水建筑物改、扩建工程

新中国成立以来，我国有关部门，先后对所管理的水利工程的防洪标准制定过一些规程、规范，由于制定的时期不同，对防洪安全与经济关系的处理有些差异。因此，由于建设年代的差异，部分水库的防洪标准尚未达到国家《防洪标准》(GB 5020—94)的要求。据统计，海河流域土石坝工程中的 19 座大型水库，有 11 座达不到国家规定的防洪标准；66 座土石坝的中型水库，有 29 座达不到国家规定的防洪标准。提高水库的防洪标准有两种思路：一是加大水库的防洪库容，二是提高泄水建筑物的泄流能力。加大水库的防洪库容的方法是加高大坝的高度，抬高坝顶高程。提高泄水建筑物泄流能力的措施是加大泄流宽度或是降低堰顶高程。其实加高坝顶高程，提高了设计水位，即使不加大泄流的宽度和堰顶高程，也能起到提高泄流能力的作用。这些方法和措施往往是综合起来考虑的，比较典型的如河北省的大(1)型工程——西大洋水库，经不同方案的比选，采用了大坝加高1.85 m，扩宽溢洪道 12 m，降低堰顶2.9 m 的方案同时将非常溢洪道的启用标准由遭遇 100 年一遇洪水提高到5 000年一遇洪水，满足10 000年一遇校核洪水下的保坝标准。

(一)溢洪道扩建工程

1. 概述

溢洪道扩建工程是指扩宽溢洪道的过流断面，包括进水渠道、控制堰及泄槽等，也有只拓宽进口堰、不扩宽陡坡泄槽及消能工断面的。拓宽溢洪道要根据地形、地质条件及与大坝相对位置以及水流条件，决定向一侧扩宽或是向两侧扩宽。采用单一拓宽溢洪道的工程有 6 座，它们是河北省的王快水库，山西省的下米庄水库、鲍家河水库、申村水库，河南省的塔岗水库、双泉水库。

2. 工程实例

1)王快水库

河北省的王快水库为大(1)型工程，1960年建成，原设计洪水标准为 100 年一遇，校核洪水标准为 500 年一遇，库容为10.78亿 m^3。1969 ~ 1972年对水库续建，大坝加高了7.5 m，坝顶高程215.0 m，校核洪水标准提高到1 000年一遇。其泄洪建筑物由溢洪道、泄洪底孔、泄洪洞组成。溢洪道的控制段由高、低实用堰组成，高堰 2 孔，过流净宽14.5 m，堰顶高程 205 m。低堰 9 孔，过流净宽 81 m，堰顶高程 197 m。底孔位于中部堰体底部，2 孔为3.5 m×3.5 m 矩形断面，压力洞进口高程187.0 m，最大泄流能力14 636 m^3/s。泄洪洞位于左岸坝下，洞径4.5 m，进口高程155.75 m，最大泄量 311 m^3/s。按汛限水位 190 m 调洪演算，水库现状的防洪标准仅达到1 500年一遇。

为提高水库的防洪标准达到10 000年一遇，比选了改、扩建溢洪道，增设非常溢洪道以及加高拦河坝同时增设非常溢洪道三个方案，最终选择了比较经济的改、扩建溢洪道方案，扩宽控制段及泄槽，降低堰顶高程。在改、扩建溢洪道设计中，比选控制堰堰型，选用流量系数较大的驼峰堰，通过不同堰堰顶高程的调洪演算，确定采用堰顶 192 m 高程，过流净宽 120 m 最经济的方案。从方便管理、运行和水流流态上，采用了 8 孔单宽 15 m，弧形钢闸门，油压启闭机的结构布置型式。具体方案为取消原溢洪道 187 m 泄洪底孔，将汛限水位由 190 m 提高至 193 m，将原底孔深槽回填混凝土。堰顶高程由 197 m 降至 192 m，增大低水位泄洪能力。改建溢洪道，是在原有溢洪道渠槽的基础上，向两侧扩宽。驼峰堰底板厚4.0 m，堰高2.0 m，闸墩厚3.0 m，闸顶高程215.5 m。

弧形工作门前设检修门槽，检修门用一台单向门机控制。在工作门与检修门之间设交通桥，桥面高程同坝顶高程215.5 m，桥面宽7.0 m，人行道宽0.75 m。闸室边墩为重力式混凝土结构，边墩山体侧设混凝土刺墙，刺墙厚度1.0 m，其余部分回填石渣，控制段堰长35.0 m。

在闸底板上游端设防渗帷幕，帷幕孔距2.0 m，孔深 8 ~ 12 m，帷幕分别向两岸延伸至刺墙基础。在帷幕下游侧设排水幕孔距2.0 m，孔深5.0 m，排水幕布置成 U 形，在两侧边墩基础外缘转向下游延伸至 0 + 060，排水孔口用半圆缸瓦管连接，引向原底孔下部深槽，将渗水排出。

为形成较平顺的进水通道，将闸室前引渠段北侧地形较高部位，沿闸室北边线向上游开挖 100 m，渠底高程 190 m。在控制堰上游设置钢筋混凝土铺盖，厚0.6 m，顶高程 190 m，长 10 m。在闸室上游两侧设 20 m 长混凝土直墙，在其上游设 25 m 长浆砌石扭坡接圆锥形滚头，坡度 1∶1.5。

闸室下游仍沿用原 900 m 长泄槽。泄槽由原 30 ~ 40 mm 宽，扩宽至 61 m。首部由闸室宽 141 m 渐变至 61 m，收缩段长 237 m，宽度收缩 5% ~ 7%，其后接缓坡泄槽的0.65%至末端接陡坎。泄槽在黑云母斜长片麻岩中开挖而成，过水断面多在弱风化以下，岩石完整坚硬，抗冲能力高。因此，弱风化以下部分开挖边坡 1∶0.3，以上部分 1∶1，局部构造破碎处进行喷锚支护。泄槽收缩段前 20 m 边坡设厚1.0 m 钢筋混凝土衬砌。

2）塔岗水库和双泉水库

河南省塔岗和双泉两座水库均为中型水库，其防洪标准均达不到1 000年一遇的校核洪水标准。

双泉水库泄洪建筑物由溢洪道和泄洪洞组成。溢洪道实际上是一条位于大坝左端 150 m 处开挖的渠槽，全长 700 m，进口为开敞式。2003 年改造成堰顶高程214.0 m，10 m×3.0 m 平板侧翻闸门的控制段，后接 30 m 宽、纵坡 1/91 ~ 1/275 的天然泄槽，出口采用陡坡入下游河道。为提高水库防洪标准达到1 000年一遇，采用维持坝顶高程不变，只对溢洪道采取进口扩宽 6 m，再增设 2 孔侧翻板闸，对泄槽段纵横断面进行整修、衬砌的措施。泄槽边坡为 1∶1，槽底纵坡修整为 1/185。溢洪道最大泄量由1 578 m^3/s 可提高至2 275 m^3/s，加大了泄洪能力。

塔岗水库的溢洪道系在基岩上直接开挖的开敞式、折线型实用堰，堰顶宽128.7 ~ 135.1 m，堰顶高程 177 m（现状177.2 m）。由于塔岗水库系卫河水系沧河梯级开发下游一座中型水库，其上游 13 km 是石包头中型水库，20 km 是正面水库，因此其校核洪水标准需达到2 000年一遇。采取的工程措施是整修恢复原设计堰顶高程至 177 m，控制堰及泄槽扩至底宽141.8 m，并加以钢筋混凝土衬砌。该措施可使塔岗水库的防洪标准达到2 000年一遇。

3）下米庄水库、鲍家河水库和申村水库

山西省三座中型水库，不满足校核洪水1 000年一遇的标准。下米庄水库和鲍家河水库为软基溢洪道，除采用溢洪道泄洪外，鲍家河水库还设有泄洪排沙洞，下米庄水库还设有泄洪闸，共同承担泄洪任务。

在提高防洪标准的工程措施上，鲍家河水库将溢洪道净宽由 42 m 扩至 54 m，泄槽仍保留 50 m 的宽度。

下米庄水库只达到 300 年一遇洪水标准，调整调洪演算中的起调水位，由原设计的1 005.5 m 降至1 001.2 m，将堰顶高程由原设计的1 003.26 m 降至1 002.9 m，溢洪道的泄流宽度由原设计的 30 m 扩至 50 m。

申村水库为岩基溢洪道，控制段为宽顶堰，堰顶高程945.0 m，堰顶过流净宽 30 m。泄槽总长 190 m，宽度32.8 ~ 25.0 m。采用提高标准的工程措施：在现状溢洪道的控制段向右开挖扩宽，过流净宽达到 40 m。泄槽段矩形断面扩至44.2 ~ 36.4 m，底坡不变。上述工程无须加高大坝高程，就可将水库的防洪标准提高到1 000年一遇校核洪水标准。

（二）溢洪道改建工程

1. 概述

溢洪道改建工程是指对溢洪道结构设计上不满足《溢洪道设计规范》（SL 253—2000）要求而进行的修改、补充、完善、改造等工程内容，进而排除溢洪道的病险隐患，这在本章第五节已有论述。此处是指（除泄流宽度外）对严重影响泄流能力的工程缺欠所采用的工程措施，从而使水库达到国家要求的防洪标准，比较典型的有山西关河水库、陶清河水库。在前述扩建溢洪道工程的实例中，某些工程措施也已体现改建的内容，如河北王快水库、山西的下米庄水库等，此处不再重述。

2. 工程实例

1）关河水库

关河水库为Ⅱ等工程，主要建筑物为 2 级，其设计洪水标准为 100 年一遇，校核洪水标准为2 000年一遇。安全鉴定其防洪能力仅为 500 年一遇。关河水库参与调洪计算的建筑物为溢洪道和排沙泄洪洞。为提高该工程的防洪能力，采取的工程措施是改建溢洪道。该溢洪道在1989年除险加固改造时要达到1 000年一遇洪水标准，将控制段宽顶堰高程由987.9 m 降至985.3 m，而泄槽底板未进行相应改造，致使堰顶高程较下游泄槽底低1.7 m。为此将溢洪道泄槽下挖后，经调洪演算泄量能满足2 000年一遇洪水时下泄1 830 m^3/s的要求。同时整修进水渠，将进水渠两岸顺山坡地形开挖成喇叭形，宽度 45 ~ 100 m，开挖长度达 172 m。闸前22.4 m 引渠段采用钢筋混凝土衬砌底板及侧墙，泄槽整修为上缓下陡的纵坡，并设置收缩段将 45 m 宽的泄槽以7.13°角收缩至 30 m。

2)陶清河水库

陶清河水库为Ⅲ等工程中型水库,主要建筑物大坝、溢洪道为3级建筑物。原设计洪水标准为100年一遇,无校核洪水标准。1963年续建的溢洪道位于大坝左端,控制段为开敞式宽顶堰,无闸门,堰顶高程973.3 m,过流净宽25.0 m,总宽29.0 m(控制段设交通桥,桥墩厚1.0 m)。1982年"三查三定"将水库汛限水位调整到967.3 m(利用输水洞)。2004年安全鉴定现场核查结果为该水库防洪能力低于20年一遇洪水标准,也不满足除险加固近期非常运用洪水标准(500年一遇)。该工程采取的工程措施是,将控制段堰顶高程降至970.8 m,汛限水位也可调整至970.8 m。调整泄槽纵坡及平面曲线布置断面形式。陶清河水库的校核防洪标准可提高到1 000年一遇。

(三)新增非常溢洪道工程

1.概述

通过增加泄水能力以提高水库的防洪标准的工程措施,除扩建正常溢洪道外,就是增设非常溢洪道,前述改、扩建溢洪道工程中也比选增设非常溢洪道方案的,因地质、地形条件导致工程造价高被否定掉了,据现有资料,河北省的黄壁庄水库采用了增扩非常溢洪道。

黄壁庄水库位于河北省鹿泉市黄壁庄镇附近的滹沱河干流上,距省会石家庄市约304 m,是海河流域子牙河水系两大支流之一滹沱河中、下游重要的、控制性的大(1)型水利枢纽工程,总库容12.1亿 m^3。水库任务是以防洪为主,兼顾城市供水、灌溉、发电和养殖等。它与上游28 km的岗南水库联合控制流域面积23 400 km^2。

水库于1958年动工兴建,1959年拦洪,1960年蓄水,经历1963年特大洪水,1965年扩建,1968年达到目前工程规模。工程运行中屡屡发生问题,被列为全国首批43座重点病险库之一。曾进行过多次抢险加固处理,都属于应急抢险和维修性质,未从根本上解决黄壁庄水库的病险隐患,以至于成为全国首批43座重要病险库中最后一座未摘帽的水库。1996年8月河北省中南部发生特大洪水,黄壁庄水库位于暴雨中心,入库洪峰流量最大达到12 600 m^3/s,最高库水位122.97 m,为建库以来最大值(超越1963年洪水洪峰流量3 700 m^3/s)。洪水入库调蓄后,削减洪峰71%拦蓄洪水3.89亿 m^3,错峰6 h,为下游防洪抢险赢得了时间。由于水库本身的诸多病险问题,无法按正常防洪调度运行发挥水库防洪作用,因此这场洪水仍给下游带来了严重的灾难。国务院及有关部委领导都到水库检查险情,引起了河北省重视,工程已按建设程序进行除险加固,除去病险隐患的同时,还增扩非常溢洪道,使水库设计防洪标准达到1 000年一遇,校核防洪标准达到10 000年一遇。2006年6月河北省组织安全鉴定,专家对加固水库的评定结论是:黄壁庄水库实际抗御洪水标准达到《防洪标准》(GB 50201—94)规定,大坝工作状态正常,工程无重大质量问题,能按设计正常运行,黄壁庄水库大坝为一类坝。

2.工程措施

黄壁庄水库枢纽建筑物主要由主坝、副坝、正常溢洪道、非常溢洪道、重力坝、电站引水渠涵管组成。存在的问题主要有两方面:一是现状防洪标准偏低,仅能达到1 000年一遇洪水标准,与10 000年一遇保坝标准差距较大;二是现有的一些建筑物存在病险隐患,例如副坝的填筑质量及裂缝、渗漏等问题。黄壁庄水库泄水建筑物有正常溢洪道以及控制堰体内的 2 孔泄洪底孔，即非常溢洪道。其上游 28 km 岗南水库也是大(1)型水库，两座水库的洪水调度有着密切的关系。因此，岗南、黄壁庄水库采用联合调度洪水方案，即岗南水库在遭遇5 000年一遇洪水时启用非常溢洪道。黄壁庄水库在增泄的原则下加固，即新增 5 孔非常溢洪道，采用 3 级控泄，黄壁庄水库可达到 10 000 年一遇校核洪水标准。采用 5 孔非常溢洪道，起调水位 114 m，进行调洪演算的结果仅比大坝允许的最高洪水位低 10 cm。

新增 5 孔非常溢洪道位于 11 孔非常溢洪道左岸，两溢洪道之间用 40 m 宽的裹头相连。闸室段为带胸墙式宽顶堰，孔口尺寸为 12 m × 12 m，堰顶高程108.0 m，闸墩厚4.0 m，闸室总宽 76 m。闸室下游设陡段与尾部挑坎连接，挑坎末段高程98.12 m，挑角 20°，闸室总长56.11 m。挑坎下游设长5.0 m、宽143.0 m、厚1.0 m 的混凝土水平护坦。其后再以 1∶2反坡与尾渠相连，护坦顶高程94.0 m，护坦斜坡段长23.0 m，新增溢洪道尾渠与原非常溢洪道平行布置，二者之间留出开挖后的自然分隔带，尾渠渠底高程102.0 m，底宽同闸室，宽 76 m。边坡 1∶1，渠长 520 m。

新增非常溢洪道进水渠布置将原非常溢洪道进水渠拓宽作为两个非常溢洪道公用进水渠，该初设报告中的闸室布置实际上是控制段、泄槽段和消能工三部分内容，只是由于泄槽陡而短，与重力坝的溢流坝相似，但顶部不是实用堰而是宽顶堰而已。其尾水渠按规范提法应为出水渠。该工程原非常溢洪道与新增非常溢洪道的堰型及消能布置在形式上是相同的。计算表明，新增非常溢洪道单独泄小流量时，鼻坎后的水流呈挑射状态。水工试验表明，在两座非常溢洪道联合泄洪时，随着流量增大，渠道水位壅高，流态呈面流。随着尾渠被不断冲刷，闸下水位也逐渐降低，流态也逐渐由淹没面流渐变至短暂的表底混合流态，最终转变为自由面流。

从消能布置上可以看出是典型的面流消能。出水渠底高程 102 m，比挑坎末端高出近4.0 m，而在挑坎下设置4.0 m 深的跌坎，把溢洪道下泄水流导至下游水流表面。在跌坎附近的表面主流与河床之间形成了旋滚，该旋滚将高速主流与河床隔开，这样一方面通过旋滚消耗余能，另一方面高速主流不直接接触河床，达到消能防冲的目的。面流消能的优点是主流在表面，底部旋滚、河床加固费用少。缺点是水流衔接型式复杂多变，不易控制，下游有较大的波浪，影响岸坡稳定。从下游水位流量关系中可以看出，河道过3 300 m^3/s 时，水位为98.3 m，而出水渠的底高程是 102 m。出水渠的地质条件为全风化的千枚岩，抗冲刷极弱。黄壁庄水库溢洪道模型试验也表明，在出水渠挑坎末端会形成强大的回流区，不断淘刷岸坡，危及建筑物的安全。挑坎末端下游为大理岩及千枚岩，风化破碎严重，抗冲能力差，遇较大洪水将形成较深冲坑。当下泄流量为11 000 m^3/s 时，岩石按 7 m/s 允许流速进行模拟，最大冲坑深度为 18 m，达到 75 m 高程，使挑坎下面临凌空面，影响鼻坎段抗滑稳定。该试验与实际发生有一定差距，用动床模型试验模拟岩体的冲刷，相似率很难模拟，其几何比尺与重力比尺不能同步相似，更何况岩体因此定性可以，定量很难。所以做防冲刷的防护设计是很有必要的，这也是唯一依据。根据岩石面及风化面起伏变化特点，沿挑坎部位右侧垂直水流方向做 73 m 长、顶高程116.0 m 的混凝土挡墙，并沿渠道顺水流向做 11 m 长混凝土护坡，坡度 1∶1，并砌筑宽度 14 m 的浆砌石平台防止水流继续淘刷。在挑坎下设置深齿墙，墙厚2.0 m。根据水工模型试验成果，两座非常溢洪道过 10 000 年一遇洪水时冲坑的特点,中间部位较浅,两侧较深,将防冲齿墙深度两侧做到 82 ~84 m 高程,中间做到 86 m 高程,并延深到鼻坎两侧 30 m。

黄壁庄水库提高防洪标准的工程方案除上述新增非常溢洪道方案外,还曾考虑过加高大坝,提高 10 000 年一遇洪水位到131.2 m,以及增设爆破引溃式非常溢洪道等方案。但都因工程费用高,或是投资小但安全可靠性差及运用不灵活,要多次修复等问题而落选。最终新增 5 孔非常溢洪道得以实施,并对其他建筑物进行了除险加固,使黄壁庄水库大坝成为一类坝,保坝洪水达到 10 000 年一遇标准。

(四)新建泄洪排沙洞

1. 概述

土石坝的水利枢纽中单独使用泄洪洞一种建筑物承担泄洪任务的工程不多,根据现有资料,大、中型水库仅有 4 座。其中,防洪标准达不到国家标准的有 3 座,均为中型水库。它们是河北省的老虎沟水库,山西省的唐家湾水库和十里河水库。但采取工程措施的只有唐家湾水库,在原有泄洪洞的基础上,增设非常泄洪洞。其他两座水库采取非工程措施,即调整汛限水位达到了国家的防洪标准。还有一座山西的郭庄水库,其泄洪建筑物由溢洪道和泄洪洞组成。由于原泄洪洞病险问题较多,难以治理,采用封堵处理,因此需新建一座工程规模较原泄洪洞大的新泄洪洞。两座水库的具体工程内容介绍如下。

2. 工程实例

1)唐家湾水库

唐家湾水库是一座以城镇防洪、农业灌溉为主的中型水库,原设计洪水标准为 100 年一遇,校核洪水标准为 200 年一遇。其泄洪建筑物为冲沙泄洪洞,断面形式为4.7 m×4.7 m 城门洞型,设计最大泄量 317 m^3/s。为达到1 000年一遇校核洪水标准,曾考虑过调整起调水位达标,人为将原设计洪水的起调水位由1 043.332 m 改为1 038.712 m,但本有相应的工程措施,遭遇洪水不是人为可以预测的,不可能预先得知洪水标准预先调低起调水位,又不能为未知洪水而常年降低兴利水位,减少工程效益。因此,该工程防洪标准只能是 100 年一遇洪水设计,200 年一遇洪水校核。为保证水库汛后正常的兴利库容,维持起调水位1 043.332 m,要达到 1 000 年一遇校核洪水标准,需增设两孔非常泄洪洞。设计论证非常泄洪洞洞身断面为 5 m×4 m 有压涵洞,进口高程1 039.012 m,出口断面为 4 m×4 m,高程1 027.012 m,全长145.3 m。遭遇 100 年一遇洪水时只开原泄洪洞泄洪,设计洪水位1 045.402 m,最大泄量304.3 m^3/s。当遭遇 1 000 年一遇洪水时,水位达到1 045.402 m 时开启非常泄洪洞,经调节后,校核洪水位1 046.352 m,非常泄洪洞最大泄量达314.43 m^3/s。当水位降至汛限水位1 043.332 m 时,非常泄洪洞关闭,由原泄洪洞控制下泄。

2)郭庄水库

郭庄水库是一座以防洪为主,兼顾工农业供水等综合利用的年调节中型水库,安全鉴定水库的防洪标准能达到 100 年一遇洪水设计,300 年一遇洪水校核,不满足1 000年一遇洪水的校核标准。该水库的泄洪建筑物为侧槽式溢洪道及泄洪排沙洞,泄洪以溢洪道为主,泄洪洞为辅。泄洪洞置于冲洪积、坡积松软地基上,洞身多处存在不同程度裂缝和渗漏,洞周土体间存在大小不等空洞。泄洪洞身为2.7 m×2.7 m 浆砌石马蹄形结构的无压涵洞,最大泄量52.5 m^3/s。无论是 100 年一遇洪水设计还是1 000年一遇洪水校核,坝顶高程(已计入防浪墙高)均不满足防洪要求,更何况冲砂泄洪洞本身病险问题严重,多次加固于事无补,只能控制小流量泄流。因此,为解除泄洪洞病险隐患对大坝威胁,同时能解决防洪标准问题,采用封堵原泄洪洞,重建一个能满足防洪要求的新泄洪洞。新泄洪洞为压力隧洞,位于大坝右端溢洪道右侧砂岩、砂质泥岩山体中,隧洞洞径4.5 m,进口高程915 m,洞身纵坡1%的出口高程910 m。最大泄量199 m^3/s。在郭庄水库上游11.6 km处为杨家坡小型水库,库容350万 m^3。在考虑上游杨家坡水库溃坝的情况下,新建泄洪洞与溢洪道可在现状坝顶高程条件下,使水库达到1 000年一遇校核洪水标准。

(五)同时加高大坝和加大水库泄洪能力

1. 概述

提高防洪标准的方法,一是增加坝高,二是增大泄洪能力。同时采用两种方法的,根据现有资料,只有河北省西大洋水库。西大洋水库位于河北省唐县境内,大清河南支唐河出口处,总库容11.37亿 m^3,是一座以防洪为主,兼顾城市供水、灌溉、发电的综合利用大(1)型水库。水库枢纽由1座主坝、4座副坝、正常溢洪道、非常溢洪道、泄洪洞、输水洞、电站等建筑物组成。

1958年建成了1座主坝、4座副坝、正常溢洪道、泄洪洞和电站。主坝坝顶高程145.65 m,正常溢洪道未设闸门,水库设计洪水标准为100年一遇,校核洪水标准为1 000年一遇。1970年水库续建,加高了主坝和副坝,主坝加高5.5 m,坝顶高程151.15 m,副坝加高4.0~4.3 m,坝顶高程为151.05~150.85 m,增建一条输水洞,在溢洪道控制段上建了一个八孔闸门。水库主要建筑物的设计洪水标准达到500年一遇,校核洪水标准达到1 000年一遇。1992年水库加固将主坝及六轴坡副坝坝顶防浪墙加高到152.35 m,在坡上一副坝南端增建80 m宽自溃坝式非常溢洪道。此时,水库校核洪水标准达到2 000年一遇。正常溢洪道堰顶高程133.35 m,堰顶净宽72.0 m,最大泄量10 390 m^3/s。非常溢洪道堰顶宽80 m,高程136.85 m,最大泄量5 935 m^3/s。泄洪洞1孔,洞径4.7 m,进口高程112.85 m,最大泄量246 m^3/s(限开3.0 m)。输水洞1孔,洞径4.0 m,进口底高程105.85 m,最大泄量204 m^3/s。

水库汛期调度运行方式为起调水位133.35 m,10年一遇洪水限泄300 m^3/s,20年一遇洪水限泄1 000 m^3/s,大于20年洪水,除泄洞限开3.0 m外,所有泄洪设施全开。水位超过149.34 m时启用非常溢洪道,非常溢洪道按3 h自溃计。在不用非常溢洪道条件下,防洪标准仅达1 300年一遇。在149.34 m时启用非常溢洪道3 h后自溃,水库水位达到150.49 m时正式全断面启用。2 000年一遇洪水库水位为150.13 m,比允许最高洪水位149.84 m高29 cm。当库水位为149.84 m时,水库的防洪标准仅达1 500年一遇,达不到《防洪标准》(GB 50201—94)规定的5 000~10 000年的洪水标准。

2. 工程方案实例

为使西大洋水库达到1 000年一遇的校核洪水标准,工程方案的调度运行方式有所变化:①起调水位仍为133.35 m;②10年一遇洪水限泄300 m^3/s,20年一遇洪水控泄1 000 m^3/s,100年一遇洪水控泄5 460 m^3/s;③水库遇超100年一遇洪水时启用除非常洪溢道外的泄洪设施,但输水洞汛期不参加泄洪,主要保证向保定市供水;④非常溢洪道自溃可靠性不足,启用标准由2 000年一遇洪水提高到5 000年一遇洪水。在此调度运行方案的条件下，进行各种工程措施的比选。不加高大坝顶高程有两个方案：一个是扩宽正常溢洪道净宽至 120 m，同时降低堰顶高程至130.45 m。另一个是扩宽正常溢洪道至 120 m，降低堰顶高程至130.85 m，同时非常溢洪道加宽至 100 m。还有 3 个既加高、加固坝又加宽正常溢洪道净宽的方案：第一个方案是加宽正常溢洪道至 90 m，大坝加高1.85 m；第二个方案是正常溢洪道加宽至 120 m，大坝加高0.3 m；第三个方案是加宽溢洪道至 75 m，大坝加高3.65 m。经比选，采用土石方开挖及回填是比较平衡的第一方案，即加宽正常溢洪道至 90 m，同时降低堰顶高程至130.45 m，用开挖渣料将大坝加高1.85 m。溢洪道控制段闸室拆除重建，选用驼峰堰，6 孔净宽 15 m 的弧形闸门。该方案可使水库校核洪水标准达到10 000年一遇。

二、泄水建筑物加固工程

（一）开敞式溢洪道加固工程

1. 溢洪道加固工程概述

海河流域水库溢洪道的病险问题的成因是多方面的。从这些工程的初设报告中发现，许多溢洪道未建完。溢洪道缺少消能工，或缺少出水渠，有的溢洪道该衬砌而未护衬。还有些技术方面的原因，如溢洪道的消能设计不合理，或者是衬护结构设计不合理。产生这些问题可归结为三个方面：一是水库建设时期缺少统一的设计标准和相关的规程规范；二是受当时我国经济实力影响，缺少建设资金；三是施工技术落后。

虽然在我国经济实力增强后，对部分水库进行了续建、改建、扩建，完善了水库的功能，但受投入资金限制以及思想中重蓄水、用水，轻泄水、防灾的认识，使得一些工程的溢洪道存在的病险隐患仍然没有得到彻底解决。例如河南省的石包头水库，河北省的龙潭水库、红领巾水库、马河水库，山西省的屯绛水库、册田水库、鲍家河水库等工程。

自2002年海河流域开展病险水库除险加固工程以来，各省陆续对病险水库进行了初步设计。针对水库的病险成因进行了初步分析，并提出了具体的加固工程措施。

2. 溢洪道过流部分结构破损老化的修复

浆砌石结构破损的原因大多为砌石砂浆标号较低，其抗冻耐久性较差，再加上坐浆不饱满，在水流的冲刷下，砌体承受不了原有土荷载和渗压力的作用，会产生砌体松动、变形，砌石勾缝大面积脱落，块石崩落等问题。其加固措施主要为拆除重建，根据实际运行条件改建为钢筋混凝土结构。例如河南省汤河水库，溢洪道泄槽底板及边墙为浆砌石结构，采取拆除重建措施。由于原砌石块径较小，且大部分已风化，砌石材料不符合强度要求，拆除石料重复利用率才 20%。通过水力学、结构验算，原结构的底板厚度及边墙护砌高还满足规范要求。因此，对泄槽底板与边墙采用 C25 混凝土衬砌，衬砌厚度 20 cm，表层布置 ϕ8@200 双向钢筋网。为加强混凝土衬砌与浆砌石之间的连接，设 ϕ16 锚筋，间距2.0 m，长0.5 m，梅花形布置。衬砌沿顺水流向每隔 15 m 设一条伸缩缝，缝表面填双组分聚硫密封胶止水。

溢洪道结构的老化破损的加固，往往综合考虑其他病险问题一并处理，像山西省鲍家河水库溢洪道陡槽消力池段的混凝土破损问题；屯绛水库溢洪道控制堰闸墩的刚度差，易变形，产生闸门启闭失灵的问题，都可以随溢洪道的改、扩建得到解决。但也有改、扩建只解决了局部问题，还有部分混凝土结构问题仍然存在。像屯绛水库的溢洪道改建，只解决了控制段的问题，并未解决泄槽、消力池混凝土的剥蚀等问题。

混凝土破损产生的剥蚀、剥落以及露筋都不会是由单一原因造成的，有混凝土碳化问题、冻融问题，也有水流冲刷问题和混凝土质量问题，是几种原因综合造成的，但其中一种是主要原因。在加固措施上会根据不同的损坏程度，采用不同的加固措施。例如山西省屯绛水库，溢洪道对其泄槽、消力池钢筋混凝土剥蚀、冲蚀、钢筋裸露等问题，采用凿毛清洗后，再浇一层厚 40 cm、C20 钢筋混凝土，新、旧混凝土采用 ϕ20、长2.0 m 的锚筋，间距 1.5 m×1.5 m，呈梅花形布置。河北省闪电河水库溢洪道，设计分析认为，控制段的宽顶堰混凝土是冻融造成表层砂浆的完全剥落，局部露出钢筋。加固措施为：凿除表层混凝土露出表层钢筋，新浇厚 40 cm、C30F300 混凝土护面，表层新布钢筋网。对闸墩已碳化混凝土，采用凿除碳化混凝土，采用丙乳砂浆抹面，以防混凝土碳化和增加其抗冻性能。

还有一些混凝土结构不仅有剥蚀、剥落、碳化、老化等破损问题，还存在裂缝隐患。例如河南省汤河水库溢洪道的挑流鼻坎段为钢筋混凝土板结构，基础为井柱桩，由于混凝土标号较低，再加上混凝土老化、碳化、冲刷，造成挑流鼻坎下部支撑梁表层混凝土大面积剥蚀、脱落，分布网状裂缝，钢筋裸露、锈蚀严重。由于裂缝为网状且较浅，仍采用将表层剥蚀、碳化混凝土凿毛至新鲜混凝土面，浇筑厚 20 cm、C30 混凝土，表层布置 ϕ8@200 钢筋网，为加强新、老混凝土结合，设置间距 2 m×1.5 m，长0.5 m、ϕ16 的锚筋。

对存在的裂缝处理，应有深、浅的区别，河北省横山岭水库布置有正常溢洪道和非常溢洪道，现场检测控制堰及泄槽段有大小裂缝十余条，非常溢洪道堰面混凝土剥蚀深度达 30～50 mm，露筋面积0.5 m^2。泄流堰面及墩体混凝土碳化严重，尤其非常泄洪道墩体碳化深度达 42～47 mm。机架桥主梁混凝土疏松，局部破损，混凝土强度较设计值低40%～50%。交通桥标准低，破损严重。横山岭水库溢洪道裂缝早在1993年就进行过丙凝化灌处理，此次加固设计仍发现裂缝，数目虽未增加但原处理材料基本脱落。本次设计，在分析原化灌处理失败基础上修改加固措施。对裂缝采用凿槽嵌补和钻孔灌浆相结合的方法，对浅层裂缝凿槽至裂缝底部，槽底涂抹环氧基液薄膜后回填环氧砂浆并压实抹光。对深层裂缝则在裂缝表面开凿 5 cm 深的嵌补槽，并在其底部布置骑缝灌浆孔，孔径 ϕ12，间距1.0 m，孔深视裂缝深度而定，一般 20 cm，槽内嵌补环氧砂浆，灌浆材料选用环氧树脂。对堰面混凝土剥蚀，采用 SPC 聚合物砂浆进行修补，对已经碳化混凝土结构采用丙乳为基料的胶粉进行处理。

3. 溢洪道局部冲刷破坏的加固

据不全面统计，海河流域水库的溢洪道过流次数并不多，但溢洪道冲刷破坏的隐患也很严重（暂不涉及消能工及下游的冲刷隐患），引发的原因，一是未加衬砌，二是衬砌的结构达不到防冲的要求。

尤其是未进行全面衬砌的土基溢洪道，几乎都重新进行了设计，像山西省下米庄水库，低液限粉土上的软基溢洪道，为满足工程的防洪标准，对溢洪道位置重新进行了调整和布置，并对控制段地基采用三七灰土换基进行加固。

鲍家河水库的溢洪道重新设计了进水渠，在进水渠靠土坝一侧设置了浆砌石曲面导墙，在另一侧边坡及底板采用浆砌石护砌。泄槽平缓段底板设置了厚 50 cm、C20 钢筋混凝土，边墙为 M7.5 浆砌石重力挡墙；陡坡段底板仍为厚 50 cm、C20 钢筋混凝土，边墙为 C20 钢筋混凝土悬臂式挡墙。

相对土基溢洪道，岩基溢洪道衬砌与否及必要性认识还不统一。认为即使冲刷，冲刷至新鲜坚硬的岩体，冲不动也就相对稳定了。只要不因冲刷导致山体滑坡，堵塞影响泄洪即可。像河北省红领巾水库的溢洪道，实际上是在主、副坝之间岩体开挖的一条渠道。岩体为隧石角砾岩，处于块状结构，岩体破碎呈强风化状态，多处都已风化为碎石土。其主要问题是，两岸边坡坡度较陡，风化石块经常塌落入溢洪道内阻碍行洪。溢洪道自1976年建成还从未泄过洪水，还未意识到冲刷的危害，因此设计对边坡只采用了削坡清理，挂网喷锚支护，底板仍未防护。

作为岩基的河南省双泉水库溢洪道未进行全面衬砌，此次为防冲刷，对进水渠和泄槽都进行了加固，在进水渠控制堰前增设了厚0.3 m、C25 钢筋混凝土铺盖和边坡为扭曲面的翼墙。翼墙顶上部边坡进行削坡，整修为 1∶1，采用 C25 混凝土护砌。泄槽首部设置了渐变段，由宽 36 m 渐变为底宽 30 cm 的梯形断面，采用厚0.3 m、C25 钢筋混凝土衬砌。溢洪道两侧边坡及底部主要出露二迭系砂岩，泥灰岩，厚层或块状结构风化严重，部分地段出现泥化现象而坍塌，部分地段为亚黏土。总体上强度弱，抗冲性能差。复核计算泄槽平均流速8.1～10.3 m/s。设计采用厚0.3 m、C25W4F150 钢筋混凝土衬砌，表层布置 ϕ10@200 钢筋网。土质地段混凝土底板下设0.3 m 厚碎石垫层。泄槽段断面的削坡，整修为梯形断面，底宽 30 m，衬砌边坡 1∶1，衬砌高度比校核标准下的泄流水面高 30 cm。衬砌顶部岩质边坡 1∶1，土质边坡 1∶1.5。边坡仍采用厚 30 cm C25 混凝土衬砌。

即使岩基已衬砌的溢洪道也仍然存在被冲刷破坏的隐患，仍须加固。例如河北马河水库溢洪道，地基为强风化花岗片麻岩，采用厚 50 cm 浆砌块石护砌。经水力验算，水流流速较大，为6.53～8.9 m/s。而浆砌石抗冲允许流速 3～5 m/s，护底及侧墙已发生损坏，为此设计延长了进水渠护砌长度 50 m，在强风化岸坡采用厚 40 cm、C25 钢筋混凝土衬砌，边坡采用 1∶0.6。为加强岩体与混凝土连接，设置间距1.0 m 的 ϕ20 锚筋。衬砌分缝间距5.0 m，缝间设橡胶止水带。在已衬砌的浆砌石结构上，复衬厚 30 cm 的 C25 钢筋混凝土。为防止混凝土产生裂缝，分缝尺寸 5 m×5 m，底板缝间设止水。为加强新、老衬砌结构连接，采用间距 1.0 m ϕ20 锚筋。混凝土表层设 ϕ16、ϕ10 间距 150 mm 的钢筋网。

河南省石包头水库溢洪道未衬砌，河北省大庆水库溢洪道泄槽已采用混凝土衬砌，但都由于断层破碎带未作处理，泄洪时出现了冲刷破坏。大庆水库溢洪道处理方式是对现状断层（已出现冲坑现状下）开挖深度为断层宽度的1.5倍的槽，清洗干净，用 C20F200 混凝土回填，形成混凝土塞再做泄槽底板。石包头水库溢洪道采用挖槽1.0 m 深，回填混凝土处理。

4. 溢洪道消能设施的修复加固

溢洪道设计不完善，未设消能防冲设施造成土石坝下游冲刷的工程，必须采取工程措施解决。

有些溢洪道消能设施设计不合理，不能适应各种泄量下的消能安全，应改建消能设施。例如山西省鲍家河水库、下米庄水库溢洪道，均由挑流消能改为底流消能，重新设计了消力池及防冲设施。鲍家河水库溢洪道的消能工由挑流改为底流消能，池宽 50 m，池长 40 m,池深3.5 m。消力池底板为厚 120 cm、C25 钢筋混凝土,边墙为 C25 钢筋混凝土扶壁式挡墙,消力池后设 70 m 长、1.0 m 厚、C20 混凝土海漫,末端设抛石防冲槽。而河北省乱木水库由挑流消能改为消力戽消能。

任何一种消能方式都要适应自身的地质条件和水力条件。采用挑流消能造成了河北省乱木水库的溢洪道原消能的隐患。该溢洪道实际上是一个溢流坝而且堰高只有1.5 m,泄槽短且高差小,挑坎反弧半径只有5.5 m,水流根本挑不出去。除险加固设计比选了底流消能和消力戽消能,底流消能是堰面水流直接入池,靠泄水形成的水跃消能。而消力戽是利用淹没挑水坎将水流挑向上面,形成旋滚和涌浪,产生强烈的紊动摩擦和扩散作用,达到消能防冲目的。二者都需要下游有一定的水深。经比较,乱木水库溢洪道选择了消力戽消能。

有些溢洪道只是人工简单清理的自然开挖断面,没有明确的功能布置,例如河北省红领巾水库、马头水库,河南省石包头水库,其实河南省双泉水库溢洪道也是简单的渠道,只是后期改造,加设翻板闸,明确了控制段,其下游仍是人工简单开挖的天然渠道。石包头水库近期加固,将溢洪道改造成挑流消能,在泄槽末端设渥奇段,采用 80 cm 厚、C30 钢筋混凝土衬砌。挑流鼻坎反弧半径采用 15 m,挑角 30°,鼻坎反弧段混凝土最小厚度1.2 m,采用间距1.0 m 的锚筋锚固在基岩上。设计只提出在校核洪水下泄4 000 m^3/s 流量时,挑距 38 m,冲坑深13.8 m,冲坑后坡为 1/275,不危及鼻坎的安全还不够。还应说明在小流量情况下挑距和冲坑情况,以判别消能工的布置是否满足要求。

河南省双泉水库溢洪道加固设计,在出口处增设了挑流消能,挑流反弧半径23.09 m,挑射角 25°,全部采用钢筋混凝土结构,混凝土标号 C25W4F150。河北省马头水库溢洪道对消能工形式进行了比选,比较了三种消能方案消力池、跌水消能和陡坡锁口,最后选用了工程投资少的陡坡锁口方案。其实陡坡锁口与跌水消能方案基本是一致的,只是跌水池底板高程比较高,坐落在碎石、弃渣上,而陡坡是把垂直护砌结构坐落在基岩上,开挖回填至原地面高程,平面下角护砌。此方案在泄洪后,被冲刷至何状况不可预见,仍含有先冲后护的想法。

溢洪道不采用消能工进行加固设计还有一些工程实例,如河北省红领巾水库、马河水库、横山岭水库。横山岭水库加固设计仍采用陡槽连接出水渠。虽然从地质上来说出水渠处于花岗岩与片麻岩的接触带上,但是左岸片麻岗风化严重,深达 10 m,而右岸花岗岩石质坚硬,岩层稳定。设计也只是在陡槽末端向下游多加设了 20 m 钢筋混凝土衬砌。这可能与多年运行至今,未发现不设消能工的严重后果,对下泄水流冲刷坝脚的问题归于出口山头阻水。因此,对其出口水流进行认真分析,甚至做了下游定床的数模分析,100 年一遇洪水即已淹没坝脚,流速0.55 m/s。设计采取工程防护措施是:在坝下设置丁坝、顺坝相结合的Γ形坝,岩基段坝采用浆砌石直立墙防护,墙后填筑工程弃渣。土基段采用均质土坝,迎水面浆砌石护砌,厚0.3 m,坝脚防淘刷采用塑网石笼进行水平防护。马河水库溢洪道在泄槽末端设置 11 m 高的防冲齿墙,齿墙底部仍为强风化岩石,加固设计未作改变,认为下游全风化花岗片麻岩抗冲能力不强,但一次泄洪影响并不严重,等冲到一定程度后再加固。

也有个别工程溢洪道的加固方案由原挑流消能改为防冲墙方案。典型的是河北省宋各庄水库的溢洪道，泄槽以上部位的建筑物坐落在基岩上，但挑流鼻坎却坐落在滑坡体上，由块石、碎石组成。“96·8”洪水已在出口左侧形成冲沟，加固设计分别对挑流消能和底流消能进行了水力计算，认为结构布置均可行。但其挑流消能的冲坑计算的综合冲刷系数取值有误，对由土夹碎石组成的滑坡体，采用岩基冲刷系数1.6偏小，这种地基结构不是《溢洪道设计规范》(SL 253—2000)中给出的岩基碎裂结构类型，冲刷系数起码应在2以上。因此，冲坑计算偏小，不安全，应选用底流消能。但设计者最终选取的却是工程投资省的防冲墙方案。在控制段末端上游7.0 m处，设高6.0 m垂直防冲墙Ⅰ，伸入岩体内3.0 m，墙厚1.2 m，采用冲击钻孔套打成槽。在其左侧沿基岩线向下游作防冲墙Ⅱ和导流防冲墙Ⅲ，导流防冲墙为钢筋混凝土结构，采用开挖施工，开挖平均深度达8.8 m。实际上，宋各庄水库溢洪道只是一条加衬砌的明渠，控制段水平长66 m，已不是宽顶堰堰流，而是短渠水流。66 m，以下的部位是坐落在松散滑坡体上的泄槽，底部不防冲，只防左侧冲刷。其运行结果将是即使不来大洪水，即使在常遇洪水条件下，该泄槽也是要冲刷的，会一直冲至基岩，此时验算的不是墙体的结构，而是墙体的稳定问题。而且设计中并未提供在滑坡体下面岩体的地质条件，包括基岩完整性、构造及风化程度。当松散体被冲成深沟后，就形成跌水消能，此时水流的能量会更大，对结构破碎风化程度高的基岩也会产生冲刷。所谓深入基岩3.0 m的防冲墙Ⅰ能否稳定，是否起到防冲、淘刷的作用还是未知的。还是设消能工消能后再防冲，比不消能直接冲刷的防冲效果要好。原挑流消能虽然存在一定的问题，但在此基础再做防冲设施是会更可靠些。

5. 溢洪道防渗排水工程修复加固

溢洪道的渗漏问题，主要是控制段堰体地基的渗漏，属于溢洪道两侧绕渗问题较少，只有一座是河南省的弓上水库左边墙与右坝肩有渗漏通道。溢洪道的岩石地基都或多或少地存在一些构造或裂隙，未采取防渗措施，因此出现渗漏是主要的原因，其次是堰体结构本身的渗漏。

河北省大庆水库的溢洪道控制段实用堰体为浆砌石混凝土护面结构。堰面多处裂缝或是混凝土面层脱落，地基存在 F_1、F_2 两条纵向断层破碎带，这是渗漏的主要通道。该工程的措施是：将堰体拆除50 cm，将堰顶抬高80 cm，浇筑混凝土恢复克－奥Ⅰ型实用堰。在堰体上游浇厚1.5 m、宽3.0 m的混凝土平台，在拆除的浆砌石平台上布置一排灌浆帷幕，帷幕与新浇混凝土形成防渗体，此外在泄槽段断层破碎带出露点做混凝土塞封堵。该工程的设计缺点是未考虑排水措施，为防止泄槽底板由于渗压失稳，还应在泄槽底板下加设排水沟管，再浇筑混凝土泄槽底板，这样即使防渗效果不理想，靠排水设施仍能维护泄槽底板的安全。

河南省石包头水库溢洪道的渗流安全隐患与大庆水库溢洪道相同，也是由于在溢洪道中心有一逆冲断层，形成渗水通道。但石包头水库溢洪道的拓宽整修方案里，除对溢洪道部位的断面破碎带采用槽挖回填混凝土封闭处理外，未采用其他措施是不妥当的。断层破碎带的表面封堵不可能彻底解决渗透问题，其影响带的面积大，岩体也很破碎，其渗透系数地质数据虽未提出，但坝址区岩体的渗透性，石英砂岩透水率平均值已达20 Lu，片麻岩透水率平均值已达24 Lu，断层破碎带及其影响带透水率会更大。而《溢洪道设计规范》(SL 253—2000)要求岩基的透水率达到5 Lu可不设防渗帷幕，因此其渗漏隐患未必能彻底解决。水利工程防渗漏的基本原则是前堵后排，只是在出口封堵的安全性还应慎重考虑。

河南省弓上水库溢洪道控制段实用堰基渗漏，是由于岩体受断层影响，裂隙发育，透水性强。右边孔实用堰实际上是岩石开挖形成的，受爆破开挖影响，加速了裂隙发育，控制段未设帷幕。为此在右边孔整个岩石堰体及地基进行帷幕灌浆，根据基岩透水性，帷幕深度为8.5～16 m。在堰顶布置两排帷幕孔，孔距 2 m，排距1.0 m。为阻止右岸山体绕渗，在右端打斜孔 9 个，倾角 60°，进行水泥灌浆。溢洪道左边墙与大坝间的渗漏通道，由大坝加固方案确定。

河北省闪电河水库是软基溢洪道中唯一提出有渗流隐患的工程。该工程由主、副溢洪道组成，通过渗流复核计算提出低堰出口的渗流坡降低于允许坡降，加固措施是在修复铺盖的基础上加设混凝土防渗墙，切断地基主要透水的砂砾层，墙基伸入下部相对隔水的黏土层上。

6. 溢洪道两侧边坡稳定问题的处理

溢洪道边坡稳定问题分为两类：一类是溢洪道未加衬护，在水流冲刷下，发生淘刷肯定失稳，例如宋各庄水库、红领巾水库等。这样的边坡进行衬砌后，运行状态得到改善，隐患问题可得到解决。另一类是过流断面以上部位边坡自身的稳定问题。

河北省龙潭水库溢洪道左侧山坡的稳定问题：引渠左侧岸墙、泄槽边墙复核是稳定的，但墙体顶部山坡在连续降雨覆土达饱和状态下，存在一定的稳定问题。其采用工程措施：在满足设计边坡 1∶2的条件下，加强地表排水。在山坡自然沟设浆砌石排水沟 3 处，坡顶设浆砌石截流沟，砾岩顶部设浆砌石排水沟，将地表雨水导入山体自然沟处的排水沟内，然后排入引水渠。为防止山体局部塌滑，尽快恢复山体植被，山坡采取挂镀锌钢丝网，采用直径为 20 mm、间距3.0 m 锚筋固定钢丝网。植被选用灌木紫穗槐，扦插间距2.0 m。

河南省弓上水库溢洪道右岸为页岩与砂岩互层，边坡为 1∶0.3～1∶0.5，在泄流水面线超高范围以下护砌，上部未护砌。为此，对右岸山体进行挂网喷混凝土防护，喷混凝土厚度 15 cm，构造钢筋网 ϕ8@200。为加强喷射混凝土与基岩面有效连接，设 ϕ25 锚筋锚固钢喷射混凝土，锚筋间距 2 m，锚固深度 2 m。防护范围为引水渠右侧山体，渠底至山顶，泄槽段消能工护砌至 527 m 高程。

河北省大庆水库溢洪道泄槽右岸为悬崖峭壁，断层出露，岩体风化严重，山体经常塌滑，虽经多次清理，落石现象仍非常严重。因此，除对松动岩体进行撬挖，清除风化严重部位的覆土外，在断层出露部位左、右各 20 m 范围内，进行挂网锚喷支护，喷混凝土厚度 8 cm，钢筋网直径 ϕ6@100 mm，锚杆直径 28 mm，间距1.5 m，锚固深度3.0 m。

（二）泄洪洞加固工程

利用隧洞参与宣泄汛期洪水的工程不多，洞径也不大，只是辅助溢洪道泄洪。例如河北省横山岭水库泄洪洞为洞径2.5 m 的钢筋混凝土压力洞，而河南双泉水库的泄洪洞是直径2.0 m 的钢筋混凝土压力涵管。山西省郭庄水库的泄洪洞大一些，也只是3.5 m × 3.5 m 的浆砌石洞，山西省十里河水库的泄洪洞较大，是 2 孔3.2 m ×4.5 m 的浆砌石洞，浆砌石洞洞身大部分都存在漏水问题。钢筋混凝土衬砌或钢筋混凝土管还没发现洞身漏水的问题。郭庄水库的泄洪排沙洞是一条土洞，建设过程中屡屡出现种种病险问题，虽然采取过加设钢筋混凝土衬砌，缩小洞径使用，都未能彻底解决渗漏问题。只有采取封堵废弃，由于只堵洞口无法解决洞身与洞外土体接合部的接触渗漏，所以利用洞口施工围堰在洞前作均质土坝封堵进口，坝顶与主坝同高。

十里河水库的泄洪冲沙洞渗漏，只观察到的是伸缩缝漏水，由于坝不高，洞口高程与坝顶相差不大，改建为泄洪冲沙闸。

泄洪洞结构的其他病患问题发生在进、出口。例如鲍家河水库泄洪排沙洞进、出口浆砌石砌体坍塌损坏，泄洪时水流还冲刷坝脚，采用恢复损毁段，将流态不顺的地方改造为渐变段。横山岭水库的泄洪洞进口为岸坡式，隧洞穿越花岗岩区和花岗片麻岩区，进、出口段岩石风化严重，出口消力池边墙因墙后填土冻胀而发生倾斜，出水渠干砌石护砌大部分已冲坏。考虑到进口风化岩体塌滑会影响泄洪和发电，改建泄洪洞进口闸室为竖井式。竖井设置在大坝右岸泄洪洞顶部基岩上，竖井底部为闸室段，闸室尺寸为4.1 m×3.6 m，钢筋混凝土筒结构，闸底板和边墙布设 ϕ25 锚筋加强与周围岩体连接，并在闸室上、下游6 m 改建圆形洞身为渐变段与矩形断面闸室相接。竖井顶高程244.5 m，在顶部建控制楼，一层为检修间，二层为启闭机室。出口启闭机室及消力池拆除重建。

三、输水建筑物加固工程

合理的输水建筑物修复加固措施，建立在尽量分析产生损坏的原因的基础上，分析其是地基问题，还是结构形式问题，是采用的结构材料不合理，还是不合理的运行方式造成的。土坝下的埋涵这种输水结构形式是有一定风险的，无论设计和施工产生的问题，都不仅会影响输水的安全，还会影响大坝的安全，应慎之又慎。因此，在加固修复措施方案中，任何方面的问题都要考虑清楚，力求修复、加固措施能彻底解决病险问题。

（一）输水洞（管）壁剥蚀、裂缝的修复加固工程

在坝下埋设管涵这种形式上，采用钢筋混凝土结构比浆砌石结构感觉风险性小一些，因为钢筋混凝土材料抗冲、抗渗性能，结构强度，耐久性都要高一些。实际上由于施工质量问题，出现混凝土裂缝的工程为数不少，出现混凝土剥蚀的不多，但大庆水库放水洞已衬砌混凝土出现剥蚀，它的补强措施是：凿除表层已损坏的混凝土至强度满足要求的界面，使其干燥，涂刷界面黏结剂，再用丙乳砂浆或丙乳混凝土修补抹平。

混凝土裂缝由于产生的原因复杂，工程经验和认识上有差别，采取的工程措施也有所不同。像1959年修建的河南省小南海水库输水洞，建成 4 年后就发现洞身有 10 条裂缝，采用开槽填塞水泥砂浆，灌浆处理，未见成效，裂缝仍有发展，再次灌浆处理。几年后发现，处理过的裂缝多数重新开裂并渗水，说明原处理措施无效。此次修改加固措施是在原钢筋混凝土洞内加衬 2 cm 厚的钢板，钢管与原洞壁之间进行回填灌浆。渐变段与原进口竖井间裂缝及半截缝采用刚性处理，在裂缝处开槽用环氧砂浆填平。环形缝处理成永久伸缩缝，凿开裂缝约 10 cm 深，对裂缝进行化学灌浆，在灌后的基面上用环氧泥子抹平，并留 V 形槽，槽内填遇水膨胀的聚氨酯，之后在其上压止水橡皮，再用环氧砂浆进行留缝封填，缝内填沥青木板，缝口 20 mm 用聚硫密封胶填缝。这样处理后可以缓和不合理分缝造成的温度应力，防止裂缝重新开裂。原竖井后渐变段方变圆采用抹环氧砂浆过渡。处理过的输水洞洞径由3.2 m 缩减为2.6 m，下泄流量由 141 m^3/s 减至 109 m^3/s，该输水洞

参与泄洪,减少的泄量只占总下泄量的4‰,不会影响调洪结果。

出现同样性质问题的河北省临城水库输水洞,在建成2年后陆续发现钢筋混凝土圆管出现环形裂缝,经多次修补无效,于1977年将洞内衬钢板回填灌浆,缩小洞径,减少电站出力。但1991年又发现损坏,拆除恢复原洞径,对裂缝采用橡胶条锚固处理。2003年发现锚固开裂,环向缝略有发展。设计经分析后,采用赛柏斯水泥基渗透结构型防水材料,进行裂缝处理。赛柏斯是无机物,能长期耐受强水压,它是依靠其独特的枝蔓状结晶体的生长使混凝土防水,并具有自我修复能力。赛柏斯晶体渗透深度超凡,能增强混凝土强度,防止化学腐蚀,防止冻融破坏。处理步骤为:沿裂缝长度挖U形槽,宽25 mm,深35 ~ 70 mm;清除掉松散混凝土,用水浸润基面,去掉明水后在槽深度一半处,填压按体积比35份料1份水的赛柏斯修补堵漏半干料团。挤压时间与漏水量成正比(一般2 ~ 5 min)。再在槽内沿槽口两面宽150 mm处涂一层赛柏斯5份料2份水调成的浓缩灰浆,再填赛柏斯半干料团至表面,用水湿润填缝表面再涂一道赛柏斯浓缩灰浆,用雾状水养护3 d。

对临城水库输水洞的空蚀及混凝土本身的质量修补,凿掉混凝土有毛病的部分,清洗湿润后抹一层赛柏斯修补堵漏剂,有助于粘住补片,有增加黏结性要求,可采用合适的黏结剂,再用赛柏斯修补堵漏半干料团填平凹穴,补片凝结后,刷赛柏斯浓缩灰浆养护3 d。

(二)输水洞(管)结构强度不足的加固工程

明确输水洞结构强度不足的工程不多,从复核验算上明确钢筋混凝土结构配筋不够的只有山西省后湾水库输水洞,采用加设钢衬加以解决。河北省宋各庄水库输水洞在校核洪水下,方涵洞内压过大配筋不足,设计提出洞顶加载1.4 m土即可。实际上是原设计有压洞采用方涵结构形式不合理。如果在校核洪水下,输水洞不参与泄洪,其配筋也就满足要求了。

河北省红领巾水库的输水洞原为无压隧洞,采用0.25 m×0.25 m×0.15 m混凝土预制板衬砌。但实际运行是按有压运行的,衬砌因承受内压过大而开裂。本次加固措施:拆除原有混凝土预制板块,采用C20钢筋混凝土衬砌,厚度25 cm,在洞顶进行回填灌浆,设计洞径ϕ1.8 m,结构缝间距6.0 m,但衬砌未作结构验算。

大庆水库放水洞未衬砌段岩体有两条断层通过,因此裂隙发育,运行中已有部分岩石塌落,此次在修复已衬砌洞段混凝土缺陷的同时,对全部洞段作钢筋混凝土衬砌,衬砌厚30 cm,双层配筋,并且补作固结灌浆和回填灌浆处理。

(三)输水洞(管)周边渗漏处理工程

混凝土结构的输水洞由于裂缝会出现渗漏问题,处理了裂缝问题,渗漏问题也会迎刃而解。但浆砌石输水涵洞,在未发现有破损的情况下,就出现渗漏问题,有洞身砌缝的渗漏,也有沉陷结构缝的渗漏,因此处理措施不同。如山西十里河水库输水洞漏水,洞体砌缝采用内衬20 cm厚钢筋混凝土解决,伸缩缝采用橡胶止水带,看起来方法还可以,但在20 cm厚钢筋混凝土上加设橡胶止水,该部位混凝土质量以及止水埋设的效果都值得商榷,施工相当困难,质量难以保证。

河北省马河水库马蹄形浆砌石涵洞,洞身3/4段漏水,也采用内衬20 cm厚的钢筋混凝土加固,单层布筋ϕ14@150 mm,但对伸缩缝如何处理未提出止水方案,这些细节往往决定加固措施的成败。

河北省的闪电河水库,坝下埋设有灌溉洞和放水洞,灌浆洞为浆砌石拱涵,放水洞为钢筋混凝土管涵，分析认为，洞顶漏水是施工质量或是油毡沥青填充物年久失修老化破坏造成的，主要是分缝漏水。加固措施只在灌溉洞顶结构缝和放水洞施工缝间填塞膨胀止水胶条，并做砂浆勾缝。能否解决渗漏问题值得商榷，尤其是砌石结构缝间隙不规则，胶条能否填塞住，顶住渗水压力作用，要接受考验。

设计很重视洞周与坝体间的接触渗流问题，认为洞口附近上游坝体塌陷与砌石洞渗漏及洞周未设止水环有关。为防止沿洞身周边土由于未设止水环的接触渗流破坏，在灌溉洞及放水洞管顶两侧坝体进行固结灌浆，保护管身及坝体土料。灌浆孔沿洞轴线方向在坝顶布设3道，孔距3.0 m。该方法对防止坝体土在洞身周边的接触渗流失稳有一定的作用。但洞体砌缝的渗漏，光靠砂浆勾缝是不能解决问题的。上述措施主要解决结构缝漏水。能否彻底解决渗漏问题，还有待进一步检验。

河南双泉水库输水洞是白灰砂浆砌料石的拱形洞，砌缝及结构沉陷缝渗漏严重，洞周边壁与坝体形成接触渗流冲刷。1973年因进口斜卧管漏水，用混凝土封堵进口，不再使用，但在输水洞出口仍发现渗水流出。1978年从坝面向输水洞两侧打孔注水泥浆，2000年又由输水洞内向壁外打孔，在洞壁周围注水泥浆。其后检查洞身仍出现含砂粒水流，2007年检查洞内泥沙淤积8～10 cm厚；洞顶砌缝普遍漏水，沉陷缝开裂止水脱落，漏水挟带土料，危及大坝安全。由于废弃多年，此次应彻底根除坝体内这一隐患。为此，再次对洞身四周进行接触灌浆，对周围坝体进行挤密加固。方法为沿洞身断面均布6个钻孔，伸入坝体内1.0 m，呈梅花形布置，排距2.0 m。灌浆之后，全洞用干砌石灌注细石混凝土封堵输水洞，出口设置砂石反滤结构及排水孔。由此可见，浆砌石的砌缝漏水简单处理并不能解决问题。但封堵放弃输水功能还是很可惜的。综观上述加固方案，在浆砌石输水洞内衬钢筋混凝土，加设或修复可靠的止水还是可行的，在坝下埋设的涵管中设止水环应是十分必要的。

（四）输水洞进、出口加固工程

输水洞进、出口的病患包含进、出口渠道的损坏。进、出口渠道的损坏与溢洪道进、出水渠病险问题差不多。例如进、出口渠道的边坡失稳，护砌的墙体坍塌。只有泥沙淤堵是独有的病害，淤堵的严重后果，会造成闸门不能开启影响输水。淤积特别严重的，只能封堵废弃。如河南省弓上水库的一级输水洞就采取这样的措施，另辟引水工程方案。一般淤积采用开挖清除即可，但由于清淤工程量太大，综合进水塔结构的病害问题，采取在原地改建进水口建筑物。

红领巾水库输水洞的进、出口边坡及渠道边坡，岩石滚落，堵塞进、出口，危及进口及闸室，除险采取的是躲避方式，将闸前的输水洞向库区延伸30 m，结构为矩形断面，尺寸为5 m×3.5 m。出口采用明渠改暗渠，防岩石滚落的影响。

河北马河水库放水洞由于未设消能工，造成出口浆砌石护底及侧墙冲刷破坏。因此，增设平面扩散的综合消力池，深0.8 m，长8 m，尾坎高0.2 m。乱木水库灌溉放水洞出口消力池及干砌石海漫被冲毁，加固措施为修复浆砌石消力池，按50 m长的范围翻修干砌石海漫。

上面是一些工程处理进、出口渠道边坡、翼墙失稳、坍塌，渠道淤积的一些相对简单的措施。作为进、出水口的建筑物的结构和地基存在的病害问题，需综合考虑各种加固方法，全面彻底地解决问题。

山西鲍家河输水洞进口采用涵卧管形式，卧管盖板损坏洞身砌体漏水。当时采用这种进口形式，恐怕是因进水塔荷载大，土基承载力低，地基加固技术落后所致。近期加固采取拆除重建输水洞进水口方案，进水口采用岸塔式，内置检修门和工作门。由于进水塔地基坐落在淤泥软土地地基上，因此采用 ϕ400 mm 水泥碎石桩加固地基。

河北石头城水库输水洞不仅墙塌，淤堵，闸门无法启用，而且闸室混凝土标号低，剥蚀破损严重，也采取了拆除重建进水口的措施。

措施比较合理的是山西十里河水库进水塔的原地拆除改建。进水塔坐落在卵石混合土地基上。由于洞前淤积已高于原进水口底高程5.7 m，且进水塔混凝土的剥蚀严重，钢筋外露、锈蚀严重，所以采用原地拆除重建进水口，恢复输水功能。改建的进水塔进水口高程提高至5.7 m 以上，在闸室工作门后设跌水消能，消力池深1.5 m，长5.5 m，池后接原输水洞。进水塔顶部为启闭机平台，采用 4 跨钢筋混凝土 T 型梁交通桥与坝顶连接。

输水洞进口建筑物存在稳定问题的工程是河南小南海水库，该进水塔自建成之日起就倾斜，塔身内部混凝土结构开裂，虽多次加固，未见成效，近期改建，将进水塔向上游移至坝脚处。新进水塔内设检修门，喇叭进水口，后设渐变段与圆洞相接，塔基础采用 ϕ28 锚筋锚固在基岩上，进水塔采用 C25 钢筋混凝土结构，塔壁厚由上到下由0.55 m 渐变至1.0 m。原塔井上部封堵，其下部改造成输水洞洞身，其顶部作为交通桥的一部分继续使用。将输水洞改造为有压洞，拆除出口的 16 m 输水洞，改建成 5 m 长的渐变段和 11 m 长的工作门闸室，工作闸门后接原扩散消力池，闸室底板采用 ϕ28 水泥药卷锚杆锚定在基岩上。进水塔迁移的方案，避开了坝体的水平土压力，使塔周边受力均衡，也就解决了进水塔出现环形裂缝的隐患。

第六节　地震液化地基加固工程

一、地震液化地基加固工程概述

地震区土石坝坝基中有松散的饱和的无黏性土或少黏性土，在地震力作用下，体积有压密趋势，由于历时很短，来不及固结排水，造成孔隙水压力急剧上升，使有效应力大幅度减少，甚至为零，从而导致无黏性土或少黏性土的抗剪强度瞬间大幅减少或趋近于零，这就是所谓的液化现象。最终使土体发生剪切破坏，坝基失稳。

对地震区坝基中可能发生液化的无黏性土或少黏性土应按《水利水电工程地质勘察规范》(GB 50287—99)进行地震液化可能性评价。

对易液化土层可优先采取挖除、换土；浅层易液化土层采取加密措施，或表面振动加密；深层易液化土层宜采用振冲、强夯等方法加密，还可结合振冲处理设置砂石桩，加强坝基排水，以及采取盖重、围封等防护措施。

(1)一般要首先考虑挖除后换填好土，这个办法最为彻底。

(2)人工加密措施，对浅层，以振动压密和重锤夯实较为经济和有效，其有效深度为1 ~2 m，若用重型振动碾，则可达 2 ~3 m，压实后土层可达中密或紧密状态。对深层，常用的加密方法如下：

①振冲法。其原理是:一方面依靠振冲器的强烈振动,使饱和砂层液化而使颗粒重新排列,趋于密实;另一方面是依靠振冲器的水平振动力,通过回填料使砂层进一步挤密。一般孔距1.5 ~3.0 m,加固深度可达 30 m。经群孔振冲处理,相对密度可提高到0.7 ~0.8以上,可以达到防止液化的程度。在振冲法造成的孔中投入碎石或卵砾石,形成一系列排水桩体,使振动孔隙水压力加速消散,使液化现象大为减轻。

②强夯法。是用很重的锤(国内一般为 8 ~25 t),从高处自由落下(国内落距一般为 8 ~25 m),给地基以冲击和振动使地基土层加密的一种方法。我国从1978年以来已开始应用于加固砂土、碎石土、杂填土、湿陷性黄土、非饱和黏性土等。对饱和黏性土是否适用尚无定论。夯击时的巨大能量可引起饱和砂土体的短暂液化,重新沉积到更密实状态,产生较大的压实效应。加固深度与夯击能量有关,一般可达到 10 余 m,使松砂层达到紧密状态。

③挤密砂桩法。采用冲击法或振动法往砂土中沉入桩管,并逐步边拔管边灌砂边振动,而形成一系列砂桩,是周围砂层产生挤密和振密作用。这种方法处理深度可达 20 m,处理后砂层可达到密实状态。加固效果与砂桩的置换率有关,置换率愈大,则加固效果愈好。在软黏土中,置换率可高达 70%。

(3)采取盖重、加强排水等工程措施,提高抵抗地震液化的能力。盖重的作用是提高地基易液化土层的约束拉力,从而提高抗液化能力。加强排水可使土体内的地震孔隙水压力加速消散,减小孔隙水压力的峰值,有利于地震时土体的稳定。加强排水还可降低浸润线,减轻震害的发生。

(4)围封。在可液化土层四周设板桩或混凝土截水墙将其截断封闭,防止地基液化。

上述几种处理方法也可以综合使用。例如官厅水库抗震加固中,就对坝基砂层用振冲法加密,其上设透水盖重层,防止液化。

二、地震液化地基加固工程实例

(一)临城水库坝后坡脚地震液化砂层处理

临城水库挡河坝为土坝,由河床段的黏土斜墙段和南北滩地的均质坝段组成,最大坝高 33 m,总长1 428 m。

临城水库地震基本烈度为 7 度,有可能发生饱和砂土地震液化问题,据1988年地质资料分析:

据临城水库坝后坡距坝轴线82.9 m 处钻孔揭露的地层岩性,在桩号 0 +350 ~0 +670 范围为粗砂层,在桩号 0 +670 ~0 +870 范围为中砂层。由贯入试验成果,在桩号 0 +700 段坝面后,高程 98 ~102 m 存在地震液化潜势。

处理措施:将桩号 0 +670 ~0 +730 段坝后坡 98 m 高程以上饱和砂土挖除。

(二)天津市尔王庄水库围坝基础粉土、粉砂层地震液化处理

尔王庄水库是一座中型平原水库,围堤全长14.3 km,堤身为均质土堤,最大堤高5.44 m。

据勘察资料和土工试验成果,15.0 m 埋深内的饱和粉土、粉砂,在 7 度地震时存在液化可能。中等液化长度约0.35 km,轻微液化长度约3.85 km。

考虑到地震实际造成危害的程度,本次除险加固仅对存在中等液化土层的堤段进行

加固处理,处理范围为 8 +600 ~8 +950,长 350 m,其轻微液化危害较小、影响有限,不作处理。

经方案比较:①压坡方案受明渠限制,不能有效消除地震对围堤堤坡稳定带来的威胁;②混凝土连续墙围封加固方案较高压喷射连续墙施工复杂、造价高;③采用高压喷射连续墙加固,能有效消除地震液化的影响。

高压旋喷墙平面布置成 40 m×50 m 的长方形封闭区域。由于堤身下部地基内的粉土、粉砂标贯较高、盖重较厚,对墙体强度的要求相对较低,因此可利用截渗墙作为上游围封墙,下游戗台距截渗墙 40 m 远钻孔灌浆形成与该墙体平行的第二道纵向墙体。沿堤轴线方向墙体,间距 50 m。下游及横向围封墙体采用高压喷射灌浆旋喷施工,灌浆孔距为 1.2 m,成墙后其上、下端均深入非液化层内,且深入长度1.5 m,最大墙高7.0 m,墙体最小厚度0.4 m,成墙后的墙体抗压强度不低于8.0 MPa,渗透系数小于 1×10^{-5} cm/s。

(三)关河水库水中倒土均质坝下游坝脚液化土层处理

关河水库为水中倒土均质坝,坝顶长 687 m,最大坝高33.6 m。根据地质勘探资料,下游坡脚坝基土液化土层的厚度为5.95 ~7.95 m,钻孔的液化指数为 13 ~38,液化等级判别为中等—严重。根据关河水库的实际情况,振冲加密、强夯会影响大坝稳定性,彻底挖除则不经济。因此,采用本次加固设计溢洪道开挖石渣料,采用上覆盖压重处理措施,既能达到处理液化土层的目的,又能减少弃渣占地,所以下游坝脚液化土层采用盖重法处理。

根据地质勘探资料,上覆非液化土层的厚度大于 5 m 时,可以认为砂土层不发生液化破坏,盖重厚度按 5 m 的1.5倍考虑,设计厚度为7.5 m。考虑下游稳定计算时最不利滑动面的影响宽度及液化土的可能影响范围,顺水流方向的盖重宽度从坝脚向下游侧延伸 30 m,堆积坡度 1∶1.5。从坝脚向上游沿盖重顶面水平与坝坡连接,顺河向总宽度 50 m,盖重平行于坝轴线长度,按河道横向地形,向左岸延伸至原上覆非液化土层厚度达7.5 m,向右岸延伸 290 m。盖重材料采用溢洪道开挖石渣,并分层压实,压实干容重不小于2.0 t/m^3,盖重顶面采用厚 40 cm 干砌石砌筑。

因为在液化土层中有低液限黏土夹层,厚约 4 m,为降低渗透压力,避免下游发生渗透稳定破坏,在距下游坝脚 5 m 和 15 m 处设两排碎石排水井,排水井直径 300 mm,井周围设反滤层,井底部深入底部砂层 1 m,顶部与盖重反滤层连接,井深 7 m。

(四)北大港水库围堤基础液化处理

北大港水库围堤基础为第四系全新统第一陆沉积物和第一海相沉积物。第一陆相层主要为黏土、壤土,局部夹砂壤土及淤泥质透镜体。第一海相层主要以黏土、壤土、砂壤土及少量淤泥质壤土为主。围堤基础含水层多为砂壤土、壤土、粉砂层,浅层地下水类型为空隙潜水。地下水位一般为1.20 ~2.10 m,地下水埋藏较浅。

据勘察资料和试验成果,15.0 m 埋深内的饱和砂壤土、粉砂的黏粒含量均 <13.0%,均为液化土,存在液化的可能。

底层存在饱和砂壤土和粉细砂以及地下水位浅是地震产生液化的主要原因,又因为北大港水库在修建时未对基础进行处理,也未采取稳定液化土的具体措施。所以,在1976年唐山大地震时,部分围堤出现冒水喷射现象,围堤发生纵横向裂缝的地震液化。

地震液化处理措施:高压喷射灌浆围封处理方案,喷射形式为摆喷,摆角 20°。灌浆孔平面布置为封闭的方形或长方形，纵向灌浆孔布设于距大堤一级坡脚2.5 m 处的平台上，上下游堤脚各一排，横向灌浆孔垂直于堤轴线，每隔 35 m 设灌浆孔为一排，灌浆孔孔距为1.2 m，高压喷射灌浆孔底部穿透液化层，并伸入其上、下土层 1 m。高压喷射灌浆采用水泥灌浆，成墙后的墙体抗压强度不低于8.0 MPa，渗透系数不应大于 1×10^{-5} cm/s，墙体最小厚度为0.3 m。

第七节　金属结构及电气设备更新改造工程

一、金属结构更新改造工程

根据海河流域病险水库金属结构及机电设备存在的问题，大部分金属结构设备确实已很难满足安全运行的要求，不能正常使用。依据每个水库安全鉴定报告及水利水电工程金属结构报废标准，对大、中、小型病险水库金属结构设备必须进行更新改造，消除隐患，确保水库的安全运行。

（一）闸门及启闭机更新改造工程

1. 朱庄水库

1）溢流坝

更新溢流坝弧形工作闸门启闭机，该启闭机与闸门布置为一门一机，6 孔闸门配置 6 台启闭机。启闭机采用弧门固定卷扬式，启闭机容量为 2×500 kN，扬程为 15 m，自重 30 t，共 6 台。闸门吊点设在面板上游，不设滑轮组，该方案特点是：布置紧凑，结构简单、工作可靠、运用维修简便，后期维修成本费用低。其缺点是启闭机自重较大，不易实现自动化控制，设置启闭机室时所需机架桥较宽。因该水库是改建工程，可利用原已有机架桥的位置和空间。

2）泄洪底孔

（1）泄洪底孔工作闸门和启闭设备更新。

根据泄洪底孔弧门存在的问题，闸门也已运行近 30 年，且闸门构件锈蚀严重，须对现有闸门进行更新改造。同时，埋件制造及安装质量差，且整体锈蚀较重，局部严重锈蚀，故弧门埋件须彻底更换。

同样，根据启闭机存在的问题，启闭机的运行已影响到水库的安全运行，同时也符合《水利水电工程金属结构报废标准》（SL 226—1998），现有启闭机应报废更新。

①更新后的进口工作闸门采用弧形钢闸门，闸门尺寸为2.2 m×4.0 m－45.3 m（宽×高－设计水头），3 孔 3 扇。闸门结构采用双主横梁直支臂工字形截面组合梁，板梁结构，等高布置，面板支承在由主横梁、纵梁和水平次梁组成的梁格上，面板与梁格直接焊接，支臂与主横梁采用螺栓连接构成主框架。闸门顶止水采用双道 P 形止水，一道为活动止水，布置在门叶上，另一道为固定止水，布置在门楣埋件上。支铰采用圆柱铰。闸门操作方式为动水启闭。

②启闭设备更新。考虑到本闸门的运行特点和重要性，采用摇摆式 QHSY1 000 kN/400 kN 液压启闭机。该启闭机布置于现有的启闭机室（高程229.413 m）以下，重新搭建

新的启闭机室平台，原启闭机室内布置液压启闭机的液压站，每孔布置一个泵站，每个泵站设两个泵组，互为备用。启闭机采用双电源动力保证措施。其优点是结构紧凑，运行可靠，动作准确，便于自动化控制，与闸门钢性连接，闸门不宜振动，整机体积小，质量轻，承载力大，设备技术先进。其缺点是密封件磨损易老化，易引起漏油，对安装和管理要求较高，检修费及维修费用较高。闸门操作条件为动水启闭，启闭机采用双电源动力保证措施。液压启闭机检修所用 10 t 吊车由管理单位临时租用。

(2)泄洪底孔事故检修闸门及启闭机设备更新。

事故检修闸门考虑到原事故闸门材料为 A_3F，按照《水利水电工程设计钢闸门设计规范》(SL 74—2013)，重要事故闸门材料应为 Q235 镇静钢，此闸门材料不合格，应该报废更新。

综合考虑事故检修闸门启闭机设备的整体状况以及启闭机运行已接近 30 年等指标因素，根据《水利水电工程金属结构报废标准》(SL 226—1998)，现有启闭机应报废更新。

①更新后进口工作闸门采用弧形钢闸门，闸门尺寸为2.2 m × 4.0 m − 45.3 m，3 孔 3 扇，闸底高程 210 m，设计水位255.3 m，校核水位258.9 m。闸门结构采用双主横梁直支臂工字形截面组合梁，板梁结构，等高布置，面板支承在由主横梁、纵梁和水平次梁组成的梁格上，面板与梁格直接焊接，支臂与主横梁采用螺栓连接构成主框架。闸门顶止水采用双道 P 形止水，一道为活动止水，布置在门叶上，另一道为固定止水，布置在门楣埋件上。支铰采用圆柱铰，支铰高程216.5 m。每扇闸门自重26.5 t，材料均为 Q235B。每孔埋件总重 3 t，材料均为 Q235。闸门操作方式为动水启闭。

②启闭设备更新。考虑到本闸门运行特点和重要性，采用摇摆式 QHSY1 000 kN/400 kN 液压启闭机。将原弧门启闭机检修平台下挖 400 mm，可布置开摇摆式液压启闭机。该启闭机布置于现有的启闭机室(高程229.413 m)以下，重新搭建新的启闭机室平台，原启闭机室内布置液压启闭机的液压站，每孔布置一个泵站，每个泵站设两个泵组，互为备用。启闭机采用双电源动力保证措施。其优点是结构紧凑，运行可靠，动作准确，便于自动化控制，与闸门钢性连接，闸门不宜振动，整机体积小，质量轻，承载力大，设备技术先进。其缺点是密封件磨损易老化，易引起漏油，对安装和管理要求较高，检修费及维修费用较高。闸门操作条件为动水启闭，启闭机采用双电源动力保证措施。液压启闭机检修所用 10 t 吊车由管理单位临时租用。

(3)事故检修闸门和启闭机更新。

改建后，进口共 3 孔，设 3 扇平面滑动事故检修闸门2.2 m × 4.75 m − 45.3 m。泄洪底孔事故检修闸门为平面滑动钢闸门，支承滑块材料采用复合材料，板梁结构，等高布置。每扇门设拉杆。埋件主材料为 Q235。为减小摩阻力，轨头材料采用不锈钢，与复合材料滑块配合使用。闸门操作方式为动闭静启，门顶充水阀平压。

根据启闭机室原有建筑物情况，3 扇平面滑动事故检修闸门，仍设 3 台 QP 1 × 1 250 kN 固定卷扬启闭机，扬程 20 m。

3)发电洞

(1)拦污栅更新。

新设拦污栅支承型式由滚动式改为滑动式，原埋件与改后栅门不配套，更换原埋件。

设计拦污栅分为上、下两节，栅门孔口尺寸为4.5 m×6.6 m－4 m（宽×高－水位差），双吊点，吊点距4 m，滑动式支承。拦污栅材料为Q235B，每孔埋件材料为Q235。拦污栅启闭设备为1台QPQ2×125 kN固定卷扬启闭机。为防止钢丝绳再次锈断，拦污栅栅叶上设2×34 m拉杆。

（2）事故检修闸门和启闭设备更新。

发电洞设1扇3.5 m×4.1 m－42.35 m平面滑动事故检修闸门，双吊点，吊点距4 m，支承滑块材料为复合材料，门顶设充水阀，闸门设拉杆2×37 m。每扇闸门材料均为Q235B，埋件材料为Q235。为减小摩阻力，埋件轨头材料采用不锈钢，与复合材料滑块配合使用。

根据泄洪底孔弧门存在的问题及《水利水电工程金属结构报废标准》（SL 226—1998），现有启闭机报废更新。

根据启闭机室原有建筑物情况，更新后发电洞事故检修闸门启闭设备仍采用1台PQ2×1 000 kN固定卷扬启闭机。扬程16 m，闸门操作方式为动闭静启。门顶充水阀平压。

2. 云州水库

发电输水洞闸门及启闭机更新：

（1）进口事故检修闸门及其启闭机。

考虑发电输水洞进口事故检修闸门、埋件、启闭机至今已运行了30多年，闸门、埋件、启闭机的制造、安装质量差，存在问题多，将闸门、埋件、启闭机全部拆除重建。

改建后发电输水洞进口设置1扇事故检修闸门，闸门采用潜孔式后封水平面滚轮闸门。进口闸门处孔口尺寸为2.5 m×3.0 m（宽×高），闸门的设计水头为30.898 m，校核水头为33.038 m。事故检修闸门采用1台高扬程固定卷扬启闭机启闭，启闭机容量为1 000 kN，扬程35 m。闸门的操作条件为动水闭门，小开度充水平压启门。

闸门主要材料为Q235C，埋件主要材料为16 Mn、Q235C。

（2）出口工作闸门及其启闭机。

发电输水洞出口工作闸门、埋件、启闭机运行至今已30多年，现闸门和启闭机已不能正常使用，将闸门、埋件、启闭机全部拆除重建。

改建后发电输水洞出口设置1扇工作闸门，闸门采用潜孔式后封水平面滚轮闸门。出口闸门处孔口尺寸为2.0 m×2.5 m（宽×高），设计水头为34.6 m，闸门的校核水头为60 m（考虑水锤压力）。工作闸门采用1台固定螺杆启闭机启闭，启闭机容量为500 kN/200 kN，扬程4.5 m。闸门的操作条件为设计水位条件下动水启闭，在校核水头条件下闸的强度和刚度满足规范要求，闸门不进行启闭。

闸门主要材料为16Mn，埋件主要材料为16Mn和Q235C。

（二）闸门及启闭机加固工程

以朱庄水库为例，予以说明。

根据朱庄水库溢流坝弧形工作闸门存在的问题以及专家组的初步评审意见，结合水利部水工金属结构安全检测结论的锈蚀厚度，按新的调洪演算成果（弧门设计水位255.15 m）及调度运用方式，重新对闸门结构强度进行复核。对溢流坝6孔弧门修复采取粘钢补强及换件方案。

粘钢补强及换件方法：先对需要进行补强的弧型钢闸门进行除锈处理，然后裁剪下与补强部位相当形状和面积的新钢板进行除锈处理后，贴在需要进行补强的部位，沿周边间断施焊。在焊好的新钢板上钻若干个小孔，利用小孔将钢板与钢闸门的接触面灌满新型结构胶，间断未施焊部位也要灌结构胶，使其牢牢地黏接在一起。这样不仅不影响钢闸门的整体工作性能，而且能够提高钢闸门的结构安全度。

在计算水位下，主横梁的最大折算应力148.8 MPa，已超过材料相应的容许应力142.5 MPa。

主梁的补强措施：在下主横梁腹板与支臂连接的区域，进行腹板粘钢补强。在上主横梁腹板与支臂连接的区域，最大折算应力（σ_{zh}）为137.8 MPa，较为接近相应的容许应力（142.5 MPa），设计仍进行腹板、下翼缘板粘钢补强。

对锈蚀严重小梁及小底梁，从腹板根部切除，剩余槽梁翼板打平，将新槽梁点焊在原位置，同上进行接触面灌注结构胶至灌满。

对于底部10#、11#、12#、13#、14#、15#小梁要进行换件，对于7#、8#、9#、16#小梁在弯矩最大的部位进行腹板粘钢补强，更换锈穿的其他底部小梁。

支臂换件及补强措施：对两个上支臂臂杆腹板进行全长度上补强。对两个下支臂臂杆上下翼缘，进行全长度上补强。根据现场情况，更换锈穿的肋板及支臂前端板。

经加固处理结果：埋件可继续使用，为了闸门封水严密，减少封水磨损和减小启门力，在原埋件封水上下行走部位，贴焊不锈钢板条。贴焊前，要进行旧埋件检测，对超差部位进行处理。

对于闸门主梁，在上下主横梁腹板与支臂连接的区域，进行腹板及上主横梁腹板与支臂连接的区域下翼板贴焊加强。

对两个上支臂臂杆腹板进行全长补强。对两个下支臂臂杆上下翼缘进行全长粘钢补强。更换锈穿的肋板及支臂前端板。对2#、6#纵梁和边梁，折算应力虽未超过容许值，但比较接近容许应力值，考虑加固后仍需要使用30年，故在弯矩最大的部位进行腹板粘钢补强。

加固后的闸门优点是所有闸门及埋件全部保留。旧门利用，可节省工程投资。因只是对部分闸门构件补强，埋件全部保留，不利于变形闸门与埋件的尺寸配合精确性，施工难度较大。

粘钢补强后的弧门要全部进行金属热喷涂，并用涂料封闭保护其表面，以达到长期防腐保护的目的。防腐完毕后更换封水。对闸门支铰要进行检修保养。

（三）闸门及启闭机修复工程

根据水库存在的主要问题对水库闸门及启闭机修复。

1. 尔王庄水库

1#涵闸和2#涵闸工作闸门上所有橡胶水封进行更换，更换全部紧固橡胶水封的螺栓、螺母，且要求表面镀锌。

更换1#、2#涵闸1×160 kN固定卷扬启闭机，更换后的启闭机容量仍为1×160 kN。启闭机增设开度显示仪与负荷限制器。钢丝绳由原来镀锌更改为不锈钢钢丝绳，以增加钢丝绳的使用寿命。

2. 云州水库

1)泄洪洞进口事故检修闸门

(1)更换闸门主轮的铜套为 MGA 自润滑轴承。

(2)更换闸门水封及连接件。

(3)对闸门侧轮等进行检修,对影响使用的零件进行更换。

(4)更换充水阀,对闸门吊耳进行加固。

(5)对闸门、锁定梁、埋件进行防腐。

(6)更换事故检修闸门 2 台卷扬启闭机,更换后卷扬启闭机容量为1 600 kN。废除原闸门拉杆。

2)泄洪洞进口工作闸门

(1)更换闸门主轮的铜套为 MGA 自润滑轴承,能使闸门在设计工况下动水关闭,显著增加闸门启闭的安全度。

(2)更换闸门水封及连接件。

(3)对闸门侧轮、缓冲轮、拉杆连接轴等进行检修,对影响使用的零件进行更换。

(4)对闸门、拉杆、锁定梁、埋件进行防腐。

(5)对工作闸门 2 台启闭机进行检修、维护、防腐,减速机和转动润滑部位清洗后重新注油,更换制动器,增设闸门开度仪和荷载限制器(1 套/台,每套含 1 个开度传感器、2 个压力传感器、1 套显示仪表)。

(四)闸门防腐工程

根椐金属结构设备的工程特点,再结合使用环境、运行工况、维护管理条件,确定防腐方法,防腐方法一般分两种,一种为涂料保护,另一种为金属喷涂。在闸门修复及加固工程中大量采用的仍是金属热喷涂加涂料封闭,以达到延长防腐年限的目的。

以云州水库为例:

(1)泄洪洞事故检修闸门、工作闸门以及拉杆、锁定梁喷砂除锈后采用喷锌 + 涂料进行防腐,埋件外露表面(不锈钢表面除外)手工除锈后,采用涂料进行防腐。泄洪洞工作闸门启闭机手工除锈后,采用涂料进行防腐。

(2)发电输水洞事故检修闸门、工作闸门以及埋件外露表面(不锈钢表面除外)喷砂除锈后,采用喷锌 + 涂料进行防腐。埋件与混凝土接触表面涂一层苛性钠水泥砂浆。

(五)闸门防冰冻工程

为消除冬季闸门在结冰情况下运行困难,闸门可能不能运行,在极端情况下,闸门可被冰覆盖而冻结,为了使闸门在冬季仍可运行,对各建筑物应设置闸门防冻装置,一般最常用的防止闸门结冰的防冻措施如下:

(1)闸门和埋件使用电热管加热器。

(2)使用气泡发生系统。

(3)安装水流搅拌装置。

(4)采用压力射流法等。

工程实例:

朱庄水库位于北方寒冷地区,极端最低气温发生在 1 月,为 -21.4 ℃。为防止冰冻对闸门的影响,对溢流坝弧形工作闸门设置防冰冻系统。闸门防冰冻系统采用压力水射流法,该方法利用潜水泵取深层温水扬至水层表层进行热交换,形成一股强烈上升的温水流,使水面在一定范围内产生扰动,从而达到防止水面结冰的目的。

上述系统由潜水泵、射流管等组成,采用集中控制方式,共设 3 个控制单元,每个控制单元设置 1 台潜水泵。本系统共设置 4 台潜水泵,3 台工作,1 台备用。

潜水泵性能参数如下:

型号　　QX40 - 15 - 3.0

设计流量　　40 m^3/h

设计扬程　　15 m

电机功率　　3.0 kW

二、电气设备更新改造工程

(一)概述

针对着海河流域病险水库存在的电气设备老化、年久失修不能正常使用的问题,电气设备更新改造工程应抓住供电电源、电气设备改造、通信及自动化这三个方面的改造环节。必须根据每个水库的分类等级、具体环境、当前实际管理水平和今后综合规划,不应采用千篇一律的格式,而应实事求是、求同存异、因地制宜地确定出适合本水库改造后所应达到的供电等级和升级换代后电气设备、通信及自动化改造的合理水准,以适应国民经济日益发展的需要,增强对突发自然灾害的抵御能力,提高现代化运行管理水平。

(二)供电电源改造工程

1. 供电等级的确定

无论是从水库的泄洪和输水安全运行的角度,还是从电气设备现状的角度;再考虑到我国当代电气化水平日益增长和实际的需要,以及哥本哈根大会之后节能减排总体形势的需要,正在大力发展低碳经济,海河流域内水库供电电源和电气设备以及监控设施普遍急需进行更新改造、升级换代。特别是在当前世界性气候不断异常情况背景下,对抗异常自然灾害的能力比较薄弱,需要汲取过去河南(1975年 8 月 8 日的“75 · 8”连续垮坝特大洪灾)等地特大暴雨垮坝事故以及大面积冰雪电力中断事故等异常自然灾害的教训,水库除险加固应进一步提高泄洪和坝区设施的供电电源等级和可靠性,并对水库的泄洪和坝区设施的供配电系统进行优化设计,提高供电可靠性和降低能耗,确保防洪安全。

水库泄洪设施用电属于紧急安全负荷,供电电源的安全可靠非常关键。在汛期,特别是在人们难以预料到的异常自然灾害出现时期,不仅影响到水库自身的安全运行,而且会影响到水库下游人民生命财产和经济建设,因此水库泄洪设施供电电源的改造和优化的目标,应是使其供电等级提升到该水库所有用电负荷中最高等级的水平之上;作为承担水库泄洪任务主体的泄洪道或溢洪道,其负荷等级必然要高于该水库中其他所有负荷的用电等级。其中,对于大型水库泄洪设施的电源应按照一类重要负荷供电标准来要求;重要的中型水库泄洪设施的电源应按照不低于二类重要负荷供电标准来要求,当有条件时尽可能按照一类重要负荷供电标准来配置;一般的中型水库泄洪设施的电源应按照二类负荷供电标准来要求。上述供电标准都应高于该水库内所有正常工作负荷的供电标准。

2. 大型水库的供电电源

大型水库的供电电源必须要具有不少于两个独立电源，起码要求是双电源，在有条件时最好能构成三个供电电源：二回 10 kV 架空线 + 应急备用电源（即保安电源），保安电源应为能够快速投入的柴油发电机组或其他发电机组。因此，除水库的主系统供电电源配备柴油发电机组和采用两路进线供电外，还要考虑到必须确保泄洪道或溢洪道等这些防汛最重要、最关键负荷点的安全，其供电宜按一级用电负荷的要求进行配置，这些负荷点采用两路进线也是必不可少的。

例如属于大（2）型水库的云州水库，新增建了一条由云州 35 kV 变电站引出的专用线路，该 10 kV 架空线路引至 315 kVA 箱式变电站（因电动机容量大）作为主电源专供，并由小水电站自发电做备用电源（经小水电站转由架空线送来），增加了备用电源自动投入装置，而应急备用电源为 200 kW 柴油发电机组，使水库供电构成了"工作 – 备用 – 应急"三个电源供电系统。

由于大型水库的地域比较大，如果只设置 1 座降压变电站，则现场配电点往往离水库变压器低压侧的距离比较远，造成供电电缆线路压降比较大，电动机启动困难，可靠性也比较差。所以可根据用电负荷分布分散、供配电半径大的特点，宜考虑在管理处和靠近泄洪设施的近旁分别各设置 1 座降压变电站，这样减小了供配电半径，不仅明显减小了电缆线路压降，而且提高了可靠性。

例如属于大（2）型水库的横山岭水库，现已经改为在管理处和溢洪道分别各设置 1 座降压变电站，其高压电源都引自王家庄变电站出线 10 kV 专用线路。其中，溢洪道降压变电站设置 1 台 100 kVA 的干式变压器，主要供溢洪道及输水洞进出口闸门用电；而管理处降压变电站设置 2 台 100 kVA 的干式变压器，正常运行时投入 1 台变压器，汛期投入 2 台变压器并列运行，主要供管理处、大坝照明及其他闸门用电。为保证供电的可靠性，横山岭水库上述 2 座降压变电站各设置 1 台固定柴油发电机组作为应急电源，其中管理处的机组容量为 160 kW，溢洪道的机组容量为 90 kW，实现了可靠的双电源供电。

3. 中型水库的供电电源

重要的中型水库的供电电源宜采用二回供电专用线路，同时必须设置应急备用电源（通常为能够快速投入的柴油发电机组）。一般中型水库的供电电源通常是一回供电线路，但应尽可能去争取到二回供电线路（其中要有一条供电线路为专线），同时还必须设置应急备用电源（通常为柴油发电机组），保证实现双电源供电。

现以属于大（2）型水库的口头水库作为典型例子，来说明大型水库输水和泄洪设施以及坝区等供电电源改造的具体实施情况。

除险加固时已经将口头水库 10 kV 供电主电源改为 2 路 10 kV 专线，分别引自口头变电站（供电线路距离3.5 km）和上方变电站（供电线路距离16.5 km）。新增来自上方变电站的一路供电电源，使 10 kV 供电电源二进，各自独立、互为备用，形成外来双电源供电。其中，来自口头变电站 10 kV 电源为一进二出，而新增加的来自上方变电站 10 kV 进线处采用线路 – 变压器单元接线。但目前仅仅是箱式变电站的低压母线处已经构成了"工作 – 备用 – 应急"的三个电源供电系统，而作为涉及水库安全最主要的用电点的溢洪道、输水洞进口、输水洞出口等现场配电点，与箱式变电站的实际距离比较远。在对除险加固工程进行评估工作时，发现它们的配电柜都只有一根电缆来自箱式变电站的低压柜，特别是溢洪道，因其供电等级在整个水库用电中要求最高，如果350 m这么长的一根电力电缆出现点问题或故障，将可能出现该配电点停电，使水库完全失去溢洪功能；尽管出现这种故障的概率是比较罕见的，但是并不能排除这种隐患的存在。因此，现要求对溢洪道等配电点尽快采取补救措施，这些配电点每处将再增敷一根供电电缆，以形成配电点的双回路供电，保证供电电源的可靠性。

口头水库的高低压接线都为单母线形式，改造后因启闭机等用电负荷略有增加，主变分别增容到125 kVA和50 kVA，两变压器并联接线；在低压400 V母线前，来自上方变电站与来自口头变电站的两供电电源之间设置了备用电源自投闭锁装置。更新改造时将原来户外杆上布置全部都改为箱式变电站布置形式，在水文站院内新设置2台箱式变电站，变压器选用SC10系列环氧树脂干式变压器，两箱变之间在低压侧设置备用电源自投闭锁装置，实现了两变压器低压侧之间的电气闭锁功能。紧急备用电源仍采用2005年新换的120 kW柴油发电机组，其与网电之间经过双投刀闸做手动切换、相互闭锁。箱式变电站内的高压侧设置了环网开关（负荷开关－熔断器组合）柜和计量柜，低压侧设置了低压配电柜以及无功补偿装置。

再以属于中型水库的石头城水库作为典型例子，简要说明中型水库输水和泄洪设施以及坝区等供电电源改造的具体实施情况。

石头城水库管理处用电原来由附近农村配电变压器低压侧生活用电引接，电源非常不可靠。供电电源改造是由低压供电改为高压专线供电，石头城水库的供电主电源T接到附近村10 kV架空线路上，现增设一台50 kVA配电变压器（S9－M型全密封节能变压器），30 kW柴油发电机组和相应的高、低压设备（3面GCS柜），提高了供电的可靠性。新增建了低压配电室和柴油发电机室，在变压器的低压侧经手动切投与柴油发电机相连，并设置了低压无功补偿装置。

（三）电气设备改造工程

除险加固时必须对海河流域内尚未改造过的水库的供配电和照明设施进行全面地更新换代，包括变压器、闸门启闭机动力控制屏以及箱变、高压设备和低压配电柜、柴油发电机组、电缆、照明灯具等，增加和完善防雷接地系统。

（1）更换全部的旧型号和简陋的电气设备，并补齐所有应必须配套的启闭设施、配电和操作设备，增加水库电气消防设施，对所有的电缆沟穿过房屋墙和进出配电盘的孔洞、电缆沟盖板缝隙处以及电缆管两端增加防火封堵措施。例如像属于大（2）型水库的云州水库，对包括变压器、闸门启闭机、动力控制屏以及室外箱变高压设备和室内低压配电柜和电力电缆、控制电缆、电线都做全面更新，在管理处新增设低压配电室，并设置1面GCS型低压配电柜，输水洞进出口启闭机室、泄洪道、灌溉闸及泄洪洞启闭机室内分别新增设1面GGD1型低压配电柜。又如属于中型水库的石头城水库，增加东侧输水洞启闭设施、配电和操作设备。

（2）提高能源利用效率，重点是首先要采用新式的节能型变压器和节能照明灯具，将旧系列变压器尽快更换成9型系列及以上的高效节能型全密封新式变压器（例如9型系列以及节能性能指标更高的10型或11型系列），室内照明应采用节能荧光灯具，坝上照明采用高杆钠灯。

（3）增加和完善照明系统。例如属于大（2）型水库的口头水库，在室内照明采用荧光灯具，柴油发电机室重要部位设置了应急灯，泄洪道和坝顶道路增加了照明。又如属于中型水库的石头城水库，完善启闭机室照明设施，增设大坝照明设备。

(4)增加和完善防雷接地系统。水库各建筑物的屋顶设置避雷带，接地网的接地电阻满足规程的要求，有条件时尽可能进一步降低接地电阻数值。例如属于大(2)型水库的口头水库，在启闭机室等各建筑物的屋顶设置避雷带，采用防雷、保护和工作共用接地方式，并使系统总接地系统的接地电阻不大于1 Ω。又如属于中型水库的石头城水库，配电室和柴油发电机室设置避雷带，配电室和启闭机室设置均压网和接地装置，也采用防雷、保护和工作共用接地方式。

现以属于大(2)型水库的口头水库作为典型例子，除险加固时对口头水库尚未改建过的全部电气设备进行了改造，低压配电柜和电力电缆、控制电缆、电线都作了全面更新；在管理处新增设了低压配电室，设置了GCS型低压配电柜，在输水洞进出口启闭机室、泄洪道、灌溉闸及泄洪洞启闭机室内分别各新增设了1面GGD1型低压配电柜。改造后室内的工作照明采用荧光灯具，在柴油发电机室等重要部位设置了应急灯，泄洪道和坝顶道路也增加了工作照明。对启闭机室和各建筑物的屋顶设置了避雷带，并使总接地系统的接地电阻数值不大于1 Ω。

再以属于中型水库的石头城水库作为典型例子，除险加固后完善了防雷接地系统，在配电室和柴油发电机室都设置避雷带，并在配电室和启闭机室设置均压网和接地装置，采用防雷、保护和工作共用接地形式。增加石头城水库东侧输水洞的启闭设施以及相应的配电和操作设备，完善启闭机室的照明设施，增设了石头城水库大坝照明设备、电气消防设施，将电缆沟穿过房屋墙和进出配电盘的孔洞、电缆沟盖板缝隙处以及电缆管两端等增加防火封堵措施，并改造石头城水库管理处原来所有供配电设施。

(四)通信及自动化工程

水库除险加固后将改变人为操作控制的状态，由手动改为自动，并提高闸门自动监控系统、水库的通信系统等设备的自动化水平；进一步完善大型和重要中型的水库原有的视频监视系统以及雨情自测报系统设备功能。

(1)除险加固按照防汛和水利调度现代化的要求，建立实时闸门自动监控系统。闸门承担着汛期水库泄洪任务，闸门能否正常动作，直接影响到大坝的安全，所以要求对闸门的操作准确、无误；而闸门的运行更直接关系到水库的安全和上下游人民的生命财产安全，也直接与水库和水电厂的经济效益密切相关，尤其在我们水资源短缺的海河流域，对于节水更为重要。大中型水库的溢流坝段或溢流部位往往较长，排列的闸门比较多，而且与管理单位的位置有相当远的距离，当洪水来临需要泄洪时，仅依靠人工操作就存在时间紧迫、操作可能有失误的问题，因此采用实时闸门自动监控系统就十分必要。

自动控制是一项以比较少的投入来获得生产上极大的技术经济利益的科学技术，能够自动调节、检测设备，按照规定的程序或指令自动进行作业的技术措施，能保障生产安全、增加效率、提高质量、降低成本和劳动强度，有利于将运行人员从复杂、危险、烦琐的劳动环境中解放出来，并大大地提高了控制效率。

按照“安全、稳定、先进、实用”的原则，大中型水库除险加固在闸门操作设备更新改造时，宜选择分层分布开放式结构的实时闸门自动监控系统。例如作为大(2)型水库的朱庄水库，新设置了闸门(工作闸门、启闭机)自动监控系统，采用微机集中控制与现地控制组成的分层分布开放式系统，由闸门监控中心、集中监控单元、现地控制单元组成。闸门监控中心采用工业控制计算机作为工作站，实现对闸门的远方监控和对外的数据传输（闸门运行工况和故障信号、开度、上下游水位等）；集中监控单元和现地控制单元（6 个溢流坝闸门、3 个泄洪底孔闸门、放水洞闸门）都采用 PLC，采用光纤传输（光缆、光端机）。又如属于大(2)型水库的口头水库，新增设了闸门自动监控系统，也采用分层分布式结构，监控中心与现地控制单元（PLC 柜）之间采用光纤通信。

（2）进一步完善通信系统，提高通信质量，确保生产调度通信和行政管理通信的畅通无阻；特别是技术力量强的大型水库，尽可能采用更现代化的通信手段。例如作为中型水库的石头城水库拟增设无线电台通信为主调度，原电话为副调度通信，输水洞与管理处之间通信采用对讲机。又如作为大(2)型水库的口头水库，应新建 45 m 通信铁塔，增设对讲机，办公楼增设程控电话。

（3）更新原有雨情自测报系统中的已损坏设备，建立基本完整的水情自动测报系统。测点和信息量比较多的大中型水库宜采用分层分布式结构，例如作为大(2)型水库的朱庄水库，以各水位遥测站为基础层，采用卫星通信按自报式或应答式两种运行方式，其中向水库中心站发送信息是以自报式为主，水库中心站为管理层；下有 6 个遥测雨量站、3 个遥测水文站。又如作为中型水库的石头城水库，拟设置 4 个遥测雨量站、2 个中心站。遥测雨量站设备包括天线、终端机、太阳能电池板、免维护电池、雨量和水位传感器等，水库站增加人工置数仪；中心站设备包括天线、接收电台、调制解调器、前置机、计算机、打印机、电源系统等，前置机配有太阳能供电系统。

（4）大型水库和技术力量较强的重要水库宜建立视频监视系统，对已有视频监视系统的水库还要进一步加以完善，加强维护和配套工作，以充分发挥效能。例如作为大(2)型水库的朱庄水库，应新设立水库溢流坝、泄洪底孔闸门的图像监视系统，由主控中心（视频切换主机及多媒体工作站、监视器、投影仪）和各监视设备（摄像机）以及信号传输网（光缆、光端机、视频通信线）构成，实现图像的远程传输和监视。而像口头水库，重要部位需增设摄像机。

现以属于大(2)型水库的口头水库作为典型例子，除险加固时新增设了闸门自动监控系统，采用分层分布式结构，监控中心与现地控制单元（PLC 柜）之间采用光纤通信。进一步完善了视频监视系统，在所有重要部位都增设了摄像机，更新了雨情自测报系统中的已损坏设备，并更新升级了雨情自测报系统软件。还新建 45 m 通信铁塔，增设了对讲机，在办公楼增设了程控电话，健全和完善了通信系统。

再以属于中型水库的石头城水库作为典型例子，除险加固时增设无线电台通信为主调度，原来的电话改作为副调度通信，在输水洞与管理处之间通信采用对讲机；并改造石头城水库管理处的电视系统。石头城水库将设置 4 个遥测雨量站、2 个中心站。其中，遥测雨量站设备包括天线、终端机、太阳能电池板、免维护电池、雨量和水位传感器等，水库站增加人工置数仪；中心站设备包括天线、接收电台、调制解调器、前置机、计算机、打印机、电源系统等，前置机配有太阳能供电系统。

第四章　思考与启示

第一节　病险水库应建立降等使用与报废机制

近几年来，国家投巨资对一大批病险水库进行了除险加固，这一举措被广大人民群众称为“德政工程”，在获得显著社会效益的同时，其经济效益也凸显了出来。但还有相当一部分水库进行除险加固在技术上不可行，经济上不合理，有的已部分或完全丧失了按设计标准运行管理的作用和意义，还对下游人民群众生命财产安全构成威胁。对这部分水库应按水利部2003年18号《水利部关于水库降等与报废管理办法》（试行）（简称《管理办法》）执行降等或报废。

《管理办法》第七条规定，符合下列条件之一的水库，应当予以降等：

（一）因规划、设计、施工等原因，实际工程规模达不到《水利水电工程等级划分及洪水标准》（SL 252—2000）规定的原设计标准，扩建技术上不可行或者经济上不合理的；

（二）因淤积严重，现有库容低于《水利水电工程等级划分及洪水标准》（SL 252—2000）规定的原设计等别标准，恢复库容技术上不可行或者经济上不合理的；

（三）原设计效益大部分已被其他水利工程代替，且无进一步开发利用价值或者水库功能萎缩已达不到原设计等别规定的；

（四）实际抗御洪水标准不能满足《水利水电工程等级划分及洪水标准》（SL 252—2000）规定或者工程存在严重质量问题，除险加固技术上不可行或者经济上不合理，降等可保证安全和发挥相应效益的；

（五）因征地、移民或者在库区淹没范围内有重要的工矿企业、军事设施、国家重点文物等原因，致使水库自建库以来不能按照原设计标准正常蓄水，且难以解决的；

（六）遭遇洪水、地震等自然灾害或者战争等不可抗力造成工程破坏，恢复水库原等别技术上不可行或者经济上不合理，降等可保证安全和现阶段实际需要的；

（七）因其他原因需要降等的。

《管理办法》第八条规定，符合下列条件之一的水库，应当予以报废：

（一）防洪、灌溉、供水、发电、养殖及旅游等效益基本丧失或者被其他工程代替，无进一步开发利用价值的；

（二）库容基本淤满，无经济有效措施恢复的；

（三）建库以来从未蓄水运用，无进一步开发利用价值的；

（四）遭遇洪水、地震等自然灾害或者战争等不可抗力，工程严重毁坏，无恢复利用价值的；

（五）库区渗漏严重，功能基本丧失，加固处理技术上不可行或者经济上不合理的；

（六）病险严重，且除险加固技术上不可行或者经济上不合理，降等仍不能保证安全的；

（七）因其他原因需要报废的。

县级以上人民政府水行政主管部门按照分级负责制的原则对水库降等与报废工作实施监督管理。水库降等与报废，必须经过论证、审批等程序后实施。水库报废按照同等规模新建工程基建审批权限审批。

为了使病险水库治理更科学、经济合理，同时使水库降等与报废工作更具可操作性，建议将《水库大坝安全鉴定办法》与《管理办法》有机地结合起来，使病险水库安全鉴定工作更加全面、完善。

《水库大坝安全鉴定办法》将大坝安全状况划分为三类，建议改为五类，除保留原有的一、二、三类坝外，再增加四类坝、五类坝。四类坝为降等使用的大坝，是指因水库规模减小或者功能萎缩，将原设计等别降低一个或者一个以上等别运行管理，以保证工程安全和发挥相应效益的大坝。按降等以后的工程等别、建筑物级别进行除险加固。降等的标准执行《管理办法》第七条规定。五类坝为报废的大坝，是指对病险严重且除险加固技术上不可行或者经济上不合理的水库以及功能基本丧失的水库。报废标准执行《管理办法》第八条规定。报废水库经论证后按《管理办法》规定的程序，审批后予以报废，并做好水库原有建筑物善后处理、水库原有职工安置、资产处置等工作。

应该指出，从某种意义上说，对水库进行降等或报废处理，实际操作比病险水库除险加固处理难度更大。实践经验证明，水库降等使用或报废，当地干部群众从感情上往往难以接受，且报废水库不仅仅是水库本身的问题，还有职工安置、资产处置、工程善后等一系列问题，涉及的部门也很多，因此政策性更强，技术要求更高。但为了保障水库安全运行，确保人民群众生命财产安全，还必须按照《管理办法》的规定与要求，做好各项工作。

第二节　下垫面变化对径流洪水的影响

一、下垫面变化情况

海河流域是我国政治文化中心和经济发达地区，涉及北京、天津在内的 8 个省（自治区、直辖市）。20 世纪 80 年代以来，海河流域经济社会发展迅速。与1980年相比，海河流域总人口从9 721万增加到2005年的1.34亿，增加了近 38%，GDP 增长了 15 倍。随着经济社会的发展及人口的增加，水资源的开发利用量大幅度增加，土地的开发利用和城市化程度逐步提高，流域内水土保持治理面积不断扩大，人类活动加剧，已对本流域的下垫面条件产生了显著影响，主要表现在以下几个方面：

（1）地下水超采使得地下储水容积增加。据分析，目前海河流域平原区浅层地下水超采面积已达 6 万 km^2，地下水超采量累计已达 800 亿 m^3 以上。这一数字已远大于1963年 8 月海河流域洪水总量；在山间盆地及河谷地带，枯水季节由于地下水开采造成的亏空也已达到不可忽视的规模。

（2）地貌条件变化也对产汇流条件产生了一定影响。1980年以来，海河流域水土保持治理面积达到6.06万 km^2，部分地区进行了坡改梯田，部分流域植被覆盖度有所增加，这些措施相应增加降水的损失量，进而对山区暴雨径流产生了一定影响。

(3)局部区域城市面积的扩大，使得城市地区地表径流量有增大的趋势。1980年以来，海河流域城镇人口从2 160万人增长到2005年的5 545万人。随着城市化进程的加快，这种影响变得不可忽视，例如北运河流域的通惠河和凉水河等。

二、下垫面变化对径流的影响

水文资料系列要具有一致性，是水文频率计算的基本要求。随着经济社会的建设和发展，流域人类活动的影响不断加剧，下垫面变化已对径流产生了显著影响。

根据第二次水资源评价，海河流域普遍出现了在相同降水条件下，现状产流比20世纪五六十年代明显减少的情况。从滦县、密云水库、册田水库、官厅水库、大清河山区、黄壁庄、观台等山丘区控制站(分区)的1956～2000年降雨径流关系来看，大部分代表站(分区)的年降雨径流关系呈分离带状分布，即在同量级降水情况下，20世纪八九十年代的产流量明显小于五六十年代产流量。以漳河岳城水库观台站为例，经径流还原计算后的降雨径流关系见图4-1。从图4-1可见，1980年以后的关系点明显偏左，与1980年以前的关系点呈分离带状，表明1980年前后系列已不具一致性。

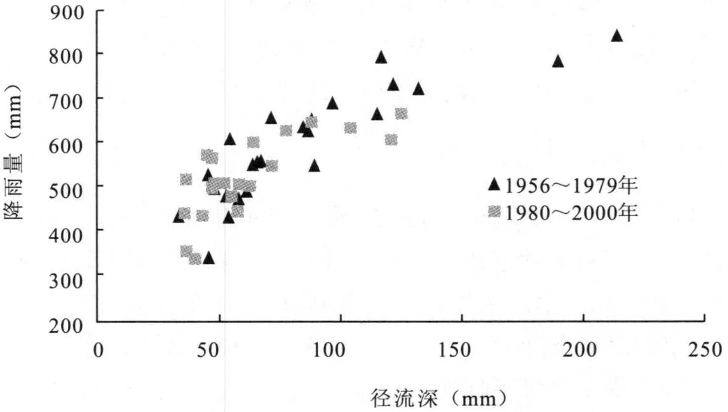

图4-1　漳河观台站降雨径流关系(修正前)

对各站进行一致性修正，将各站45年系列划分为1956～1979年和1980～2000年两个年段，分别通过点群中心绘制其年降雨径流关系曲线。右边线代表1956～1979年的年降水径流关系，左边线代表1980～2000年的年降水径流关系，两根曲线之间的横坐标距离即为年径流衰减值。按修正年份的年降水量，从图中两条曲线上可查出两个年径流深(R_1和R_2)，用下列公式计算修正系数：

$$\beta = R_2 / R_1 \tag{4-1}$$

式中：β为年径流修正系数；R_1为代表1956～1979年下垫面条件的径流深；R_2为代表1980～2000年下垫面条件的径流深。

根据各年降水量查算的β值作为修正系数，修正1956～1979年相应年份的天然年径流量。修正后的漳河观台站降雨径流关系见图4-2。

经对主要站的降雨径流关系分析，得出海河各测站下垫面变化对径流的影响幅度。

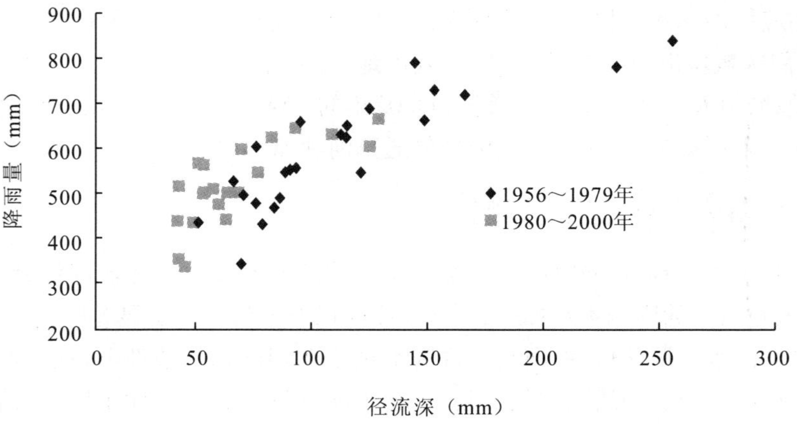

图 4-2　漳河观台站降雨径流关系(修正后)

从山丘区主要控制站来看,现状下垫面条件与 20 世纪 50 ~ 70 年代比,径流平均减小幅度为6.1% ~31.5%。滦河流域山区影响幅度最小,平均减少幅度在 5% 以下;位于子牙河山区的临城水库站年均修正幅度最大,平均为31.55,年际修正幅度为6.1% ~90%。平原区下垫面变化对径流的影响更为剧烈,除地下水咸水区外,一般区域年径流总量减少40% ~60%,这与本流域人类活动对下垫面的影响特征(1972年以后开始大规模开采地下水,20 世纪 80 年代初期开始水土流失重点治理等)是基本相符的。

三、下垫面变化对洪水的影响

为了定量分析下垫面变化对洪水的影响,在2007年开展的《海河流域综合规划》修编中,以大清河流域为研究对象就下垫面变化对洪水的影响进行了专题研究。研究表明,现状与 20 世纪 60 ~70 年代下垫面条件相比,相同降雨产生的洪量有明显减少。一般石质山区 10 年一遇洪水的洪量下降 15% 左右,10 ~50 年一遇的较大洪水洪量下降 10% 左右,超过 50 年一遇的特大洪水洪量下降在 5% 左右;浅山丘陵区下垫面的影响比石质山区略有增加,10 年一遇的中小洪水洪量下降幅度为 20% 左右,10 ~50 年一遇的较大洪水洪量下降 15% 左右,超过 50 年一遇的特大洪水洪量下降在 10% 左右。从平均情况看,山丘区下垫面变化对中小洪水的洪峰也有明显的削减作用,一般减少幅度为 10% ~15%,对大暴雨洪水影响不明显。

平原区下垫面影响最为明显,在浅层地下水淡水区,现状地下水埋深均已超过 10 m,已不能重现 20 世纪 60 ~70 年代大涝年份全面蓄满产流情景,相同暴雨产生的涝水总量将减少 30% ~60%。

1996年 8 月,海河南系发生了1963年以来最大暴雨洪水。8 月 2 ~5 日海河南系普降暴雨,主雨区分布在太行山迎风坡滹沱河、滏阳河、漳河流域,暴雨中心野沟门水库和平山南焦降雨量分别为 619 mm 和 651 mm,降雨量主要集中在 8 月 4 ~5 日的 30 h 的时段内。100 mm 雨区笼罩面积 10 万 km^2,500 mm 雨区笼罩面积1 100 km^2。海河南系1996年 8 月暴雨量 297 亿 m^3,相当于1963年洪水暴雨量的 50%;洪量 71 亿 m^3,相当于1963年洪量的 24%。"96 · 8"暴雨洪水的特点是暴雨强度大、历时短,洪水洪峰流量大,而洪量相对较小。

据分析，在子牙河系滏阳河流域，1956年洪水和1996年洪水的暴雨量相近，而1996年洪水总量却仅为1956年的一半，同时1996年洪水在滏阳河中游洼地滞蓄渗漏后，艾辛庄站观测的水量仅相当于1956年的1/10。

根据目前的分析研究，海河流域下垫面变化对洪水有一定影响，按大清河流域的研究结果，50年一遇以上洪水的洪量减小5%～10%，对洪峰流量影响不明显。考虑到流域内水库大多位于山区，且设计洪水标准和校核洪水标准均为高于50年一遇的稀遇洪水（甚至为10 000年一遇），流域地下水开采对山区产汇流的影响较小，因此对已建水库的设计洪水成果，目前可暂不进行下垫面修正。

四、未来下垫面变化趋势及其影响

（一）未来流域下垫面变化

根据有关规划，未来海河流域下垫面仍将发生一定变化。主要表现在以下几个方面：

（1）山区水土保持工程建设将使水土流失区植被有所增加。目前，海河流域仍存在8.1万 km^2 的水土流失面积需要治理，随着水土保持治理措施的实施，现有水土流失区的水资源消耗量将有一定增加，地表径流量仍将保持减少的趋势。

（2）地下水开采造成的下垫面变化。根据规划，海河流域2030年外流域调入水量将较现状增加114亿 m^3，南水北调通水后受水区将实施地下水限采措施，一些区域将逐步实现采补平衡。但对于大多数水库所在的山丘区，不是南水北调工程的受水区，无任何替代水源，地下水的开采量将仍有增加的趋势。总体来看，山丘区地下水开采对水资源的影响仍将持续，对地表产流的影响程度将有所加大；平原区地下水开采对水资源的影响随着南水北调工程的实施，对地表产流的影响程度将可能有所减缓。

（3）城市化产生的下垫面变化。海河流域现有城镇人口5 545万，城镇面积约为6 000 km^2，至2030年城镇面积将达到12 000 km^2 左右。城市硬化面积的增加，将明显提高城区的地表径流量。

（二）未来气候变化趋势

2006年12月，科技部、中国气象局和中国科学院联合发布了《气候变化国家评估报告》（简称《气候评估报告》），对我国气候变化的观测事实与趋势进行了阐述与预测。未来我国的气候变暖趋势将进一步加剧。与2000年相比，2020年全国年平均气温将升高1.3～2.1 ℃，2050年将升高2.3～3.3 ℃；未来50年，中国年平均降水量将呈增加趋势，预计到2020年，全国年平均降水量将增加2%～3%，到2050年可能增加5%～7%。未来100年，中国境内的极端天气与气候事件发生的频率可能性增大。

《气候评估报告》给出了海河流域2100年前的降水量变化趋势。2040年前海河流域年平均降水量变化不大，年降水量的趋势性变化幅度在（－1%，3%）以内，但在2100年前后将增加12%左右。

（三）对径流的影响

从未来下垫面变化趋势分析，对山区水库径流而言，影响因素主要是地下水开采、水土保持治理等。从未来气候变化趋势分析，海河流域年平均降水量变化不大。在水库设计中，应密切注意这些因素对径流的影响，必要时可进行适当的修正。

需要指出的是,在前述的经常规还原后的控制站降雨径流关系分析中存在两方面的问题:一是以地下水开采形式开发使用的水量在地表水计算中不进行还原,这样就导致在地下水大规模开采以来这些年份的还原中还原不全。对于山区河流控制站而言,地下水大规模开采以前的降雨径流关系可看作是流域降水量与水资源总量的关系,地下水大规模开采以后的降雨径流关系可看作是流域降水量与地表水资源量的关系。由于存在还原不全,这种通过修正降雨径流关系进行一致性修正的方法显得不够完善。二是海河流域地表水平均开发利用率已达67%,换言之,流域水文站实测水量仅占天然径流量的40%左右,有近60%的水量是还原出来的。这些还原水量大部分缺乏实测资料,因此还原的精度难以保证。也就是说,降雨径流关系点据左移存在还原不完全和还原不准确的原因。在海河流域水资源高度开发利用的形势下,应当进行水资源的精细化管理,因此建议流域的水文观测向用水领域扩展,并研究探索更合理的还原计算和一致性修正的方法。

(四)对设计洪水的影响

对山区水库而言,未来影响下垫面变化的主要因素是地下水开采、水土保持治理等。下垫面变化,将主要通过暴雨的产流和汇流对洪水产生影响。影响产流主要是流域下渗和植被拦截使暴雨初期的初损增加,影响汇流主要是梯田等水土保持措施使地面坡度减缓,土壤结构及质地有所改善,从而降低了水流速度,延长了汇流历时,增加了土壤的下渗能力及降雨的入渗损失量,改变了洪水的时程分配。同时,带埂的梯田会起到小拦蓄坝的作用,拦蓄一定的地表径流过程。这种影响增加的产汇流损失数量有限,一般对中小洪水影响较大。像流域内发生过的1939年、1956年、1962年、1963年等大暴雨洪水,暴雨历时较长,暴雨量大。1939年7、8月间,海河流域阴雨连绵,以海河北系和大清河最为突出,降雨日达30~40 d,期间主要降雨过程有3次,7月9~15日、7月23~29日和8月11~13日,昌平总降雨量达1 137.2 mm。1956年暴雨发生在7月29日至8月4日,400 mm以上的暴雨中心南到卫河,北到永定河和潮白河,最大暴雨中心狮子坪和窦王墓的降水量分别为784.5 mm和786.2 mm。1962年7月22~26日,滦河中下游、冀东沿海、蓟运河一带发生大暴雨,暴雨中心石庙子站5 d暴雨量517.4 mm。1963年暴雨发生在8月1~10日,主要集中在2~7日,暴雨区主要在海河流域的南部,其分布大致与太行山平行,400 mm以上雨带南北长520 km、东西宽120 km,暴雨中心东川口、菩萨岭、獐么、司仓、七峪的暴雨量分别为1 464 mm、1 562 mm、2 050 mm、1 303 mm、1 329 mm。山区下垫面变化增加的产汇流损失对这些大暴雨洪水的影响不大。

从未来气候变化趋势分析,未来100年我国境内的极端天气与气候事件发生的频率可能性增大。对于水库的设计和校核标准的特大洪水,可能比流域内已发生过的这些大暴雨洪水更为严重,历时更长、暴雨量更大,下垫面变化对这样的特大暴雨洪水的影响可能会更小。

1980年以来,海河流域以发生在海河南系的1996年8月洪水最大,个别站的洪峰流量达到50年一遇。目前已完成的大清河流域下垫面变化对洪水的影响,主要是以水文模型为主要手段进行研究,因1980年以来大清河流域发生的洪水都不大,该研究结果尚待实际大洪水的检验。下垫面变化对洪水的影响有待在今后工作中深入探索。建议以海河南系的1996年8月洪水为研究对象开展下垫面变化对洪水影响的研究。

第三节 除险加固后应大力加强水库的工程管理

水利工程“重建设、轻管理;重骨干、轻配套;……”从20世纪六七十年代就不断地喊了几十年,当年曾被身为国务院副总理的李先念批为“老和尚念经”。批是容易的,但改起来就难上加难了,从此次除险加固的病险水库工程存在的问题看,一部分是设计施工中所谓的先天不足,例如防洪能力达不到国家规定的标准,基础处理不好,坝坡不稳定,坝基应力和抗滑稳定不满足要求,排水不好,坝体浸润线过高,地震液化,还有的工程始终未建完……但有些显然是运行管理的问题,如防浪墙破损、砌体破损、混凝土冲蚀表皮剥落、建筑设施冲坑局部毁坏坝体护坡损坏等,这些问题本应及时处理,而让其长期存在,不能不说这是工程管理工作不到位造成的。任何建筑物建成后不可能一劳永逸不破损,用不着维修是不可能的,就是一座房子也需经常维修,防雨补漏,更何况长年经受风浪水浸的水工建筑物。关键是及时修补,时刻保持工程的完整和良好的运行状态。

此次除险加固后,不管是工程先天的不足,还是后天的缺陷一并都进行了处理,不是局部处理,应该说是比较全面的处理。今后就是如何加强运行管理的事了。

水利事业是全民的事业,没有各级政府各个部门的关注和大力支持是绝对不行的。改革开放以来,我国水利工程运行管理进入了新的历史发展时期,水管单位在保证工程安全的前提下,充分利用自身的各种优势开展多种经营,补充管理经费的不足。为加强水利工程的安全管理,国家颁布实施了多项管理通则、条例和办法,基本建成了水利工程安全管理法规制度体系。为解决长期以来水利工程管理体制不顺、机制不活、队伍臃肿、经费短缺、管理粗放等严重制约水管单位生存和发展的老、大、难问题,水利部在财政部、国家发展和改革委员会等有关部门和地方各级政府的大力支持下,全面实施水管体制改革。一个“横向三类”(纯公益性、准公益性、经营性)“纵向四级”(中央、省市、地市、县)职能清晰、责权明确的水利工程管理体制框架已经形成,要花大力气使这一体制长期、灵活地运转起来,并不断地改进和完善。

水利事业是人类和大自然作斗争求生存和发展的伟大事业,水利管理队伍是重要的一个方面军。它的任务繁重,环境条件艰苦,它需要高水平的科学技术知识和先进的科技手段,更需要大公无私的奉献精神。在当前社会主义市场经济大环境下,水利管理队伍的建设十分重要,巩固水管队伍刻不容缓,提高水管队伍的素质是水管工作任务的迫切要求。此番除险加固,同时对管理设施办公和居住条件交通工具等也作了很大改善,这是非常必要的。今后还应加强对水管人员的思想教育和技能培养提高。随着经济情况不断地好转,尽可能改善水管人员尤其是基层水管人员的待遇,提高他们的生活水平。

第四节 新建水库应遵循的几条原则

水库是水利事业重要的基础设施,新中国成立后在全国兴建了84 000余座水库,为调蓄径流、兴水利除水害发挥了至关重要的作用。但从病险水库治理中也发现,过去在水库建设中确实存在不讲科学、破坏环境的现象,人类应该从中吸取经验教训。认为新建水库时应遵循以下几条基本原则。

一、新建水库应服从流域综合规划的安排

流域综合规划是根据流域内国民经济和社会文化发展的需要制定的水利水电事业发展的蓝图,它能满足社会、环境各方面发展的要求。水库建设是这一战略构想中重要的一环。因此,水库建设要按照流域规划的要求进行,即根据流域规划确定的位置、任务、规模、环境要求及时间等要素进行建设。只有这样,才能最大限度地发挥水库的兴利作用,同时将因新建水库而出现的不可避免的负面影响降至最低。

二、新建水库应正确处理好与自然环境的关系

兴建水库既要强调改造和利用自然,又要强调保护和适应自然。水库特别是大型水库的兴建是人类改造和利用自然的重大工程举措。因此,一定要对周边环境予以保护,不可违背自然规律,或只顾眼前经济利益,而不为后代子孙着想,破坏自然环境。要知道,自然环境如果遭到破坏是花多少钱也难以恢复的,或者是可恢复但要经过漫长的时间,有些损失是难以估量的。

在山区或丘陵区修建水库不仅截断了河流上下游的地表径流,同时往往截断了河流地下径流联系,从而严重影响了水库下游河道的生态环境和社会人文环境。我国自古以来是以农为本,逐水而居的。沿河两岸是经济最发达、人口最密集的地区。兴建水库如果不能兼顾上下游水环境的需要,过分强调水库本身的经济效益,完全截断地表与地下径流,导致大坝以下河流干涸,地下水位下降,必将给下游带来灾难性后果。因此,我们必须要在兴建水库时考虑下游河道不断流,必须通过泄水建筑物向下游泄放最小生态流量,使水库成为环境友好型工程。

三、新建水库必须满足水资源优化配置的需要

水是生命之源,是发展工农业生产的命脉。我国又是水资源贫乏的国家,人均水资源占有量不足世界人均占有量的1/4。从全国来说,水资源是制约我国经济发展的重要因素。因此,水资源是涉及各地区经济与社会发展的重要战略物资,必然会引起各级政府与社会各阶层群众的高度重视。兴建水库是重新分配与配置水资源的重要手段。因此,兴建水库首先必须优化水资源的配置,切实考虑上下游、左右岸社会与经济发展的需求,照顾好各方的核心利益。

四、新兴建水库必须充分重视与做好前期工作

我国出现如此众多的病险水库,重要原因之一是建库时不重视甚至未做前期工作,这是一条深刻的教训。现在我国已有一整套前期工作的规程、规范。从客观上说具备了做好前期工作的必要条件,但是要将这些凝聚了几代水利人智慧和心血的财富真正落实到水库兴建上仍需做出极大的努力。首先是兴建水库必须按照规定的基建程序办,坚决贯彻执行现有国家和行业的有效规范,然后是做深、做细各设计阶段的勘测设计工作,要舍得在勘测设计上花必要的金钱和时间,以此确保水库勘测设计成果达到经济合理、安全可靠。